실무를 위한 **식품가공저장학**

FOOD PROCESSING AND PRESERVATION

실무를 위한 식품가공저장학

김범식 · 곽민규 · 김일낭 · 노재필 · 박미혜 · 서영호 지음

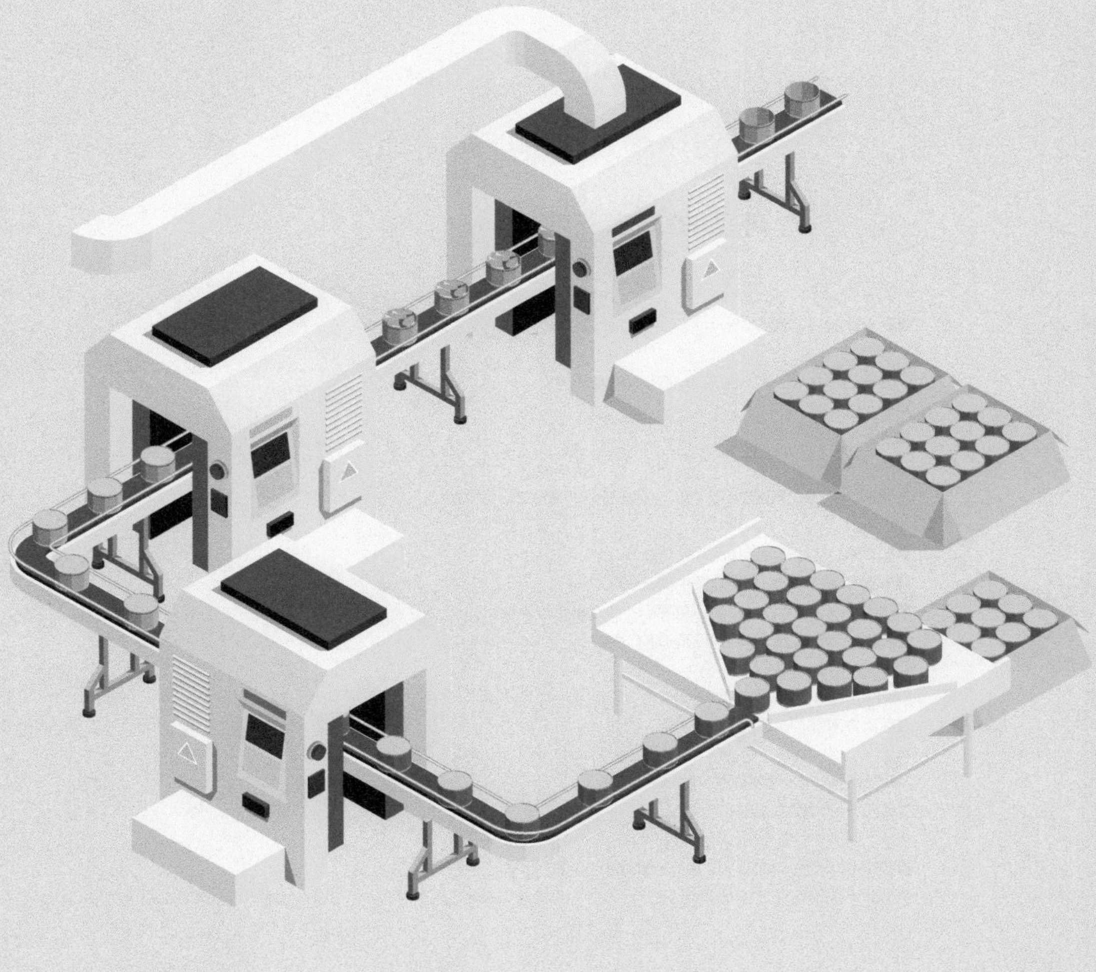

교문사

저자소개

김범식
연성대학교 식품영양학과

곽민규
을지대학교 식품영양학과

김일낭
울산과학대학교 식품영양학과

노재필
신구대학교 식품영양학과

박미혜
대구보건대학교 식품영양학과

서영호
원광보건대학교 식품영양과

실무를 위한 **식품가공저장학**

초판 발행 2023년 3월 10일

지은이 김범식, 곽민규, 김일낭, 노재필, 박미혜, 서영호
펴낸이 류원식
펴낸곳 교문사

편집팀장 김경수 | **책임진행** 김성남 | **디자인** 신나리 | **본문편집** 홍익m&b

주소 10881, 경기도 파주시 문발로 116
대표전화 031-955-6111 | **팩스** 031-955-0955
홈페이지 www.gyomoon.com | **이메일** genie@gyomoon.com
등록번호 1968.10.28. 제406-2006-000035호

ISBN 978-89-363-2474-2 (93590)
정가 25,000원

저자와의 협의하에 인지를 생략합니다.
잘못된 책은 바꿔 드립니다.

머리말

식품 산업이 정보기술(IT)통신 기술과 만나 탄생한 '푸드테크(FoodTech)' 시장이 급속도로 커지고 있습니다. '푸드테크'는 식품(Food)과 기술(Technology)의 합성어로 식품 생산, 유통, 소비 전 과정에 IT와 BT 등 첨단기술이 결합된 신(新)산업입니다. '푸드테크'에는 식물성 대체식품, 식품 프린팅 로봇 등을 활용한 제조공정 자동화, 온라인 유통 플랫폼, 무인주문기, 서빙 조리 배달로봇 등이 포함됩니다. 코로나19 이후 식품 소비 트렌드가 환경과 건강 중시, 개인 맞춤형 소비, 비대면 활성화 등으로 변화하면서 '푸드테크' 산업 발전을 견인하고 있습니다.

식품가공 및 저장은 '푸드테크'가 활용될 수 있는 가장 좋은 분야 중 하나입니다. 이 책은 식품가공 및 저장의 필요성, 식품가공과 저장에 영향을 주는 인자, 식품의 품질 변화를 최소화할 수 있는 가공 및 저장 기술의 원리와 적용, 그리고 식품별 식품가공 등을 다루어 식품가공과 저장에 대한 이해를 돕고자 하였습니다.

이 책이 식품가공저장 분야 및 '푸드테크'를 공부하는 학생과 일반인들에게 좋은 지침서가 되길 희망하며, 식품업체에도 가공식품의 개발과 연구에 필요한 기본지식을 제공하고, 궁극적으로 '푸드테크'를 활용한 고부가가치 기능성 식품을 개발할 수 있는 발판이 될 수 있을 것으로 기대합니다.

본 교재에서는 식품가공저장에 관한 새로운 정보와 최신 연구 동향을 다룸과 동시에 가공 및 저장 관련 변화 인자와 원리 등을 다양한 그림으로 상세하게 설명하여 쉽게 이해할 수 있게 하였고, 각 단원별 정리와 연습문제를 통해 이해도를 체크할 수 있게 하였습니다. 또한 식품별 식품가공에서는 '실습하기'를 제시하여 이론과 실습을 병행할 수 있도록 하였습니다.

다양한 연구와 강의 경력을 가진 교수진들의 경험을 이용하여 최선을 다해 집필했지만, 여전히 부족한 면이 있으리라 생각됩니다. 선후배 교수님들과 독자 여러분의 충고를 부탁드리겠습니다. 지적해 주신 사항들에 대한 수정과 함께 최신 내용들의 추가로 더 나은 교재를 만들 수 있도록 지속적으로 노력하겠습니다.

마지막으로, 바쁘신 와중에도 이 책의 집필에 참여해 주신 교수님들과 교문사 대표님 이하 관계자분들께 감사의 말씀을 드립니다.

2023년 3월

필자 대표

차례

CHAPTER 4
곡류 가공

CHAPTER 5
두류 가공

CHAPTER 6
과일 및 채소류 가공

CHAPTER 7
유지 가공

CHAPTER 8
축산물 가공

CHAPTER 9
수산물 가공

CHAPTER 1

식품가공 및 저장의 필요성
The Needs for Food Processing and Storage

1. 식품가공의 목적 및 필요성 | 2. 식품가공 및 저장의 역사
3. 식품가공 및 저장 산업

CHAPTER 1

식품가공 및 저장의 필요성

개요

광합성을 통하여 스스로 생명 에너지를 생산할 수 없는 인류는 여타 동물과 같이 섭취를 통하여 생명을 유지하여야 한다. 우리가 생명유지를 위하여 반드시 섭취하여야 하는 식품은 일부 광물을 제외하고는 대개 농 · 축 · 수산물에서 유래하는 유기물이다. 유기물은 미생물 또한 영양원으로 사용하기 때문에, 저장 중 쉽게 변질된다는 것을 경험적으로 또 과학적으로 이미 알고 있다. 따라서 식품가공은 식품의 저장성을 향상시키기 위해 발전하였다고 하여도 무방할 것이다. 과거 조상들은 수렵이나 채집활동을 통하여 얻은 식품을 잘 보관하여 식량이 부족한 시기에도 섭취하도록 토기나 저장소를 발굴하여야 했으며, 농업생산력이 증대하면서 식품가공 및 저장의 필요성은 더더욱 중요한 사안이 되었다.

1. 식품가공의 목적 및 필요성

식품가공 및 저장이 인류사회에 반드시 필요한 부분이 된 이유는 다음 세 가지 정도로 요약할 수 있다.

첫째, 식품원료의 확보에는 계절 및 지역적 제약이 따른다.

인류는 호흡을 하지 않고는 몇 분도 생명을 유지할 수 없으나, 공기가공 및 저장학은 존재하지 않는다. 이는 모든 인류에게 공기가 부족하지 않기 때문이다. 그러나 식품원료인 농·축·수산물은 자연환경이나 기후의 영향을 많이 받는 생물이기 때문에 계절 및 지역적 제약이 반드시 수반될 수밖에 없다. 불과 한 세기 전만 하여도 중요한 비타민 급원인 과일 및 채소류는 열대지역을 제외하고는 대부분의 지역에서 겨울에 재배를 할 수 없었기 때문에, 타 계절에 재배한 과일 및 채소류를 겨울까지 보관하여 섭취하는 방법의 고안은 인류에게 매우 요긴한 기술이 될 수 있었다. 그러므로 냉장 및 냉동, 그리고 발효 기술이 널리 보급되지 않은 시절에는 겨울철에 과일 및 채소 섭취는 대부분의 인류에게 불가능한 일이었다.

둘째, 식품원료의 주요 성분이 부패 및 변질에 취약하여 보관 및 이동이 어

그림 1-1
과일의 부패

렵다.

식품원료는 일부 광물 유래의 원료를 제외하고는 대부분 생물에서 유래한 것이므로, 일정 수준의 수분을 함유하고 있고, 탄수화물, 단백질, 지질 등 에너지원이 풍부하다. 이런 이유로 쥐나 벌레와 같은 눈에 보이는 해충으로 인한 손실보다는 육안으로 식별이 불가능한 미생물에 의한 변패에 취약할 수밖에 없다. 일부 극지방을 제외하고 식품을 장기간 보관한다는 것은 건조와 같은 식품가공기술이 일상화되기 전에는 불가능한 일이다. 미생물과 에너지원을 두고 경쟁관계에 있다는 점이 식품가공 및 저장 기법을 필요로 하는 큰 이유이다.

셋째, 품질 유지가 어렵다.

인류가 식품을 먹는 이유는 우선 영양소의 공급이 절대적인 목적이긴 하나, 맛있는 식품을 먹음으로써 느끼는 희열감 또한 무시할 수 없는 이유이다. 그러나 식품원료는 앞에서 이야기한 것처럼, 수급에 있어 계절적·지역적 제한이 발생하고, 별도의 조치가 없는 경우에는 대부분 며칠에서 몇 주가 지나면 부패하거나 변질되기 때문에 양질의 품질 유지가 매우 어렵다. 또한 자동차나 냉장고 같은 공산품이 아니기 때문에 표준화를 통한 품질 유지가 어려워서 인류는 끊임없이 식품가공 및 저장 기술을 발전시켜 왔다.

2. 식품가공 및 저장의 역사

식품가공 및 저장의 역사는 매우 장구하여 몇 페이지로 요약하는 것이 불가능하지만, 인류의 생활수준 향상에 크게 기여한 식품가공 및 저장 기술 위주로 정리하여 보았다.

1) 불의 이용

인류가 불을 최초로 이용한 시기에 대해서는 고고학자마다 견해가 다르나, 처음 이용한 것은 약 100만 년 전으로 추정되며, 보편적으로 사용한 것은 약 30~40만 년 전으로 보고되고 있다.

음식을 익히는 능력을 갖추면서 인류는 소화력과 영양소 흡수율이 향상되었으며, 일정 수준의 유해미생물 살균 등 식품위생 측면에서 획기적인 발전을 맞이하였다. 또한 가열을 통한 식품의 제조는 섭취 시 식감 및 풍미의 향상을 가능하게 하였으며, 직화 건조 및 훈연을 가능하게 하여 저장 기간을 연장할 수 있게 되었다.

2) 용기의 제작

최초의 용기는 토기의 형태로 제작되었으며, 농경문화가 정착된 약 1만 년 유물에서 그 흔적을 찾아볼 수 있으며, 현재는 플라스틱 용기 등 다양한 형태로 발전해 왔다. 용기는 식량을 저장하고 음식을 조리할 수 있는 도구로서뿐만 아니라, 소금의 발견이나 발효식품의 발견에도 지대한 영향을 미쳤을 것으로 식품학자들은 추정하고 있다. 특히 용기를 이용한 음식의 조리는 식중독의 발생을 현저하게 낮추었을 뿐 아니라, 조리 중 성분 변화에 의한 독특한 풍미를 제공하였고, 조리 후 식용 가능 시간을 연장하여 식문화의 변화를 가능하게 하였다.

그림 1-2
초기 용기 형태

3) 발효 기술

발효는 미생물을 이용한 식품가공 및 저장 기술 중 대표적인 것으로 약 7천 년 전에 이미 소아시아와 메소포타미아 지방에서 포도주를 제조한 흔적이 발견되었다. 용기에 저장되었던 식품이 저장 기간 중 미생물에 의해서 먹을 수 없게 변하면 부패이고, 먹을 수 있게 변한 것이 발효식품이다. 발효를 통하여 식품의 저장 기간이 연장되어, 인류는 식품원료의 계절적 한계에서 어느 정도 벗어날 수 있게 되었고, 이에 따라 영양상태의 호전을 맞이하게 되었다. 서양의 대표적인 발효식품인 사우어크라우트sauerkraut는 우리의 김치와 비슷한 식품으로, 대항해 시대에 선원들에게 비타민 C를 제공하는 역할을 하며 인류사에 미친 영향이 매우 크다. 우리민족의 식생활에서 김치 및 장류 등 발효식품의 위치를 고려할 때, 발효 기술은 인류가 발전시킨 대표적인 식품가공 및 저장 기술이라 할 수 있다.

그림 1-3
동서양의 발효식품인 김치(좌)와 사우어크라우트(우)

4) 통조림의 발명

통조림은 양철 등으로 용기를 제작한 후, 그 안에 식품을 충진한 다음, 가열살균 공정을 거쳐 유통기한을 획기적으로 연장한 식품가공법이다. 1809년 프랑스의 니콜라스 아페르Nicolas Appert가 병조림 기술을 처음 고안하였고, 그 이듬해인 1810년 영국의 피터 듀란Peter Durand이 유리병 대신 주석으로 코팅한 통조림을 발명하였다. 초기의 주석캔은 무겁고 개봉이 어려운 단점이 있었으나, 19세

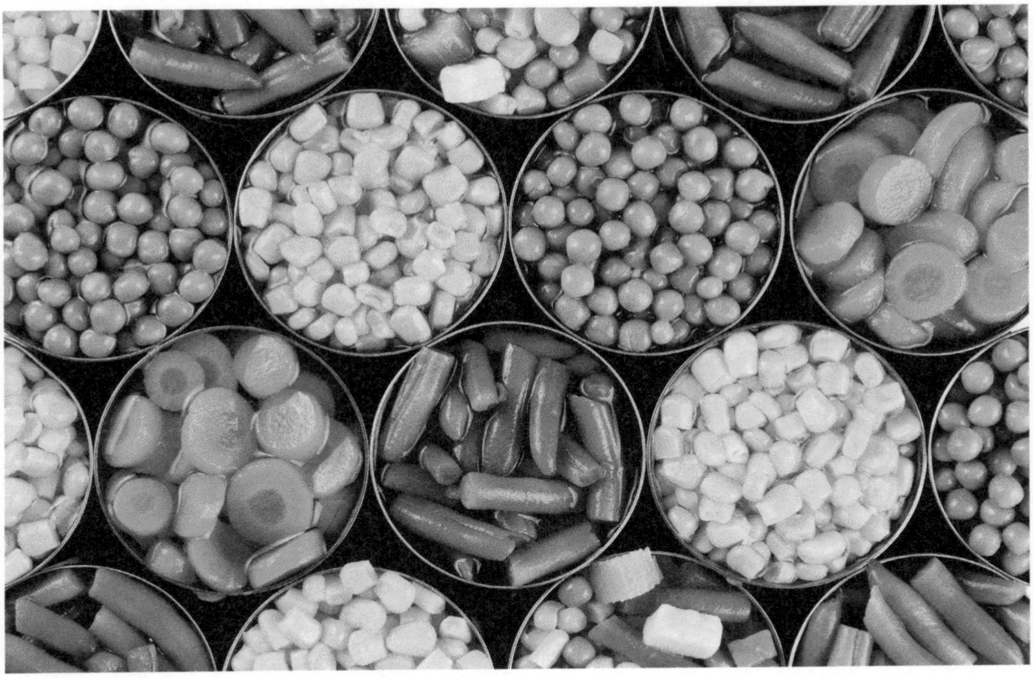

그림 1-4
여러 통조림 제품

기 후반부터 가볍고 개봉이 쉬운 통조림 제품이 보급되기 시작하였다. 통조림 기술은 병원성 미생물의 제어라는 위생적 측면과 보관 및 유통의 편의성 면에서 식품가공 기술의 발전에 큰 몫을 하였으며, 저장 중 생성되는 특유의 풍미 또한 제공한다.

5) 냉장고의 발명

겨울철에 만들어진 얼음을 차가운 빙고氷庫에 보관하였다가, 더운 여름에 사용하던 고전적인 방식에서 벗어나 기계식 냉장 기술이 18세기부터 시도되어, 20세기 초반에 가정용 냉장고가 보급되기 시작하여, 제2차 세계대전 이후 급격하게 보급되었다. 냉장고 보급으로 식품을 신선하게 유통 및 보관할 수 있게 되었고, 이로 인하여 인류의 영양상태가 호전되었다.

국내의 경우 냉장고의 종류도 다양해져 김치냉장고, 와인냉장고 등 특정 식품 저장에 최적화되도록 발전하고 있으며, 특히 김치냉장고의 경우 2020년 기준 시장 규모가 1조 7천억 규모로 발전하였다.

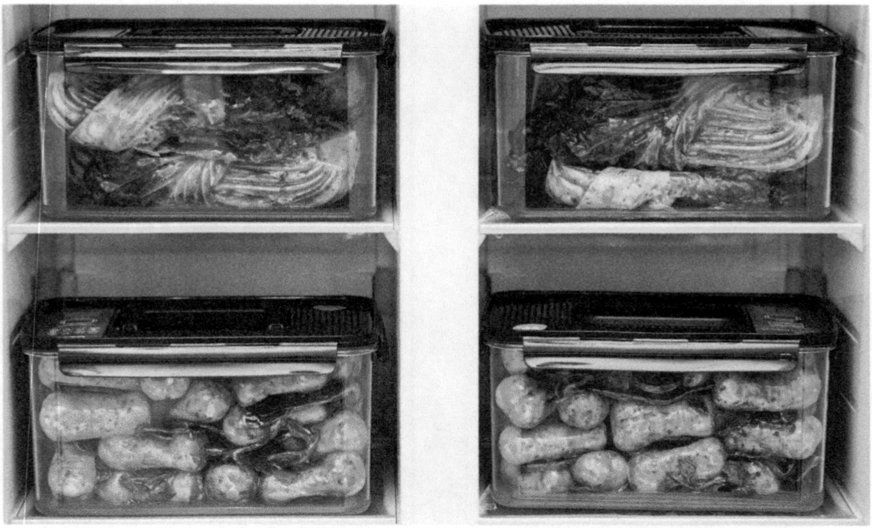

그림 1-5
김치 냉장고 내부

3. 식품가공 및 저장 산업

원료 농·축·수산물을 이용하여 가공된 식품은 원료의 종류, 가공 방법 및 법적 구분에 따라 분류된다. 또한 현재 국내외 가공식품 산업의 규모 및 동향 파악은 식품 관련 산업을 이해하고 발전 방향을 예측하는 데 매우 중요한 부분이라 할 수 있다.

1) 가공식품의 분류

식품가공 및 저장 산업은 식품원료에 물리적·화학적·생물학적 처리를 하여 저

표 1-1 **가공식품의 분류**

구분	내용
원료의 종류	농산물 가공, 축산물 가공, 수산물 가공, 유지 가공 등
가공의 정도	1차 가공식품, 2차 가공식품, 3차 가공식품, 4차 가공식품
법규(예: 「식품공전」)	식품 또는 식품첨가물의 첨가 유무, 가공처리 여부, 위해 발생 우려(섭취방법) 여부

출처: 식품가공산업 동향분석 및 경쟁우위, 전략한국과학기술정보연구원, 2014년 연구보고서.

장기한을 연장하거나, 기호성 및 편의성을 부여하는 것을 목적으로 탄생한 분야이다. 식품 산업 현장에서는 대량 제조가 필요하며, 이를 위해서는 단계별 공정이 수반되고, 철저한 위생관리를 통한 안전성 확보가 필수이다. 가공식품은 식품원료의 종류, 가공의 정도, 법규에 따라 분류할 수 있다.

2) 식품 산업 규모 및 동향

(1) 국내 식품 산업 규모

2020년 한국농촌경제연구원에서 발행한 〈식품산업정보분석 전문기관 사업보고서〉에 따르면 2018년 기준 매출액이 식품 제조업은 약 92조 원, 식료품 제조업은 약 80조 원, 음료 제조업은 약 12조 원으로 조사되어, 꾸준하게 시장 규모가 상승하고 있다. 시장 규모뿐만 아니라 식품 제조업체 및 종사자 수도 2018년 기준으로 타 제조업에 비하여 상승폭이 높은 것으로 조사되었다.

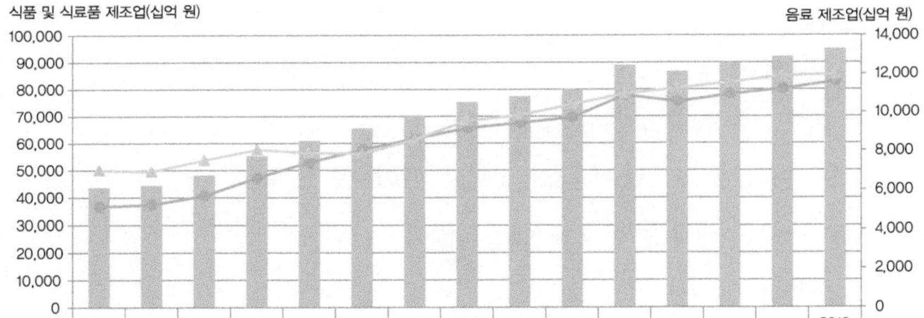

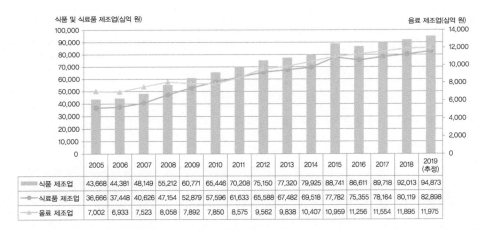

	2005	2006	2007	2008	2009	2010	2011	2012	2013	2014	2015	2016	2017	2018	2019 (추정)
식품 제조업	43,668	44,381	48,149	55,212	60,771	65,446	70,208	75,150	77,320	79,925	88,741	86,611	89,718	92,013	94,873
식료품 제조업	36,666	37,448	40,626	47,154	52,879	57,596	61,633	65,588	67,482	69,518	77,782	75,355	78,164	80,119	82,898
음료 제조업	7,002	6,933	7,523	8,058	7,892	7,850	8,575	9,562	9,838	10,407	10,959	11,256	11,554	11,895	11,975

그림 1-6
국내 식품 제조업 매출액 추이

(2) 해외 식품 산업 규모

2018년까지 조사된 해외 식품 산업 규모는 약 7조 6천억 달러(한화 약 9천조 원)이며, 매년 약 3~4% 수준으로 상승하고 있다. 특히 중동·아프리카 지역과 아시아·태평양 지역의 식품 시장 규모가 크게 증가하고 있다. 중동·아프리카 지역의 경우 타 지역에 비하여 시장 성장 속도가 약 3배 이상 빠른 상황이다.

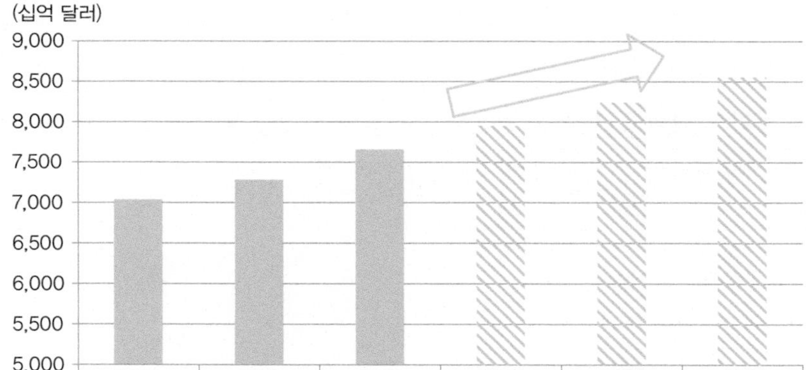

	2016	2017	2018	2019	2020	2021
세계 식품시장	7,033	7,280	7,655	7,945	8,235	8,552

그림 1-7
해외 식품 시장 규모

(3) 식품 산업 동향

2020년 식품업계에 가장 큰 영향을 미친 이슈는 COVID-19의 확산 및 지속과 HMRHome Meal Replacement과 기능성 식품 등의 성장을 꼽을 수 있다. 특히 감염병의 유행에 따른 기능성 및 면역 식품에 대한 관심이 높아지고 있는 상황이다.

국내에서 실시한 식품업계의 장·단기 주요 성장 예상 품목에 대한 설문조사 결과, HMR, 기능성 식품, 밀키트 시장의 성장이 예측되었다. 그 외에 고령친화식품과 동물사료(펫푸드), 포스트바이오틱스 등은 단기가 아닌 중·장기적으로 꾸준히 성장할 것으로 예측되었다.

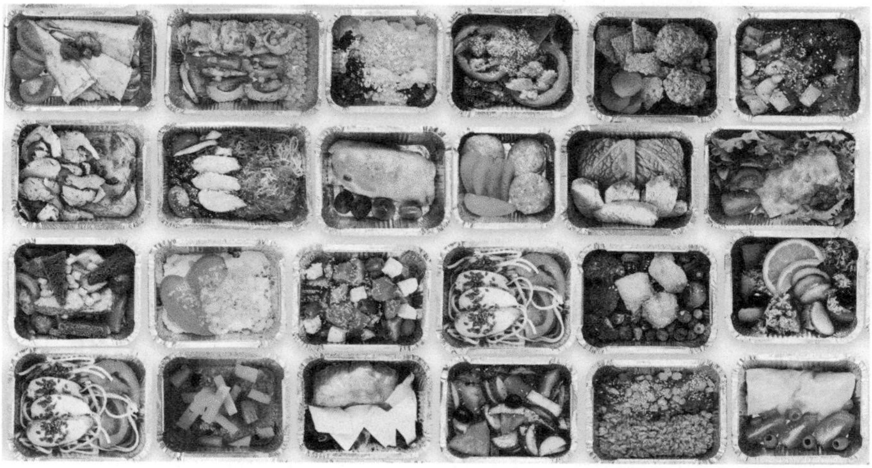

그림 1-8
Home Meal Replacement

전 세계적으로는 COVID-19의 확산 및 지속에 따른 식품 유통망의 변화와 국가 간 무역제한이 증가하고 있으며, 소비 구조 변화에 따른 유통망의 변화, 외식의 감소, 전자상거래를 이용한 구매와 대용량 식품 구매율 상승 등이 식품 산업의 변화 동향이다.

CHAPTER 2

식품가공 및 저장에 영향을 주는 요인
Factors Affecting Food Processing and Storage

1. 물리 · 화학적 인자 | 2. 생화학적 · 생물학적 인자

CHAPTER 2

식품가공 및 저장에 영향을 주는 요인

개요

건조(drying, dehydration) 등에 의한 식품저장은 식품 내 수분함량을 직접적으로 낮추어 식품 용질의 농도를 상대적으로 높이는 방법이다. 식품 수분의 건조는 식품의 가용성, 기능성, 품질을 향상시킨다. 식품을 건조하게 되면 식품 내 수분 중 미생물(微生物, microorganism, microbe)이 이용하는 수분이 줄어들어 식품에서 미생물 증식을 억제한다. 식품 내 수분함량 지표는 수분활성도(A_w: water activity)로 나타내며, 그 변화는 미생물 증식과 생장에 따른 식품 부패를 조절한다. 건조에 의한 저장과 식품 품질 유지의 본질은 식품 내 미생물의 수분 이용과 관계가 크다(표 2-1). 식품 건조 과정 중에 식품 중량은 수분 감소와 함께 줄어들고 체적도 감소하는데 식품저장에 요구되는 공간이 작아지는 장점도 발생한다. 식품 건조 과정이 완료되면 수송성과 포장도 용이해지므로 시간적 · 경제적 이득도 보장된다. 식품 품질의 안정성 확보를 위해 수분활성도, 효소, 산소, pH, 온도, 빛 등의 물리 · 화학적 영향 인자와 미생물 증식과 밀접한 연관성이 있는 생화학적 · 생물학적 인자 등을 고려해야 한다. 이러한 요소는 식품 내 미생물이 식품을 매개로 식품 부패와 질병을 일으키는 원인이 되므로 각별한 대책이 필요하다.

표 2-1 **미생물 증식에 요구되는 최소 수분활성도**

미생물 분류	최소 수분활성도(A_w)
대부분의 그람음성세균	0.97
대부분의 그람양성세균	0.90
대부분의 효모	0.88
대부분의 사상균(filamentous fungi)	0.80
호염성 세균(halophilic bacteria)	0.75
호건성 균류(xerophilic fungi)	0.61
호삼투압성 효모(osmophilic yeast)	0.60

1. 물리 · 화학적 인자

식품가공 및 저장학에서 다루는 식품 성상과 품질에 변화를 줄 수 있는 물리·화학적 영향 인자는 수분활성, pH, 산소, 빛, 온도 등이다. 각각의 영향 인자는 모두 독립적으로 식품가공에 영향을 주기도 하지만 인자 간의 상호작용으로도 식품 변화가 나타난다. 식품 품질에 영향을 주는 물리·화학적인 인자는 생화학적·생물학적 인자와 관련성이 크다. 그러므로 각 인자 간 작용 기전의 상호 관련성을 통합적으로 이해하는 것이 중요하다.

1) 수분활성

일상생활에서 일반적인 상식常食과 관련이 있는 식품류는 많은 수분을 함유하고 있다. 식품 중 수분은 화학적 존재 방식에 따라 결합수bound water와 자유수free water로 구분한다. 자유수는 분자 운동이 자유로우나, 결합수는 식품 내 구성 성분으로 식품 내 당질, 지질, 단백질 등의 다른 성분들과 화학적 결합력을 가지고 있어 속박된 상태로 수화水和되어 있다. 결합수는 자유수처럼 물 분자 형태로 따로 분리되지 않아서, 결합수의 분리는 식품 구성 성분의 직접적인 변화와 변질을 의미한다. 반면에, 자유수는 우리가 흔히 말하는 수분으로서 식품의 다른 성분과의 독립적 분리가 가능하다. 식품 내의 결합수는 크게 A와 B형의 두 가지 상태로 존재한다그림 2-1.

예를 들어, 식품 내 단백질은 주변 물 분자와 결합한 결합수와 자유수로 구분할 수 있는데, 결합수 형태 가운데 A형은 B형보다 강한 화학결합을 가진 단백질 구성 성분이다. 결합수인 물과 단백질 분자 간의 결합력은 상대적으로 다

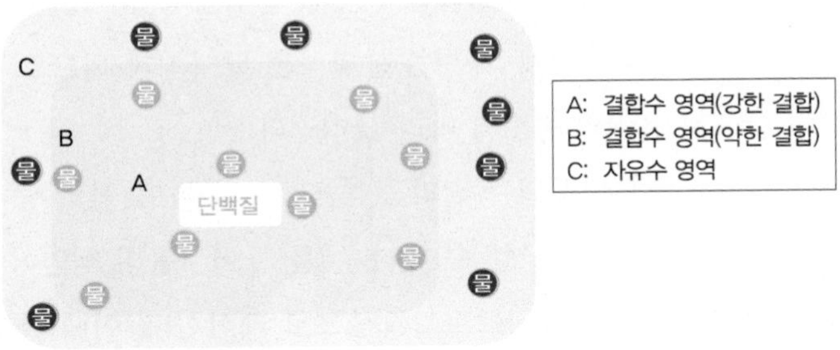

그림 2-1
단백질 분자의 결합수

표 2-2 **결합수와 자유수의 특성**

종류	성질
결합수	• 용매로 작용할 수 없다. • 미생물 생육에 이용될 수 없다. • 효소작용에 이용될 수 없다. • 대기압하에서 0℃ 이하에서 얼지 않는 물이다. • 대기압하에서 100℃ 이상 가열하거나 건조해도 제거되지 않는다. • 밀도가 높고 증기압이 낮다.
자유수	• 용매로 작용할 수 있다. • 미생물의 생육에 이용된다. • 효소작용에 이용된다. • 대기압하에서 0℃ 이하에서 어는 물이다. • 대기압하에서 100℃ 이상 가열하거나 건조하면 쉽게 제거된다.

른 분자 간 공유결합력에 비해 약하고, 이때의 단백질 분자는 보통 10~20개로 구성되어 있다. 대부분의 결합수는 B형태로 존재하는데, 단백질 분자 표면에서 약한 결합력을 가지고 있지만 결합수의 성질을 가지고 있어서 자유수인 C형의 어는점과 녹는점과는 달리 얼거나 녹지 않으므로 부동수不陳水로 따로 정의하기도 한다.

결합수의 가장 큰 특징은 용매 기능이 상실되므로 미생물이 이용할 수 없다는 것이다. 반면에 자유수는 용매로서의 기능이 보존된 상태이므로 미생물이 이용할 수 있는 수분이다표 2-2.

그러므로 수분활성의 정의는 식품 내 존재하는 모든 분자수에 대한 상대적인 자유수의 비율이 되고 수분활성도A_w: water activity로 나타낸다. 이때 수분활성도는 1에 가까울수록 자유수를 많이 함유하고 있음을 뜻한다. 자유수는 식품 저장성과 관계가 있는 수분활성을 직접적으로 반영하는 지표로서 주변의 용질이 용해되면서 자유수-용질 상호작용에 의해 결합수가 될 수도 있다. 이 과정에서 자유수 분자가 감소하게 되면 수분활성은 낮아지게 되므로 수분활성도는 식품 내 함유된 용질의 농도에 따라 달라진다.

수분활성도는 용해에 이용된 용질의 몰 농도, 물의 농도, 물의 증기압, 용액 상태의 수증기압을 이용하여 구할 수 있다. 예를 들어, 1몰의 식염이 용해하게 되면 이온화하여 Na^+와 Cl^-가 되므로 2몰분으로 계산한다. 이때 물에 소금이

표 2-3 **물에 소금과 설탕 용해 시의 수분활성도**

수분활성도(A_w)	물 1,000g(55.5몰) 중 용질의 몰(mol)	
	소금	설탕
1.000	0	0
0.995	0.147	0.272
0.990	0.304	0.534
0.982	0.550	0.91
0.980	0.618	1.00
0.965	1.10	1.69
0.960	1.27	1.92
0.940	1.91	2.72
0.920	2.56	3.48
0.900	3.16	4.11
0.850	4.63	5.98
0.800	–	–
0.750	–	–
0.700	–	–
0.650	–	–

나 설탕과 같은 용질을 용해하게 되면 수분활성도는 낮아진다**표 2-3**. 수분활성을 낮추어 미생물 증식과 생장을 억제하고 장기 저장에도 유리한 가공식품으로는 젤리, 잼, 소시지, 빵류, 건어패류, 건조야채, 건조과실(곶감) 등이 있다.

$$A_w = \frac{p}{p_0} = \frac{n_2}{n_0 + n_2}$$

여기서, p_0: 용매(물)의 증기압(어떤 온도에서 순수한 물의 수증기압)
p: 용액의 증기압(그 식품이 나타내는 수증기압)
n_1: 용질의 몰수
n_2: 용매(물)의 몰수(55.5몰)

자당(설탕, sucrose)과 같이 히드록실기(-OH)와 같은 친수기가 많은 분자는 수화되기 쉬운 경향성을 가지므로 식품의 자유수 함량을 낮추어 수분활성도를 감소시키는데, 이러한 용질을 습윤제humectant라고 한다. 잼과 젤리 등의 식품은 자당의 습윤제 효과를 이용한 보존 방법을 활용한 것이다. 소르비톨sorbitol도 습윤제 역할에 의한 수분활성도 감소 효과를 가지는 당질이다. 수분활성도가 높은 식품은 미생물 증식이 상대적으로 쉽게 발생하고 수분활성도가 낮은 식품은 공기 중 산소와의 접촉이 용이하여 산화가 쉽게 일어난다. 이러한 원리로 수분함량의 조절에 의해 식품저장성이 향상되기도 하고 변패의 원인이 되기도 한다.

식품의 수분활성도와 수분함량 간의 관계를 나타내는 지표가 되는 등온흡습곡선moisture sorption isotherm은 고체 혹은 반고체gel 식품과 같이 수분함량이 낮은 식품의 수분함량과 수분활성도 간의 관계도 나타낼 수 있다. 식품의 수분흡습과 탈습 정도에 의해 식품마다 등온흡습곡선은 두 개의 서로 다른 값을 보인다. 따라서 식품의 등온흡습곡선에서 수분함량이 유사해도 수분활성도는 다른 상태가 존재한다**그림 2-2**.

등온흡습 및 탈습곡선의 I, II, II 세 영역 중 식품 안정성이 가장 우수한 영역은 I 영역과 II 영역의 경계 부분이다. I 영역은 대부분 결합수 형태로 존재하며 무한층흡착등온식BET식, BET equation: Brunauer-Emmett-Teller equation에 따라 건

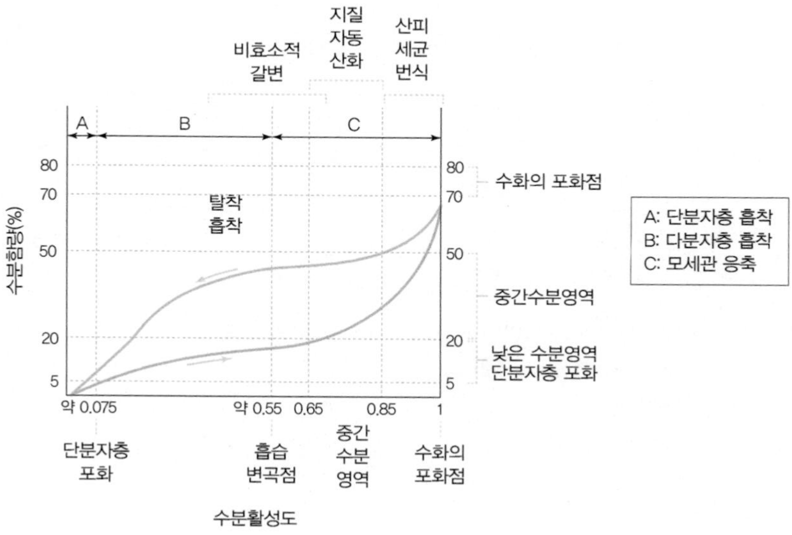

그림 2-2
수분활성도와 등온흡습곡선

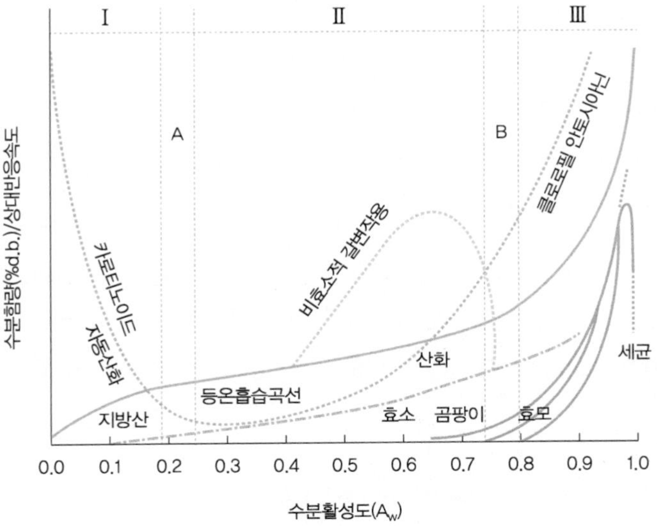

그림 2-3
수분활성도에 의한 수분함량과 안정성 변화
출처: Rocklang(1987).

조식품 수분함량이 결정되는 영역이다. II 영역은 다분자층 영역으로 대부분의 수분이 구성 성분과 수소결합으로 유지되는 영역이며 중간수분식품IMF: Intermediate Moisture Food이 여기에 속한다. 수분활성도가 0.65~0.85로 관찰되는 잼, 젤리, 살라미, 소시지, 빵류, 건조과실 등의 식품군에서는 미생물 증식이 어려

표 2-4 **세균성 독소 생성과 증식에 요구되는 최소 수분활성도**

세균	최소 수분활성도(minimal water activity)		독소(toxin)
	성장	독소 생성	
Bacillus cereus	0.93~0.95	–	–
Clostridium botulinum	0.93~0.95	0.94~0.95	Type A
	0.93~0.94	0.94	Type B
	0.95~0.97	0.97	Type E
Clostridium perfringens	0.93~0.95	–	–
Salmonella spp.	0.92~0.95	–	–
Staphylococcus aureus	0.86~0.87	0.87~0.90	Enterotoxin A
	0.86~0.87	0.97	Enterotoxin B
Vibrio parahaemolyticus	0.94	–	–

출처: Beuchat(1981).

운 반면 지질의 자동산화가 일어나기 쉽다. III 영역은 자유수 영역으로 미생물 생장에 이용되기 때문에 가장 많은 주의와 관리가 필요한 영역대로서 식품 중 수분의 95% 이상이 이 영역에 속한다.

수분활성과 식품 안정성에 관여하는 효소작용 중 리파아제는 수분활성도가 0.1~0.3에서도 활성을 나타내며, 비효소적 갈변반응은 수분활성도 0.6~0.7에서 최대 활성이 관찰된다. 미생물이 증식하는 수분활성도의 범위는 식품 pH와 구성 영양 성분 등 여러 가지 요인에 의해 변하게 된다. 수분활성도의 급격한 저하 현상은 미생물 증식을 억제하지만 미생물의 종류에 따라 증식에 요구

표 2-5 **곰팡이 생장과 독소 생성에 요구되는 최소 수분활성도**

세균	최소 수분활성도		독소
	성장	독소 생성	
Alternaria alternata	–	<0.90	Altenuene, alternariol
	–	–	alternariol monomethyl ether
Aspergillus flavus	0.78~0.80	0.83~0.87	Aflatoxin
Aspergillus parasiticus	0.82	0.87	Aflatoxin
Aspergillus orchraceus	0.77~0.83	0.83~0.87	Ochratoxin
Byssochlamys nivea	0.84	–	–
Penicillium cyclopium	0.81~0.85	0.87~0.90	Ochratoxin
Penicillium viridicatum	0.83	0.83~0.86	Ochratoxin
Penicillium ochraceus	0.76~0.81	0.80~0.88	Penicillic acid
Penicillium cyclopium	0.82~0.87	0.97	Penicillic acid
Penicillium martensii	0.79~0.83	0.99	Penicillic acid
Penicillium islandicum	0.83	–	–
Penicillium urticae	0.81~0.85	0.85~0.95	Patulin
Penicillium expansum	0.83~0.85	0.99	Patulin
Stachybotrys atra	0.94	0.94	Satratoxin
Trichothecium roseum	0.90	–	Trichothecine

출처: Beuchat(1981).

되는 수분활성도의 큰 차이가 있다. 예를 들면, 세균 0.90(내염성 세균은 0.75), 효모 0.88(내삼투압성 0.60), 사상균 0.8(내건성 0.65) 등으로 다양성이 관찰된다그림 2-3. 일반적인 미생물 증식의 한계 수분활성도는 0.6~0.7 정도이다표 2-4, 2-5. 또한 수분활성도가 0.6 이하에서 발생하는 식품의 품질 열화는 미생물 생장과는 관계가 없다.

2) pH

식품의 고유 pH는 식품가공 및 저장에 영향을 미치는 다른 인자들과 밀접한 관련성이 있다. pH는 생명 유기체의 생장 환경에 영향을 주고 식품가공 측면에서 다양한 가공 적성을 가능하게 한다. pH는 용액 내 수소이온의 농도로 정의하며 수소이온과 수산화이온의 농도에 따라 pH가 변하게 된다.

$$\underset{\text{물}}{H_2O^+} \rightleftarrows \underset{\text{수소이온}}{H^+} + \underset{\text{수산화이온}}{OH^-}$$

자유수의 대부분은 이온화하지 않은 물 분자(H_2O)로 다른 분자들과 수소결합을 형성하므로 실제 용액 내 수소이온(H^+)과 수산화이온(OH^-)의 농도는 상대적으로 낮다. 수소이온과 수산화이온의 비는 비교적 일정하므로 실온 상태에서 자유수는 극히 일부가 양이온과 음이온으로 해리되고 두 이온의 농도의 곱은 항상 일정해진다. 이때 두 이온의 농도의 곱인 이온곱 상수ionic product constant가 정해지게 된다.

$$K_w = [H^+] \times [OH^-] = 10^{-14} \cdot M^2 \quad [\ ]\text{는 농도}$$

예를 들어, 순수한 물 1몰의 H^+ 및 OH^-의 농도는 각각 1×10^{-7}몰 정도이며, 이를 이용하면 토마토 주스나 냉면에 사용하는 염수의 수소이온 농도 등의 정보를 얻을 수 있다. 토마토 주스의 수소이온 농도는 2.0×10^{-4}몰, 냉면 염수의 수소이온 농도는 약 1.0×10^{-9}몰이다. 수소이온 농도를 몰수로 표시하게 되면 수치적으로 비교하기가 어려우므로 이를 편리하게 비교하기 위해 밑이 10인 로

그값인 마이너스(-)의 상용대수로 나타낸다. 예를 들면, 토마토 주스는 3.7, 간수는 약 9로 표시할 수 있다. 다른 식품 재료에서도 이처럼 수소이온 농도를 마이너스(-)의 상용대수로 표시한 pH 값을 사용하여 비교하는 것이 보편적이며 pH의 범위는 0~14 사이로 정의한다.

$$pH = -\log [H^+]$$

pH 7을 중성, pH 7 이하를 산성, pH 7 이상을 알칼리성으로 간주한다. pH가 낮아질수록 수소이온 농도는 증가하여 산의 경향성이 강해지는 강산성이 되며, pH가 높아질수록 수소이온 농도의 강도가 낮아지게 되어 강한 알칼리가 된다. 생명현상이 일어나는 유기체의 pH 범위는 대체로 생육에 가장 적합한 pH 범위가 관찰되며, 이를 최적 pH라 한다. 최적 pH보다도 pH가 높거나 낮으면 생명현상을 수반하는 모든 유기체의 생육 혹은 증식이 어려운데, pH 4 이하 혹은 pH 9 이상에서도 생육할 수 있는 생명체는 드물다.

예를 들어, 세균 증식에 요구되는 최적 pH는 7.0 정도가 일반적이다. 유산균과 같이 다양한 유기산을 만드는 세균도 pH가 강산성으로 낮아지면 증식이 저해되고 낮아진 pH에 적응하기 위한 2차 대사산물을 생성하는 대사 경로로 우회한다. 효모의 경우도 생장에 요구되는 최적 pH는 4~5이고 곰팡이는 pH 2~8.5 범주에서 증식할 수 있다**그림 2-4**. 사람과 같은 고등생물의 체내 pH는 조

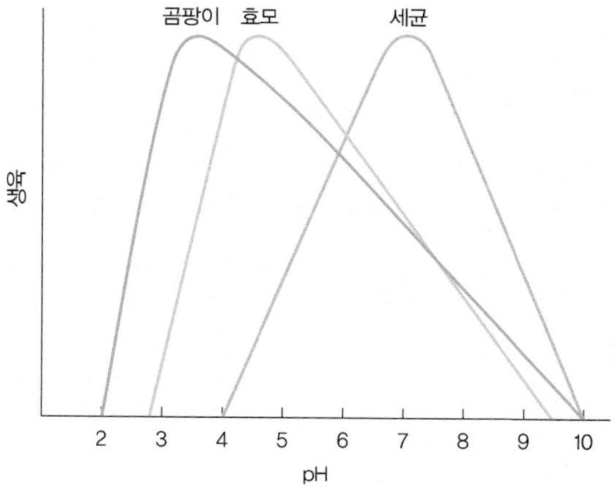

그림 2-4
종류에 따른 미생물 생장과 pH 변화

직과 기관에 따라 차이가 있으나, 비교적 좁은 범위 영역의 pH 스펙트럼을 가진다. 예를 들면, 인간의 혈액은 pH 7.30~7.45의 범위로 유지되는데 pH의 급격한 변화가 생명현상을 유지하는 데 치명적인 원인이 되기 때문이다.

식품에서는 서로 다른 다양한 pH 범위가 관찰된다. 식초 등을 사용한 피클 등의 식품, 치즈 등의 유제품, 감귤 등을 포함한 과실의 경우, 주로 구연산, 주석산, 사과산 등이 사용된다. 청량음료는 인산 혹은 탄산 등의 산 성분에 의해 pH가 낮아진다. 식품 원재료 혹은 가공제품이 나타내는 pH는 미생물의 증식과 분열이 일어나는 pH 범주보다 낮다. 식품은 pH를 완충하는 능력을 보유하고 있으므로 식품 pH는 대체로 일정 기간 보존되어 쉽게 변질되거나 상하지 않는다**표 2-6**.

이러한 식품 고유의 pH 완충 능력은 식품이 가진 성분 조성에 따라서 크게 다르다. 단백질이 풍부한 식품은 다른 식품에 비해 큰 완충 능력이 관찰되

표 2-6 **식품의 pH 범주**

식품	pH 범위	식품	pH 범위	식품	pH 범위	식품	pH 범위
난백	7.6~9.5	버섯	6.0~6.5	양배추	5.2~6.3	살구	3.5~4.0
새우	6.8~8.2	꽃양배추	6.0~6.7	순무	5.2~5.6	사과소스	3.4~3.5
게	6.8~8.0	상추	6.0~6.4	시금치	5.1~6.8	배	3.4~4.7
조개류(scallops)	6.8~7.1	난황	6.0~6.3	아스파라거스	5.0~6.1	포도	3.3~4.5
대구류(작은 것)	6.7~7.1	옥수수	5.9~6.5	치즈(대부분)	5.0~6.1	체리	3.2~4.7
대구류(큰 것)	6.5~6.9	굴	5.9~6.6	Camembert	6.1~7.0	파인애플	3.2~4.1
메기	6.6~7.0	셀러리	5.7~6.0	Cottage	4.1~5.4	복숭아	3.1~4.2
소다크래커	6.5~8.5	완두콩	5.6~6.8	Gouda	4.7	대황	3.1~4.2
단풍시럽	6.5~7.0	칠면조	5.6~6.0	빵	5.0~6.0	딸기	3.0~4.2
우유	6.3~6.8	닭	5.5~6.4	홍당무	4.9~6.3	밀감류	2.9~4.0
양배추	6.3~6.6	큰넙치	5.5~5.8	사탕무, 근대	4.9~5.8	나무딸기	2.9~3.7
호분	6.2~7.2	콩	5.4~6.5	바나나	4.5~5.2	사과	2.9~3.5
대구	6.2~7.6	감자	5.4~6.3	건소시지	4.4~5.6	서양오얏	2.8~4.6
멜론	6.2~6.5	호두	5.4~5.5	피망	4.3~5.2	오렌지	2.8~4.0
대추야자	6.2~6.4	돈육	5.3~6.4	토마토 주스	3.9~4.7	덩굴월귤	2.5~2.8
청어	6.1~6.6	우육	5.3~6.2	마요네즈	3.8~4.0	레몬	2.2~2.4
버터	6.1~6.4	양파	5.3~5.8	토마토	4.7~4.9	라임	1.8~2.0
꿀	6.0~6.8	고구마	5.3~5.6	잼류	3.5~4.0		

고 이러한 pH 완충 특성에 의해 조리 시 식품 pH가 크게 변하지 않는다. 육류는 필요에 의해 pH를 큰 범위에서 조절하기 용이한 가공 적성을 가진다. 일반적인 육류의 pH는 6.3 정도이며 이 pH에서는 질소계 화합물을 사용해도 육肉의 발색효과를 나타내는 반응이 잘 일어나지 않지만 4.5 정도까지 pH를 크게 낮추면 반응이 일어나므로 이때 강산을 사용하게 된다.

pH 변화에 의해 식품 품질의 저하가 관찰되는 경우는 식품 성분의 가수분해, 변색, 이취, 단백질 가열 시 발생하는 황화수소나 암모니아 등이 원인이 된다. 식품 pH가 중성에서 알칼리성 pH로 높게 변화될 때 식품의 전반적인 품질 저하가 관찰되며 pH 4.5 이하인 경우는 크게 발생하지 않는다. 식품가공 공정에서 식품 재료에 알칼리 처리로 물성을 바꾸어주기 위해, 단백질 성질을 변화시키거나 간수처리 등의 방법으로 성질을 부여할 수 있다. 식품가공 과정에서 피클 제품은 산미 절임으로 되어 있으나 주원료인 채소류는 전처리 과정에서 미리 알칼리처리를 하게 된다. 식품공학적 가공 과정으로 단백질을 추출하는 경우에는 강한 알칼리가 사용되기도 한다. 이 경우에 부가반응이 일어나기도 하는데 리시노알라닌lysinoalanine이 생성되면 아미노산인 리신lysin이 감소한다.

3) 산소

원자번호 8인 산소 원자(O)는 다른 물질과의 반응성이 높고 결합하려는 성질이 강하여 산화반응에 직접적으로 관여한다. 자연계에 있는 모든 물질은 열역학적으로 안정화된 상태를 유지하려는 특성으로 산소에 의한 산화반응이 발생한다. 산소는 비공유 전자쌍의 구조적 불안정성으로 전자쌍 간 반발효과가 있는데, 최외각 L껍질에 다른 물질과의 화학결합을 형성하여 불안정한 전

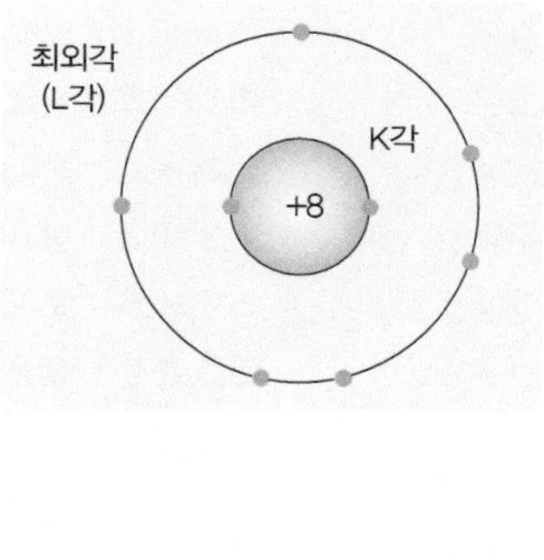

그림 2-5
산소 원자 전자 배치의 특성

자 배치를 안정화하려는 특징이 있다**그림 2-5**. 또한 산소 원자는 주양자수가 2인 최외각에 6개의 전자가 배치되어 있어 전기음성도와 산화력 등의 반응성을 가진다.

산소는 전자 존재 형식에 따라 분자반응 양식이 달라지게 된다. 즉, 반응이 잘 일어나지 않는 바닥 상태ground state의 전자 배치를 이루는 산소 분자를 삼중항 산소라 한다. 이와는 달리 주변과 쉽게 반응하기 용이한 들뜬 상태excited state의 전자 배치를 가진 산소 분자는 일중항 산소이다. 활성산소 중의 하나로 산소 분자에 전자 한 개가 홀전자unpaired electron로 존재하여 과산화수소 전구체로 음이온라디칼인 과산화물 음이온superoxide anion이 생성되면 반응성이 크게 증가하게 된다. 이때 철이나 동 존재하에 펜톤반응에 의해 히드록실라디칼(HO·)을 생성하거나 산화질소와 반응하여 퍼옥시아질산($ONOO^-$)을 생성한다. 이렇 게 반응성이 높은 산소는 산화를 거쳐서 식품 성분의 변화로 열화를 촉진하게 된다.

산소 원자나 산소 분자의 이러한 특징은 식품에서도 공기 중의 산소가 다른 물질과 반응하려는 성질이 적용되며 식품 종류마다 큰 차이가 있다. 식품 성분 변화는 공기 중 산소에 의한 직접적인 접촉으로 인한 것이며, 이 외에도 산소가 반응하기 적합한 물리적 조건인 온도와 습도 등이 영향을 준다. 특히 식품류 중 유지류, 땅콩류, 스낵류 등은 공기 중 산소와의 반응에 의한 이미와 이취를 일으키는 유지산화반응이 일어나 산패된다. 산패는 자기촉매반응의 특성을 가지고 있어 반응이 시작되면 기질이 소모될 때까지 연쇄적으로 반응이 일어난다.

이렇게 산패 과정에서 유지류와 같은 여러 유기화합물이나 다른 무기화합물이 공기 중 산소에 의해 상온에서 자연적으로 산화하는 반응을 자동산화autoxidation라고 한다. 식물 기름 혹은 생선 기름을 공기 중에 방치할 때 서서히 변질되는 경우 또는 기름을 사용한 식품을 오래 두면 맛이 저하되는 경우 등이 자동산화에 해당된다. 자동산화 초기 단계에서는 산소 분자가 지방과 반응하여 과산화물이 생성되고 이 과산화물은 다시 지방 분자와 연쇄적으로 반응하여 급격하게 증가한다**그림 2-6**.

반응산소 총량이 식품 내 지방량의 0.05~0.10% 정도가 되면 식품의 산패가

그림 2-6
유지류 과산화물 농도의 연쇄적 증가
(α-토코페롤인 비타민 E를 산화제로 %E만큼 해당 시간에 지방에 첨가하였을 때 산패가 일어나 과산화물 농도는 급격히 증가)

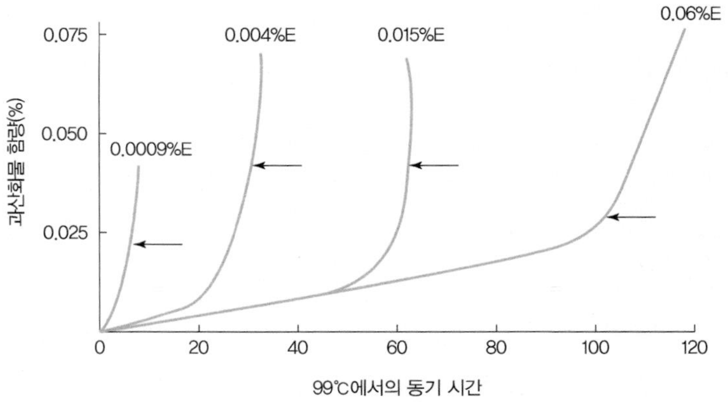

일어난 것으로 본다. 산소와 반응하는 물리적 속도는 반응 온도에 따라 크게 달라지므로 온도가 상승하면 산패가 일어나는 속도가 비례적으로 빨라진다. 예를 들어, 200℃의 공기 중에서 수개월 동안 방치해도 산패가 유의적으로 활발히 발생하지 않던 것이라도 온도가 1,000℃로 상승한다면 수 시간 내로 공기 중 산소와의 급격한 반응으로 산패 속도는 크게 증가한다. 튀김에 사용하는 유지류는 이러한 산패가 일어나기 용이한 조건이 될 수 있다. 지방이 산소에 의해 산화되어 산패되는 경우, 지방의 화학구조는 지방산 이중결합을 구성하는 탄소(-$CH_2CH=CHCH_2$-)가 과산화물을 형성하여 탄소 간 이중결합이 끊어진다. 과산화물이 생성되면 지방 분자의 반응성이 변화되어 인접한 지방 분자를 연쇄적으로 산패시킨다.

지방의 연쇄적 과산화물 생성 과정에서는 일시적으로 반응성이 높은 고분자들이 부수적으로 생성되기도 한다. 과산화물의 연쇄적인 지방 분자의 산패 기작은 수차례 이용한 튀김유 등에서 흔히 보여지고 점도의 증가도 수반되는데, 이는 산화 과정에서 유지 산패물 간에 중합반응이 일어나기 때문이다. 유지 함유 식품이 공기 중 산소와 반응하여 산패되는 현상을 최소화하기 위해서 산화반응을 억제하는 항산화제를 첨가한다.

항산화제로는 폴리페놀 화합물인 몰식자산gallic acid과 이들의 유도체, 페놀 화합물, 구연산, 인산, 아스코르브산(비타민 C) 등이 있다. 합성품으로는 뷰틸하이드록시아니솔BHA: butylated hydroxy anisole 및 디부틸히드록시톨루엔BHT: dibutyl hydroxy toluene 등이 식용유지나 유지성 식품의 산화방지제로 이용되지만 사용

기준에 따라 허용되고 있는 것도 일부 식품류 등에서 그 사용량을 엄격히 제한한다.

4) 빛

지구상 모든 생명체가 태양복사에너지를 전달받는다. 이 중 빛에너지는 무기물질을 유기 화합물로 합성하는 녹색 식물, 광합성 세균, 화학 합성을 하는 일부 세균 등의 독립영양생물autotroph에 의한 광합성 기작에 의하여 저분자의 이산화탄소와 물을 고분자의 당질로 전환하여 축적한다. 식물의 광합성에 의한 빛에너지의 화학에너지로의 축적은 종속영양생물heterotroph의 에너지원으로 이용된다. 태양에서 기인하는 전자기파의 일종인 빛에너지는 다양한 파장을 가진 빛의 복합적인 에너지이다. 빛에너지가 1초 동안 진동한 횟수인 진동수(ν)가 증가하면 빛의 총에너지(E)도 비례적으로 증가한다. 빛을 입자로 취급하는 양자역학의 관점에서는 빛을 광자photon라고 불리는 입자들로 구성된 것으로 보는데, 각 광자의 에너지는 $h\nu$가 된다. 여기서 h는 플랑크 상수Planck's constant라 불리는 상수이고, ν는 빛의 진동수이다. 따라서 아래와 같은 관계가 성립된다.

$$E = h\nu \ (h\text{는 플랑크 상수})$$

빛에너지의 진동수는 파동 주기의 길이인 파장(λ)의 크기와 반비례한다.

$$\nu = C/\lambda \ (c\text{는 광속})$$

즉, 총 빛에너지와 진동수 및 파장에 대해 아래와 같은 공식이 성립된다.

$$E = hc/\lambda$$

파장이 길어지면 빛에너지 크기가 작아지고 파장이 짧을수록 빛에너지의 크기가 커져 광전효과가 발생한다. 감마선이나 X선은 극히 짧은 파장의 고에너지의 빛이며 라디오파나 음파는 파장이 길고 에너지가 작다**표 2-7**. 식품가공

표 2-7 **방사에너지의 전자 스펙트럼**

전자파	파장(m)
일반적인 라디오파	100~500
단파라디오, TV, 레이더 통신	0.01~100
초단파(마이크로웨이브) 가열	0.01~0.3
적외방사가열	7×10^{-7}~3×10^{-4}
가시광(적, 황, 녹, 청, 자)	4×10^{-7}~7×10^{-7}
자외광	1×10^{-8}~4×10^{-7}
태양광의 지표 도달한계	2.92×10^{-7}
살균 유효범위	2×10^{-7}~2.8×10^{-7}
X선	1×10^{-11}~1.5×10^{-8}
γ선	5×10^{-13}~1.4×10^{-10}
우주선	5×10^{-14}

에서 이용하는 빛에너지는 적외선, 가시광선, 자외선, 방사성 동위원소 등이다.

적외선은 열 형태로 전달되는 빛에너지로 에너지가 작아 다른 분자를 이온화하거나 분자 구조를 재배치하는 반응 활성은 낮다. 자외선은 사람의 육안에는 보이지 않는 10~400nm 파장 영역(750THz)의 전자기파로 파장이 짧고 고에너지의 빛에너지에 속한다.

자외선ultraviolet은 식품가공에서 이용하는 영역대를 구분한다. 긴 파장의 자외선은 원자를 이온화시키기에는 에너지가 낮지만, 물질의 화학반응을 매개하여 빛을 내거나 형광효과를 관찰할 수 있다. 자외선은 생물체를 가열시킬 뿐만 아니라 고에너지에 의한 체내 분자의 상호작용을 일으킨다. 고에너지의 자외선 전자기파는 생체 조직을 파괴하므로 미생물을 사멸할 수 있어 일상에서 소독기 등으로 활용된다. 따라서 자외선은 살균법에 사용되는 대표적 전자기파로 가시광선과 X선 사이 영역의 자외선 전자파 영역 중 살균력이 강한 파장 범위는 250~260nm이며 염색체DNA 변이에 의한 미생물 사멸이 가능하다. 자외선은 각종 미생물의 살균, 특히 박테리아와 바이러스의 사멸효과가 유의적으로 나타나지만 곰팡이와 효모는 자외선에 대한 저항성이 크다. 자외선 살균 장치가 식품 등에 이용되는 경우 식품 표면만을 살균시키고 지방 식품의 경우 산패취가 발생하는 단점이 있다. 현재 음료수, 공업용수, 용기, 기구 및 포장, 실내 공기, 조리장, 공장 창고, 식품 처리장의 살균에 활용된다.

인체에도 흡수되는 빛에너지인 마이크로파를 이용한 전자레인지는 마그네트론에서 생성된 극초단파인 마이크로파가 스테인리스나 알루미늄 벽에 반사되어 식품에 도달한다. 마이크로파는 식품에 흡수되어 열원 상태가 되고 가열과 살균이 일어나게 되는 원리이다. 전자레인지용 식품으로는 마이크로파에 빠르게 반응하므로 수분이 많은 액체류, 채소류, 과일류가 적당하다. 건조, 해동, 조리식품, 가공식품, 포장식품 등에 다양하게 응용되고 데치기에도 사용된다. 반면, 식품 표면의 갈변화가 요구되는 빵, 과자, 닭고기 등의 식품에는 적절하지 않다.

적외선(0.7~1,000μm 파장)은 근적외선(0.7~3μm)과 원적외선(3~1,000μm)으로 구분한다. 금속은 적외선을 반사하기 때문에 알루미늄박으로 포장된 식품이나 식염이 다량 함유된 식품은 적외선 가열효과가 거의 없다. 식품가공에 이용되는 원적외선은 식품 성분의 화학 변화를 일으키지 않아 식품의 가열, 살균, 건조 등에 활용된다. 또한 원적외선 조사는 식품 표면에서만 가열효과를 내며 식품의 깊은 내부까지는 침투하지 못한다. 이 밖의 식품가공 적성은 제과, 수산연제품과 어류의 굽기, 건조와 해동에 사용된다.

식품가공에서 방사선radioactive ray은 조사 살균법으로 이용되는데, 식품에 이용되는 방사선은 ^{60}Co의 감마선이 대표적으로 투과성이 매우 높다. 방사선 조사의 저장 원리는 세포 내 핵과 DNA의 전리를 유발하여 기능을 상실시키고 사멸을 유도하여 저장효과를 보인다. 식품가공에서 방사선 이용의 장점은 식품 자체의 온도인 품온이 거의 상승하지 않으며, 캔이나 플라스틱 포장 식품도 방사선 조사가 가능하고, 연속공정이 가능하다는 것이다. 보통 1Gy는 물질 1kg 당 1joule의 에너지 흡수선량이며 1Gygray는 100rad, 1kGy는 0.1Mrad로 정의한다. 방사선 조사법은 식품저장 시 농산물 발아와 발근의 억제, 숙도의 지연, 살충, 농축산물의 기생충 사멸 등을 목적으로 하는 저선량 조사(1kGy 이하), 식품의 물리적 특성 변경에 의한 품질 개선이 목적인 채소, 과일, 육류, 어패류 등의 부패균, 병원균 등의 살균에 이용되는 중선량 조사(1~10kGy), 미생물의 완전

살균을 목적으로 하는 고선량 조사(10~50kGy)로 구분한다.

고선량 조사의 부작용에 의해 식품 품질 열화가 발생하기도 하는데 주로 지질 산화, 탄수화물 분해, 아미노산 분해에 의한 암모니아 생성, 비타민 파괴, 색소 변색, 자가소화 등이 있다. 방사선 조사의 살균효과에 의한 또 다른 분류 방법으로서 고선량 조사와 유사한 Radapperitization(25~45kGy, 방사선완전살균)은 방사선 조사에 의해 처리된 식품에서 검출이 안 될 정도로 생존 가능한 미생물의 수와 증식을 감소시키기 위해 충분한 양의 이온화 방사선을 적용하는 식품 조사의 한 방법이다. 중선량 조사와 유사한 Radicidation(2~8kGy, 방사선병원균살균)은 식품에 처리하는 방사선량이 생존 가능한 특정 비포자 형성 병원성 세균 수를 검사할 때 어떠한 것도 검출할 수 없는 수준으로 감소시키기에 충분한 식품 조사 방법이다. 주로 병원미생물 살균에 매우 효과적으로 식중독균, 경구전염성균 등의 (비아포성) 병원성 미생물을 살균한다. 저선량 조사와 중선량 조사를 결합하여 부분살균을 목적으로 하는 조사법인 Radurization(0.3~10kGy, 방사선부분살균)은 일반 오염 미생물 생균수를 유의적으로 감소시켜 보존기간을 연장하는 방법이다. 따라서 이러한 여러 형태의 방사선 조사는 살균이나 감자의 출아 방지 등의 목적으로 식품저장에 이용된다.

이온화된 고에너지의 방사선이 식품 내 성분 분자에 조사되면 흡수된 에너지에 의해 식품 성분 분자는 전자 혹은 양자를 방출하거나 분자 자체가 고에너지에 의하여 변형되거나 붕괴된다. 이때 전자나 양자가 방출되어 식품 성분 분자는 이온화되거나 짝 짓지 않은 홀전자를 가지는 자유라디칼을 형성한다. 이온화된 물질과 유리기 등의 자유라디칼은 주위 분자와 다시 연쇄적으로 끊임없이 반응하여 새로운 이온 물질과 유리기 등을 생성한다. 이러한 고에너지의 빛에너지에 의한 광증감photochemical sensitization 과정에 의해 반응계에 첨가된 기질 이외의 물질인 광증감제에 빛이 흡수되어 발광 등의 광화학 반응도 관찰된다.

에너지를 흡수해 들뜬 상태가 된 광증감제에서 기질로의 에너지 이동이 일중항 혹은 삼중항 에너지 이동의 형식으로 일어난다. 이것은 주로 원자나 분자에 있는 전자가 바닥 상태에서 외부 자극에 의해 에너지를 흡수하여 높은 에너지로 이동한 상태인 들뜬 상태에 있는 기질 분자의 생성과 들뜬 상태의 광증감제와 기질 간의 전자 이동에 의한 라디칼 이온종의 생성 등에 기인한다. 이 현상을 광증감반응이라고 하는데 광흡수에 의해 활성화한 물질을 통해 다른 물질이 화학반응을 일으키는 에너지를 획득하여 유리기 등을 형성하는 것을 말한다.

광증감제가 색소 물질인 경우 광증감색소라고 구분하며, 식품류의 색소 성분인 클로로필과 리보플라빈, 그리고 화학적으로 합성한 색소 성분인 로즈벤갈(식용적색 105호) 등의 색소가 광증감제로 작용하게 된다. 식품 색소 성분이 광증감제로 작용하여 산소 분자를 일중항 상태로 활성화하게 되면 활성화된 산소 분자는 결국 산화반응에 영향을 주어 광에 의한 광증감색소의 작용으로 식품 고유의 품질이 변화하게 된다. 채소류의 클로로필이나 육류의 헴화합물 등은 광증감색소의 역할을 하게 된다. 이러한 색소 성분이 지질 함유 식품에서는 빛의 조사에 의해 색소 성분이 들뜬 상태가 되어 지질 성분이 분리되어 유리기 등의 자유라디칼을 형성한다. 예를 들어, 클로로필이 용해되면 식물성 유지는 660nm(청색)의 가시광선에 의해 유리기가 생성된다. 이러한 색소 함유 식품은 에너지가 낮은 장파장의 빛에 의한 광변화가 영향을 주므로 주의가 요구된다.

색소 성분은 지질 성분뿐 아니라 단백질 구조 변화도 유도하는데 주로 단백질의 구성 아미노산의 히스틴잔기, 티로신잔기, 트립토판잔기, 메치오닌잔기 등의 아미노산잔기가 광증감으로 리보플라빈 등의 식품 색소 성분에 의해서 분해되기 용이하다. 요컨대, 지방 성분과 단백질의 아미노산류는 빛 조사로 리보플라빈과 같은 색소 성분에 의하여 광증감 작용에 의해 간접적으로 열화된다.

5) 온도

식품가공에서 온도 조절에 의한 식품 품질 보존은 매우 중요한 요소이다. 식품의 온도 변화는 식품 성분의 화학 변화를 뜻한다. 온도는 열에너지화한 물리량으로 식품 성분 물질에 열에너지가 흡수되면 분자는 식품 중에서 화학 변화가 용이하게 일어난다. 이때 발생 가능한 다양한 화학반응은 항상 반응에 필요한 활성화 에너지가 요구되며 활성화 에너지 이상의 열에너지가 화학반응을 매개해야 반응생성물이 얻어진다.

식품에서 온도 변화에 의한 구성 성분의 화학적 변화 과정은 생성물이 가진 에너지가 반응 전 물질인 반응물 에너지보다도 높을 때 흡열반응이 일어나거나 생성물 에너지가 반응물에 의해서 낮아지면 열을 외부로 방출하는 발열반응이 일어난다. 이러한 식품의 온도 변화에 의한 발열과 흡열 반응에서는 식품 구성 성분 분자가 열역학적으로 안정한 화합물로 남게 된다.

온도에 의해 식품 성분의 화학 변화가 일어나면 여러 종류의 산화물이 생성된다. 특히 고온에서는 화학조성 변화와 함께 수반될 수 있는 다른 물리적 성질도 변화를 일으킨다**그림 2-7**, **표 2-8**. 식품을 불에 굽거나 기름에 튀기면 당질, 단백질, 지질 등의 주요 식품 성분은 가열로 로스팅(배소, roasting) flavor 성분이 발생하고 그중 일부가 산화된다. 빵의 경우, 신선함이 사라져 기호도가 나빠지는 현상으로 빵 껍질이 눅눅해지고 속살은 단단해지고 향미가 떨어지는 변화인 노화staling가 발생한다. 이 경우 주원인은 호화된 녹말의 노화이며 저장온도가 낮으면 노화 속도는 더욱 빨라진다. 노화를 방지하기 위해서는 온도를 가한 후 식품은 공기와의 접촉을 최소화해야 한다. 식품가공뿐 아니라 조리에 이용되는 온도는 200℃ 내외이지만 실제 식재료가 수백 도의 고온으로 가열될 수 있고 분자 간 공유결합 등이 고온에 의하여 끊어지고 다른 유리기 생성이

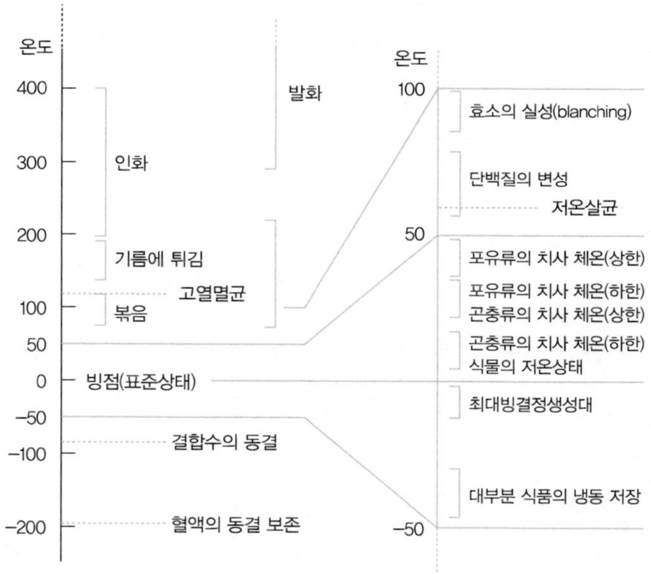

그림 2-7
가열 · 냉각 조작 및 자연현상과 온도

표 2-8 **10℃의 온도 상승에 따른 반응 속도의 증가(Q_{10})**

반응형	무생물계 반응		Q_{10}	온도 범위(℃)	생물 반응		Q_{10}	온도 범위(℃)
열화학	대부분의 반응		2~3	–	광합성(진주)		1.6	4~30
	효소(발효아밀라아제)에 의한 전분의 소화		2.2	10~20	세균(*E.coli*) 생육		2.3	20~37
					근육(소장) 수축		2.4	28~38
	효소(트립신)에 의한 카세인의 소화		2.2	20~30	사탕무의 호흡		3.3	15~25
					오렌지의 호흡		2.3	10~25
					콩나물의 호흡		2.4	10~25
					선액물질의 세포 중의 투과		2.4~4.5	–
	단백질 응고	알부민	625	69~76	가열살생	포자	2~10	40~140
						세균	12~136	48~59
		헤모글로빈	14	60~70	원생동물		890~1,000	36~43
광화학	사진필름 노출		1.05	−85~30	세균의 자외선 살생		1.06	5~36
					광합성(제한광)		1.06	15~25
					안구광증감색소표백		1.0	5~36

출처: Deatherage(1978).

관찰된다. 상기한 바와 같이, 반응성이 큰 유리기는 주변 성분과의 연쇄적 반응이 유도되므로 식품의 로스팅 후 flavor가 다양하고 복잡한 성분으로 재구성되는 것은 식품 고온처리가 다양한 물질의 생성으로 이어지기 때문에 로스팅에 의한 발암성 물질 생성도 주의해야 한다. 생선을 구울 때 탄 부분의 성분 중 발암성 물질로 아미노산인 트립토판 분해물이 유도되기도 한다.

또한 유기체가 생존할 수 있는 온도 범위인 5~60℃를 biokinetic zone이라고 하고, 이 온도 영역은 대체로 미생물 증식과 화학적 변화 반응도 함께 일어나는 온도 영역이다. 온도 변화에 대한 반응 속도의 차이를 반영하고자 온도 10℃ 상승 시 반응 속도와의 산술적 관계를 표시하기 위하여 온도계수로 Q_{10}을 이용한다. 이 방법은 물질의 반응성과 안전성을 파악하기 용이한데, 온도가 10℃ 상승될 때 Q_{10}의 변화가 커지면 그 변화가 상대적으로 크게 관찰된다. 대표적인 예로, 단백질 응고는 대부분 상대적으로 큰 Q_{10}값을 보이는데, 작은 온도 범위에서 유의적으로 반응이 크게 변화하기 때문이다.

식품 성분은 저장 중에는 당연히 이러한 변화가 관찰되지는 않고 Q_{10}이 2~3 사이로 나타난다. 만일 Q_{10}이 3이라면 실온저장과 냉장의 온도 차이는 약 20℃가 되는데 안정성은 10배 정도의 차이가 발생함을 의미한다. 이러한 Q_{10} 조건은 미생물 증식억제와 야채 등의 대사속도 혹은 호흡률이 감소되면 화학적 변화에 의한 속도가 10배 정도 지연됨을 뜻한다. 이 원리를 활용하면 냉장과 냉동 저장 등에 효과적으로 이용하여 식품의 신선도를 보존하기에 좋다. 생선류와 과실류는 저온저장 과정에서 식품 품질의 열화와 손상이 발생한다. 이는 식품 대사활동이 효소반응에 의해 지속적으로 매개되기 때문이다. 즉, 저온저장은 식품과 식품 내 미생물의 대사활동을 억제하지만 멈추지는 않고 지속적으로 느린 속도의 대사활동이 어느 정도 유지가 되므로 특정 효소반응이 저온으로 활성이 극히 줄어들게 되면 정상적인 느린 대사 과정이 상대적으로 영향을 받게 되어 식품의 품질 열화를 가져오는 것이다.

식품을 냉동 저장하는 온도는 -40~-30℃ 정도이다. 그러나 식품 내 자유수가 풍부한 경우는 -50~-1℃의 온도대인 최대빙결정생성대에서 빙결하는데 이 온도대를 천천히 통과한 것은 큰 결정을 생성하게 된다. 형성된 큰 결정은 세포막 파괴를 유도하거나 해동 시 드립drip 현상이 일어나 수분과 함께 다른 식품 성분을 용출하므로 최대빙결정생성대를 빨리 통과시켜 해동 시 식품 원래의 상태로 보존한다. 또한 식품가공에서 온도 조절을 통하여 다른 영향 인자인 물, 산소, pH, 빛에 의한 복합적인 관리가 필요하다.

2. 생화학적 · 생물학적 인자

식품가공과 저장에서 식품 품질에 영향을 주어 변화를 일으키는 물리·화학적인 변화에 관한 인자는 수분활성도, pH, 산소, 빛, 온도 등으로 정의한 바 있다. 식품의 고유 물성과 구성 성분에 유의적인 영향을 미치는 다른 요인으로 생화학적·생물학적 인자를 들 수 있다. 생화학적·생물학적 영향 인자는 주로 식품 자체의 생명활동과 주변에서 유래한 미생물이나 유기체적 환경 조건의 영향에 의한 것이다. 식품의 생화학적·생물학적 변화도 물리·화학적인 변화에 관한 인자와 유사하게 각 요소 간 작용 기전의 상호작용 및 관련성을 통합적으로 이해하는 것이 필요하다.

1) 효소

식품의 원재료는 상당수가 유기체인 생물체에서 기인한다. 유기생명체의 생명현상은 대사활동을 수반하며 생명 유지 활동을 수행하기 위하여 다양한 기작에서 많은 효소를 포함한다. 즉, 효소는 생체 내에 존재하는 고분자인 단백질이다. 한 유기체의 모든 효소의 단백질체enzyme proteome는 그 유기생명체 내의 화학반응을 조절하는 생물학적 촉매제의 집합체이다. 효소는 생명체의 세포 내에서 일어나는 모든 반응의 네트워크인 대사 과정에서 세부적이고 특이적인 화학반응을 기질과 결합하여 촉매한다.

효소단백질의 구성 요소는 유전자 발현 조절에 의한 아미노산의 조합과 단백질 합성으로 효소가 생성된다. 대부분의 효소는 단백질이지만 일부 효소는 RNA 자체로 효소활성을 보이는 리보자임ribozyme과 같은 것도 있다. 효소단백질은 최소 수십 개부터 최대 수백 개 이상의 아미노산으로 이루어진 폴리펩타이드polypeptide이며 다른 생체 내 단백질과 동일한 방식으로 3차원 구조를 형성한다. 효소는 생명체가 정상적인 생장과 적응에 대한 원천적인 촉매 메커니즘의 기능을 제공하기 때문에 생물 유래 식품에서 식품 재료가 얻어지는 경우 그 식품 내에서 생체 내에서처럼 효소가 가지는 특이적 활성이 관찰된다. 식품가공에서 식품 재료의 신선함을 최대한 유지하기 위해서는 식재료가 가지는 효소의 활성을 억제하거나 반대로 활성을 이용할 필요가 있다.

상기한 바와 같이 효소가 매개하는 화학반응은 반응물질이 효소단백질과의 특이적 결합specific binding에 의하여 생성물의 반응 속도를 효율적으로 조절한다. 여기서 효소가 작용하여 결합할 수 있는 분자 등을 기질이라 하고, 효소는 해당 기질을 특정 생성물로 전환시킨다. 세포 내 대사 과정의 조절작용은 생명유지를 위해서 각각 최적의 속도로 반응이 진행되어야 하기 때문에 효소 촉매작용이 반드시 요구된다. 효소가 기질과 결합하기 위한 특정 부분인 활성 부위active site는 기질이 결합하여 효소·기질 복합체enzyme-substrate complex를 형성한다. 효소와 기질 간 결합 활성과 결합의 반응 결과로 생성물이 만들어지고 효소는 생성물과 분리되어 다시 다른 반응에 참여한다. 기질이 활성 부위와 반응할 때 기질의 입체구조와 효소단백질의 활성 부위가 특이적으로 결합할 수 있어야 효소 활성 반응이 일어나므로 특정한 종류의 효소는 그 효소의 활성 특성에 맞는 기질에만 특이적으로 작용하여 결합하는 기질특이성substrate specificity을 가진다. 효소단백질의 활성 부위는 기질과 결합할 수 있는 상보적 입체 구조와 촉매에 참여하는 활성 잔기active site residues의 적절한 3차원적 공간 배치를 가진다. 활성 부위의 특성 및 다양성은 효소의 기질에 대한 화학적 선택성chemo-selectivity, 위치 선택성regio-selectivity, 입체 특이성stereo-selectivity 등을 가지기 때문에 기질 분자와 매우 유사한 구조의 물질이라도 인식하고 구별하여 반응하게 된다.

이러한 효소의 활성은 효소단백질의 3차와 4차 구조 유지에 영향을 주는 온도, pH, 보조효소(조효소, coenzyme)와 같은 보조인자cofactor와 저해제 등에 의하여 효소마다 차이가 있다. 또한 효소 활성의 중요한 특징은 특정 반응만 촉매하는 작용인 반응특이성이다. 예를 들어, 물질 A에서 물질 B로 효소가 촉매작용에 의하여 활성을 나타내는 경우, 유기화학적으로 a, b, c, d와 같은 생성물의 다양한 경로를 가질 수 있음에도 특정 효소에서는 a 생성물 경로에 특이적으로 촉매작용을 보이는 특이성이 있다는 뜻이다. 일반적으로 분류되는 효소의 종류는 다음과 같다.

- 산화환원효소酸化還元酵素, oxidoreductase: 산화환원반응을 촉매하는 효소로서 산화되는 기질은 수소 공여자나 전자 공여자로 작용하고, 다른 쪽 기질은 환원되는 산화와 환원 반응을 촉해한다. 탈수소효소dehydrogenase, 산화효소oxidase, 과산화효소peroxidase, 옥시제나아제oxygenase 등이 대표적이다.
- 전이효소轉移酵素, transferase: 한 화합물에서 다른 화합물로 여러 형태의 원자단을 전이하는 반응을 촉매하는 효소이다. 알데하이드기 또는 케톤기, 인산기, 아미노기 등을 한 기질로부터 다른 기질로 전달하는 반응을 촉매한다.
- 가수분해효소加水分解酵素, hydrolase: 가수분해효소는 C-O, C-N, C-C,

P-O, 그 외 단일결합의 가수분해를 촉매하는 효소로 펩티다아제peptidase, 에스터라아제esterase, 아밀라아제amylase, 단백질분해효소protease, 리파아제lipase, 글라이코시다아제glycosidase 등이 있다.

- 분해효소分解酵素, lyase: 가수분해 기작에 의한 것이 아닌 특정 작용기를 제거하여 이중결합이나 고리 형태를 남기는 반응을 촉매하는 효소이다. 탈탄산효소decarboxylase, 알돌라아제aldolase, 디히드라타아제dehydratase, 에놀라아제enolase 등이 있다.
- 이성화효소異性化酵素, isomerase: 이성질체의 상호 전환을 촉매하는 효소로 라세미화효소racemase, 에피머화효소epimerase 등이 있다.
- 연결효소連結酵素, ligase: ATP와 같은 뉴클레오사이드 삼인산nucleoside triphosphates의 파이로인산염PPi: pyrophosphate 결합의 가수분해와 공역하여coupling 두 분자를 연결하는 반응을 매개한다.

효소 활성 반응의 효율성은 활성화 에너지activation energy를 감소시켜 반응 속도가 증가한다. 작용 기작은 효소 활성 부위가 효소 촉매반응 시 형성되는 불안정한 전이 상태transition state를 안정화시켜 활성화 에너지가 감소된다. 반응 중간체와 효소의 결합은 비효소반응과는 다른 특이적인 반응 경로가 되어 반응 속도를 증가시킨다. 또한 효소가 기질과 결합하면 기질 구조를 전이 상태와 유사하게 변형시켜 반응의 전이 상태에 도달하는 에너지를 효소가 감소시킬 수도 있다. 그러므로 효소는 여러 가지 경로를 이용하여 화학반응 속도를 매개한다.

이러한 효소반응의 특이성은 식품에서 많은 화학 변화를 촉매하므로 여러 측면에서 주의를 요한다. 효소반응은 일반적 화학반응처럼 온도가 상승하면 반응 속도가 비례적으로 증가하지만 온도가 너무 높아지면 효소단백질은 열변성이 일어나 활성은 급격히 낮아진다. 식품가공 및 저장에서 냉동 채소류 등의 변질을 방지하기 위한 열처리로 효소 활성을 실활시켜 저장 중 효소반응을 최대한 효율적으로 억제시키는 처리가 블랜칭blanching이다. 블랜칭은 저온 및 냉동 저장이 요구되는 식품의 전반적인 향미flavor를 파괴하여 식품의 과산화물가 상승 등 식품 내 효소에 의한 열화를 방지한다.

효소 불활성화 기작으로 방사선 조사도 사용된다. 예를 들면, 저장 중 감자의 발아 방지 목적 등에 활용된다. 또한 효소반응에 요구되는 기질 등이 주로 식품 내 구성 성분이므로 이러한 기질의 물리·화학적 처리, 즉 탈수, 건조, 저산소 등의 방법을 이용하여 식품 내 효소와 기질 간의 반응성을 저해시키기

표 2-9 **식품에서 효소반응의 제어 기작**

효소반응	제어 기작
• 수소를 실활시킨다.	가열처리 방사선 조사 pH 조절
• 효소반응 속도를 저하시킨다.	pH 조절 저해제 첨가 저온 동결
• 효소와 기질의 접촉을 방해한다(기질을 제거한다).	동결 탈수 · 건조 저산소 농도 · 사스 치환

표 2-10 **식품 열화에 관계하는 효소와 촉매 기작**

성분의 변화	효소명	촉매하는 반응
단백질의 변화	프로테아제(Protease)	단백질의 가수분해
지질의 변화	리파아제(Lipase) 리폭시게나아제(Lipoxygenase)	지질의 가수분해 고도 불포화지방산의 산화
탄수화물의 변화	아밀라아제(Amylase) 가인산분해효소(Phosphorylase) 펙티나아제(Pectinase)	전분의 가수분해 전분의 가인산분해 펙틴의 가수분해
영양소의 변화	티아미나아제(Thiaminase) 아스코르비나아제(Ascorbinase)	티아민의 가수분해 L-아스코르빈산의 산화
핵산 관련 물질의 변화	미오키나아제(Myokinase) 아데노신삼인산효소(ATPase) 탈아미노효소(Deaminase) 잔틴산화효소(Xanthine oxidase)	ATP의 인산전이 ATP의 가수분해 아민의 가수분해 크산틴의 산화
색의 변화	폴리페놀산화효소(Polyphenol oxidase) 엽록소분해효소(Chlorophyllase)	폴리페놀류의 산화 클로로필의 가수분해
풍미의 변화	페록시다아제(Peroxidase) 카탈라아제(Catalase)	수소-과산화물 산화환원 수소-과산화물 산화환원

도 한다. 예를 들면, 블랜칭에 의하여 지방산화효소lipoxidase의 반응 기질인 지질이 분리되는데, 효소반응을 억제함으로써 이취 발생을 최소화할 수 있다. 따라서 저해제 처리, pH 조절, 저온저장 등의 방법으로 식품 내 효소반응을 저해하여 식품 품질의 열화를 최소화한다표 2-9. 식품 열화의 종류는 탄화수소나 단백질, 지방 등과 같은 식품 성분의 변화로 인한 이취 발생, 외관 악화, 텍스처 변화, 영양소 함량 저하 등이며 가수분해효소나 산화효소 작용에 의해 매개될 수 있다표 2-10.

(1) 탄수화물분해효소

탄수화물carbohydrate은 탄소(C), 수소(H), 산소(O)의 세 가지 원소로 이루어져 $C_n(H_2O)_m$의 구조를 가지는 화합물이다. 생물체의 구성 성분과 에너지원으로 사용되는 탄수화물은 단백질, 지방과 함께 필수 영양소이다. 탄수화물은 구성하는 당의 수에 따라서 단당류, 이당류, 다당류로 분류된다. 다당류는 동물 글리코겐glycogen, 식물 전분, 펙틴pectin 등이 있으며 여러 종류의 단당류가 다수 중합되어 연결되어 있다.

글리코겐은 동물의 경우 사후 가인산분해효소phosphorylase에 의해 분해되고 해당과정의 효소들에 의해 대사되어 젖산으로 전환된다. 전분 분해 양식에 의해서 아밀라아제는 α-amylase, β-amylase, gluco-amylase, isoamylase, amylo-1,6-glucosidase가 있다. 전분은 저장 중 아밀라아제에 의해 분해되어 포도당glucose으로 전환되어 대사 경로를 거치게 된다. 과실과 야채의 펙틴질은 펙틴분해효소pectinase의 작용을 받으면 조직이 연화하여 조직감이 손실되기도 한다. 또한 감자나 고구마와 같은 전분이 다량 함유된 서류root and tuber crops 등의 전분질 식재료는 저장 시 전분분해효소starch degrading enzyme의 작용을 받을 수 있으며 분해 산물로 포도당이 생성되어 식품가공 시 식품의 색, 맛, 질감 등에 영향을 미친다.

(2) 단백질분해효소

단백질분해효소protease는 단백질에 직접 작용하여 펩티드결합을 가수분해하여 아미노산 또는 펩티드 혼합물을 만드는 효소를 말하며, 포유동물에서부터 미생물까지 필수불가결하게 존재하는 세포 내 효소이다. 가금류와 가축류 등 동물의 소화기관에 존재하는 단백질분해효소는 트립신trypsin, 키모트립신chymotrypsin, 펩신pepsin 등이 있다. 또한 식육 저장에 영향을 미치는 효소로 단백질을 분해하는 동물의 세포 내 효소군의 카텝신cathepsin이 있다. 동물의 사후경직 후 일어나는 카텝신의 효소작용에 의해 품질 열화가 발생할 수 있다.

보통 가축 도살 후 사후경직이 일어나고 이후 시간이 더욱 경과하면 다시 유연하게 되는 현상인 해경off-rigor이 일어난다. 해경 과정이 진행되어 육질이 연화되어 식감이 향상된다. 그러나 근육에 존재하는 여러 종류의 카텝신이 관여하여 연화가 과중하게 발생하게 되면 유리아미노산이나 저분자 펩티드 등이 증가하여 쓴맛이 발생하는 등의 문제가 생길 수 있다.

(3) 지질분해효소

지질분해효소(리파아제, lipase)는 중성지방의 글리세린과 지방산의 에스테르결합을 가수분해하는 효소이다. 지방 분해에 관여하는 여러 종류의 지방분해효소는 중성지방을 가수분해하여 글리세롤과 지방산으로 유리시킨다. 지방분해효소는 리파아제, 포스포리파아제phosphlipase, 에스테가수분해효소esterase 등이 있다. 이 효소들의 활성은 산도를 증가시키고 이취를 발생시킬 수 있다. 이러한 촉매반응은 지방분해효소들이 식품 내에 존재하는 경우와 식품에 부착된 미생물의 대사작용에 의해 생성된 경우라고 할 수 있다.

예를 들어, 유지방은 우유 내에 존재하는 지방분해효소와 주변의 미생물이 생산하는 지방분해효소의 작용에 의하여, 포화카복실산의 하나로서 천연의 지방을 구성하는 산 중에서 탄소수가 가장 적은 유기산인 낙산butyric acid에 의해 낙산취가 발생한다. 지질 성분 열화에 관여하는 지방산화효소인 리폭시다아제lipoxidase는 주로 두류 등의 식물과 이들의 종자에 많이 함유되어 있다. 리폭시다아제는 리놀레산linoleic acid과 리놀렌산linolenic acid 등의 불포화지방산이나 이들을 포함하는 지질을 산화하여 그 과산화물의 생성을 접촉하는 효소이다. 반응 생성물로 히드로과산화물(ROOH)을 생성하고 식품 성분의 산화를 매개하여 이취 성분인 휘발성 알데히드aldehyde를 생성함으로써 품질 열화를 가져온다.

(4) 핵산분해효소

핵산 성분은 식육의 중요한 지미 성분이다. 식육에 존재하는 지미 성분 중에서 핵산 관련 물질로는 이노신 1인산inosine monophosphate, 이노신-5′-인산(inosine-5′-인산, 5′-IMP), 구아노신-5′-1인산guanosine 5′-monophosphate, 구아노신 1인산, 구아노신-5′-인산(guanosine-5′-인산, 5′-GMP) 등이 있다. 구아노신-5′-1인산은 표고버섯의 맛 성분으로 식품의 향미 증진제로 사용된다. 가다랑어의 경우, 지미의 주성분은 이노신-5′-인산이며 이노신-5′-인산 성분 자체도 ATP 존재하에 효소적 촉매 분해 반응으로 생성된다.

핵산 성분은 효소적 분해 반응을 거치게 되면 연쇄적으로 쓴맛 성분으로 이노신이 생성된다. 이노신은 하이포잔틴이 리보스 분자와 결합한 핵산 구성 성분인 리보뉴클레오시드이지만, 다른 리보뉴클레오시드와 다르게 핵산 성분이 아니고 생선 등 신선도의 지표이다. 또한 동식물계에 분포하는 퓨린 유도체로, 퓨린염기의 분해나 탈아미노작용에 의해 생성되는 하이포크산틴hypoxanthine이 생성되기도 한다. 핵산 분해에 의해 간장이나 유즙에 고농도로 존재하는 크산틴산화 산소에 의해 크산틴이 된 후 산화를 거쳐 요산의 상태로 소변으로 배출된다.

(5) 색, 맛, 향기를 열화시키는 효소

맛과 향기 변화를 일으키는 효소는 향미 효소flavor enzyme로 명명되는 효소군에 의한 것이다. 건조채소의 경우 채소 특유의 냄새는 소실되나 향기 성분은 다른 물질과 결합하여 향기 성분의 전구체로 잔존하고 있는 것이 많다. 이 경우 효소 활성이 작용하면 향기가 발생할 수 있다. 예를 들어, 식물체 중의 글리코시드결합을 끊는 효소로서 십자화과 식물과 몇 가지 고등식물, 곰팡이류, 세균류 등에 존재하는 티오글루코시드가수분해효소thioglucosidase의 일종인 미로시나아제myrosinase가 있다. 이 효소는 식물에서 발견되는 쓴맛이 있는 항영양 글루코시놀레이트인 시니그린sinigrin을 가수분해하여 티올thiol을 생성하여 냄새가 난다. 유제품의 경우 향미 생성에 리파아제가 활용되기도 한다. 접합균류, 솜털곰팡이의 일종인 리조푸스 델레마*Rhizopus delemar*의 리파아제를 이용하여 원재료의 품질, 효소 활성 온도와 반응시간 등을 조절하여 유지를 20% 정도 분해하면 좋은 품질의 향미를 가진 버터를 생산할 수 있다. 알리인분해효소alliin lyase는 마늘, 양파 등의 최루 성분인 알리인의 합성과 분해반응에 관여하는 효소인데, 이 효소의 작용으로 인해 알리인 분해 시 독특한 향기를 낸다. 고추냉이의 미로시나아제도 향기 생성에 관계된 향미 효소의 한 종류이다.

또한 식품류 변색의 원인이 되는 기작으로 대표적인 것은 폴리페놀산화효소polyphenol oxidase의 촉매반응에 기인한다. 폴리페놀산화효소는 폴리페놀을 기질로 다량 함유하고 있는 식물, 특히 야채, 과실, 차 등에 들어 있고 효소적 갈변을 일으키는 원인이 된다. 폴리페놀산화효소는 식품의 외관과 향미의 열화를 일으키고 비타민과 아미노산 분해 등 영양소 파괴를 일으키지만 홍차, 커피, 담배 등의 기호식품에서는 색소 형성에 도움을 준다.

2) 미생물

식품이 주변 환경에 일정 시간 방치되면 여러 가지 종류의 세균집단인 세균총bacterial flora이 식품 재료에 부착함으로써 식품 외관과 성분 변화가 수반된다. 경우에 따라 이러한 변화 현상은 발효의 형태로 이용이 가능하다. 하지만 그렇지 않은 미생물이 증식하여 식품의 성분을 이용하여 대사작용이 일어나게 되면 식품 외관과 영양소는 질적 열화가 발생하여 식용에 부적합한 상태로 변한다. 이는 주로 주변 환경에 있는 미생물에 의한 식품 성분의 부패나 변패에 의한 것이다. 미생물 증식으로 생산되는 효소군의 활성작용에 의한 식품 부패는 대사과정에서 단백질 분해를 유도하여 악취를 풍기는 저분자의 2차 대사산물 등을 생성한다. 외부 환경의 미생물에 의한 이러한 식품 부패의 경우 탄수화물이나 지방의 분해가 동시에 일어나는 것을 통상적으로 혼용하기도 한다. 그런데 당질이나 지방은 미생물의 효소작용에 의해 식품 풍미와 외관이 열화되면 식용에 적합하지 않은 상태인 변질과 구분하기도 한다. 변패나 변질의 경우도 일부 단백질의 분해가 수반되어 일어나므로 부패, 변패, 변질 등을 뚜렷하게 구별하기가 어렵기 때문이다. 그러므로 미생물 증식에 의한 식품 부패는 식품의 구성 성분인 당질, 단백질, 지질 등 식품 영양소로부터 만들어진다.

부패에 의해 식품 재료가 변화하는 현상의 형식은 매우 다양하다. 인간의 감각 역치가 대부분 1×10^{-12}~1×10^{-7} 몰농도 범주이므로 약간의 변화에도 인지가 가능하거나 관찰을 통하여 식품 변화를 파악할 수 있다. 식품의 부패취는 휘발성 아민, 저급지방산과 이들의 에스테르, 카르보닐화합물과 이들의 에스테르, 황함유화합물 등이 혼합된 것으로 본다. 미생물 증식으로 분해작용에 의해 생성되는 질소화합물이나 황함유화합물은 공통적으로 악취가 나고 역치가 낮다.

식품의 색 변화 역시 원치 않는 미생물 증식에 의해 발생할 수 있다. 세균이 생성한 유산염이 환원되고 다량의 유화수소가 축적해서 설프미오글로빈SMb: sulfmyoglobin이 생성되면 녹변 형태의 변색이 육류 식품에서 관찰된다. 변색은 부패나 변패에 의한 것으로, 미생물 증식에 의해서뿐만 아니라 미생물이 생산하는 동식물 조직에 광범위하게 분포하는 황색, 등색, 홍색의 색소 성분 등에 의해서도 식품 고유의 색이 변한다. 그중 하나가 카로티노이드carotenoid로 이러한 색소 성분 등의 생성에 의해서 식품 고유의 색이 변하는 것이다. 또한 식품 소재의 비효소적 색 변화로, 식품이 가열되면 환원당과 아미노산이 반응하여 메일라드 반응maillard reaction이 발생하고, 최종산물로 갈색 색소인 멜라노이딘melanoidin도 식품 변색의 원인이 된다. 그러나 비효소 갈변 반응의 최종 생성물로서 제빵이나 볶음에서는 중요하다.

식품 특유의 개성인 맛 변화는 탄수화물계 식품에서 흔히 볼 수 있는 산미라든가 단백질계 식품에서 자주 접하는 쓴맛 등이 있다. 식품 재료의 맛 변화는 온도에 의한 영향이 크다. 온도의 변화는 미생물이 생산하는 분해 효소군의 종류, 성질, 활성을 발현시키기 좋은 조건이 서로 다르게 나타난다. 그 밖에 부패의 진행에 따라서 식품 조직의 연화, 가스 발생, 어묵 표면의 투명한 산성을 띠는 점질성 물방울 모양의 물질인 네토ねと, slime 발생 등 외관의 변화가 유의적으로 관찰된다.

미생물의 분류 체계taxonomic group는 생물을 분류하는 기준에 의해서 세포성과 비세포성으로 나눈다. 또한 미생물 상호 간의 위치 관계, 즉 미생물들 간 계통발생상의 근접성에 근거하여 유사성 기준에 따른 구분이 가능하다. 일반적인 미생물의 분류로, 세균, 균류菌類, fungi, 바이러스, 원생동물原生動物, protozoa, 조류 등으로 나눈다. 또는 미생물 세포의 종류에 의해 세포성 미생물과 비세포성 미생물로 구분하기도 한다. 세포성 미생물은 핵막이 없어 유전물질인

DNA가 세포질 중앙에 위치하는 핵양체核樣體, nucleoid 형태로 존재하는 원핵미생물이 있다. 또한 세균과 남조류를 제외한 모든 미생물, 즉 균류, 원생동물, 조류 등에서 관찰되는 세포 소기관과 핵의 막구조를 가진 진핵 미생물을 포함한다. 비세포성 미생물은 세포의 구조를 가지지 않는 생물체를 말하며, 바이러스를 예로 들 수 있다. 세균과 균사체나 포자체를 형성하는 미생물로 세균에 가까운 원핵생물인 방선균放線菌, Actinomyces, 분류학상으로 세균과 바이러스의 중간적 계통관계에 있는 미생물인 미코플라스마*Mycoplasma* 등의 단세포 생물은 원핵생물이다. 진균류인 곰팡이나 효모, 균류와 원생동물은 진핵생물로 분류한다.

이와는 달리 생물학적인 영양요구성에 의해서 분류할 수도 있다. 유기물이 필요하지 않고 광합성으로 에너지를 획득하는 독립영양균과 반드시 유기물을 이용하여 에너지 대사를 수행하는 종속영양균으로의 구분이 그것이다. 세균, 곰팡이, 효모 등의 미생물은 대부분 종속영양의 형식을 가지는 미생물군이므로 대사작용을 통한 에너지 대사는 부패나 발효와 같은 대사 과정이 필요하다.

미생물은 인간의 삶에 유용한 가치를 끊임없이 부여해 왔고 앞으로도 주요한 중요 자원이자 산업적 자원으로 여러 분야에서 이용될 수 있는 미래형 소재이다. 미생물 중 생물자원으로 유용미생물beneficial microorganisms은 유해미생물harmful microorganisms과 확연하게 구별된다. 유용미생물은 발효미생물 혹은 산업미생물처럼 식품의 소재로 활용할 수 있는 미생물에 의한 식재료 발효나 미생물 대사산물의 대량 생산과 이용 등과 관련이 깊다. 반면에 유해미생물에는 대사증후군의 원인인 일부 유해성 장내미생물, 식품의 부패에 관여하는 부패미생물spoilage microorganisms, 염증성 장질환 등의 식중독을 일으키는 원인균 등 대체로 병원성 미생물pathogenic microorganisms이 속한다.

따라서 식품가공학적 관점에서 미생물 자원은 식품·의약품 소재의 안정성과 기능성을 가져야 한다. 식품의 안정성이 보장되지 않으면 식품을 매개로 식품미생물에 의한 식품 부패와 심각한 질병 등의 주요 원인이 되기 때문이다. 식품 발효와 관계된 유용한 식품미생물은 인간 건강에 유익한 프로바이오틱스probiotics 등에서 알 수 있듯이 식품미생물이나 이들의 대사체 각각의 고유한 생리활성 등의 기능성을 특징적으로 가지고 있다.

식품가공학에서의 미생물은 인간에게 유익하지 않은 영향을 미쳐서 유해성이 강조되는 부패미생물과 식중독 원인 미생물 등의 유해미생물을 제외해서 설명한다. 이는 인간에게 해로운 미생물 균총microbiota population이 여러 질병의 원인이 되기 때문이다. 일반적인 식품의 변질에 대해 정리하면 다음과 같다.

- 부패putrefaction: 주로 식품의 단백질이 세균에 의해 분해되면서 악취생성 물질과 독성 인자가 생성되는 현상
- 변패deterioration: 식품 내 미생물 증식에 의해 당질과 지질을 에너지원으로 사용하기 위해 분해하여 식품 고유의 물성과 성분 변화에 의해 맛과 냄새가 변화하는 현상
- 산패rancidity: 식품 내 지질이 미생물에 의해 대사되면서 산소, 광선, 금속 등을 매개로 산화되는 현상
- 발효fermentation: 주로 당질 성분이 미생물의 에너지 대사에 이용되어 분해되면서 생성되는 알코올, 유산, 아미노산 등의 성분으로 전환되는 대사 현상

예를 들어, 식중독 원인균인 보툴리누스균이나 포도상구균은 각각 그람Gram음성균 영역에서 혐기성 아포균과 구균에 속하며 장염 비브리오*Vibrio*는 그람음성균의 수생균, 살모넬라는 장내세균이다. 또한 유해미생물이든 유용미생물이든 상관없이 모든 미생물의 증식은 생물화학적 요인인 물, 탄소원, 질소원, 무기이온, 생육 인자 등의 영양소에 의해 일어난다. 유해미생물에 의한 부패 생성물로 식품 품질의 열화에 영향을 주는 요인은 다음과 같다.

- 암모니아: 탈탄산 반응에 의한 아민류, 산화적 탈아미노 반응에 의한 암모니아와 케토산, 직접 탈아미노 반응에 의한 암모니아와 불포화지방산, 환원적 탈아미노 반응에 의한 암모니아와 유기산 등의 네 가지 생성 경로에 의한 부패 생성물
- 트리메틸아민TMA: trimethylamine: 전구물질로 트리메틸아민 옥사이드TMAO: trimethylamine oxide 생성에 의해 유도되며 해산생물에서 관찰되는 부패 생성물

- 황화수소와 메르캅탄: 함황아미노산인 시스테인과 메싸이오닌 등이 분해되면서 암모니아 외에 황화수소(H_2S)나 메르캅탄(mercaptane, R-SH) 등 휘발성 유황화합물 생성이 유도되어 냄새와 색 변화의 식품 부패를 매개하는 부패 생성물
- 인돌indole: 방향족 아미노산인 트립토판이 세균 내 트립토판아제tryptophanase에 의해 생성된 부패 생성물
- 부티르산(butyric acid, 낙산): 혐기적 조건에서 식품 부패가 진행될 때 생성되는 부패 생성물
- 에탄올ethanol을 포함한 알코올류: 식품의 맛과 보존성에 관계되는 생성물
- 기타 생성물: 아민류, 유기산 가스, 점질물, 색소 등

그 밖에 미생물 증식에 요구되는 물리적 환경요인은 온도, 습도, 삼투압, pH, 방사선, 수분활성도, 산화환원전위 등과 밀접한 상호연관성이 있다. 생물학적 환경요인인 생물 등은 변수가 될 수 있는 다양한 물리적 환경 인자와 상호 영향을 준다.

① 온도 미생물의 종류에 따라 광범위한 생장 온도의 스펙트럼을 가지며, 미생물 증식 과정에서 온도는 가장 중요한 영향 요인의 하나이다. 많은 미생물이 0℃ 이하의 저온이나 60℃ 이상의 고온에서 증식과 생장이 용이하지 않지만 경우에 따라 고온과 저온에서도 적응성과 저항성을 가지고 있다. 미생물의 생육이 가능한 온도에 의해 저온균, 중온균, 고온균, 초고온균으로 구분한다. 수중환경에서 적응하는 수생균의 경우 0℃ 정도에서도 증식이 가능한 저온균이다. 지질학적으로 가열된 지역인 온천, 심해열수구, 토탄 축적 수렁peat bog에서 생장하는 고온균은 극한 미생물이며 41~122℃에서 생육이 가능한데, 20~45℃에서 생육하는 중온균과 구별된다. 식품가공이나 조리에 이용하는 식품 재료는 고온살균처리를 해도 사멸하지 않는 경우가 많다. 살모넬라*Salmonella enteritidis*, S. Typhimurium, 장염비브리오Vibrio parahaemolyticus, 병원성 대장균*Escherichia coli*, pathogenic escherichia, 리스테리아*Listeria monocytogenes*, 캄필로박터 제주니*Campylobacter jejuni*, *C. coli* 등의 감염형 세균성 식중독 세균은 대부분 중온균에 속하며, 여시니아*Yersinia* *enterocolitica*와 같은 세균은 호냉균에 속한다. 살모넬라와 장염비브리오는 열에 비교적 약하여 저온살균으로 사멸시키고 생산하는 독소도 열로 파괴하기가 용이한 편이다. 세레우스균*Bacillus cereus*을 제외한 황색포도상구균Staphylococcus aureus, 보튤리눔*Clostridium botulinum*, *C.perfringens* 등이 생산하는 균체외 독소의 일부는 내열성이 상당히 강하므로 고온살균의 경우 주의가 필요하다.

② 물 미생물이 생존과 증식에 활용하는 물의 양은 수분활성도(A_w)를 통해 알 수 있다.

③ 삼투압과 수분활성 삼투압은 수분활성의 정도에 따라 달라진다. 또한 그람양성균은 그람G음성균보다 내삼투압성이 강하다. 염장과 당장 등 용질의 고농도 저장 방법은 식품을 미생물 증식으로부터 보존하기 위해서 고삼투압을 이용하는 원리이다. 어류와 일부 가공식품에서 관찰되는 장염비브리오는 호염세균이기 때문에 염장에서도 사멸하지 않는다.

④ pH 수소이온 농도는 다른 물리적 요인의 변화와 상호적으로 중요한 변화 인자이다. 식품에서 증식 가능한 세균의 pH는 3.5~9.5 정도이며, 생장에 필요한 많은 미생물의 최적 pH 범위는 5~7 정도이다.

⑤ 산소 미생물은 에너지 대사를 위한 산소요구도가 종마다 차이가 있다. 호기성균은 산화적 대사에 의해, 혐기성균은 혐기적 발효나 분자 간 호흡 등의 방식으로 에너지를 획득한다. 또한 통성혐기성은 호기성과 혐기성 대사계를 모두 가진다. 산소를 이용해야 증식이 가능한 호기성 세균은 산소이용도가 미생물마다 차이가 있지만, 산소를 이용하지 않는 혐기성 세균과 서로 다른 에너지 대사 경로를 가진다. 예를 들어, 독소형과 중간형의 세균성 식중독을 일으키는 보튤리누스균은 편성혐기세균이며 열에 강한 아포를 형성한다. 동물성 단백질과 어패류의 통조림은 혐기 상태이므로 보튤리누스균의 아포 증식이 가능하다.

단원정리

1. 식품가공에서 식품 품질에 변화를 줄 수 있는 물리 · 화학적 영향 인자로는 수분활성, pH, 산소, 빛, 온도 등이 있으며 이러한 영향 인자는 독립적으로 영향을 주기도 하고 다른 인자 간의 상호작용으로 변화를 나타내기도 한다.
2. 식품에서 모든 분자수에 대한 상대적인 자유수의 비율을 수분활성도(A_w: water activity)로 나타내며 1에 가까울수록 자유수를 많이 함유한다.
3. 식품에서 등온흡습곡선의 III 영역은 자유수 구간으로 용질에 대한 용매로 작용하고 미생물 생장에 이용되는데 식품 중 수분의 95% 이상이 이 영역에 속한다.
4. 일정 온도에서 용액이 용해 평형에 도달하면 극히 일부가 양이온과 음이온으로 해리되어 두 이온 농도의 곱이 일정해지는데 두 이온 농도의 곱은 이온곱 상수(ionic product constant)로 정의한다.
5. 식품의 성분 변화는 산소와의 직접적인 접촉으로 이루어지는 경우도 있고, 물리적 조건인 온도와 습도 등이 식품에 영향을 주기도 한다.
6. 유지 함유 식품이 산패되는 현상을 억제하기 위해서 이용되는 항산화제로는 몰식자산, 페놀화합물, 구연산, 인산, 아스코르브산 등이 있으며, 합성품으로 뷰틸하이드록시아니솔(BHA)과 디부틸히드록시톨루엔(BHT) 등이 있다.
7. 방사선 조사의 다른 분류 방법으로 Radapperitization, Radicidation, Radurization 등이 있다.
8. 반응성이 큰 유리기는 주변 성분과 연쇄적 반응이 일어나므로 식품의 로스팅 flavor가 다양하고 복잡한 성분으로 재구성되는 것은 식품의 고온처리가 다양한 물질의 생성으로 이어지기 때문이다.
9. 온도 변화에 대한 반응속도의 차이와 관련하여 온도 10℃ 상승 시 반응속도와의 산술적 관계를 표시하기 위하여 Q_{10}이라는 온도계수를 이용한다.
10. 생화학적 · 생물학적 영향 인자는 식품 자체의 생명활동과 환경에서 미생물의 영향에 의한 것인데, 물리 · 화학적인 변화에 관한 인자와 유사하게 각 요소 간 작용 기전의 상호작용이 일어난다.
11. 식품가공과 저장에서 중요한 효소의 종류에는 산화환원효소, 전이효소, 가수분해효소, 분해효소, 이성화효소, 연결효소가 있다.
12. 식품가공과 저장에서 냉동 채소류 등의 변질을 방지하기 위하여 효소 활성을 실활시켜 저장 중 효소반응을 억제시키는 처리를 블랜칭이라 한다.
13. 효소에 의한 식품 품질의 열화는 탄수화물분해효소, 단백질분해효소, 지질분해효소, 핵산분해효소, 색 · 맛 · 향기를 열화시키는 효소 등이 있다.

14. 생물자원으로 유용한 미생물은 발효미생물 혹은 산업미생물과 같이 식품 소재로 활용할 수 있는 발효와 미생물 대사 생성물 생산과 활용에 이용되고, 유해미생물은 유해성 장내미생물, 식품 부패에 관여하는 미생물, 기타 질병 원인균 등의 병원성 미생물이다.

15. 식품의 변질로서 부패, 변패, 산패, 발효 등이 있다.

16. 식품 품질의 열화에 영향을 주는 유해미생물에 의한 부패 생성물로는 암모니아, 트리메틸아민, 황화수소와 메르캅탄, 인돌, 부티르산, 에탄올(ethanol)을 포함한 알코올류, 그리고 이 외에 기타 생성물로 아민류, 유기산 가스, 점질물, 색소 등이 있다.

연습문제

1. 다음 중 녹말이나 설탕 분자 내에 흡착되어 있는 물의 형태는 무엇인가?
   ① 자유수　② 결정수　③ 동결수　④ 결합수

2. 식품의 수분활성도와 등온흡습곡선에 대한 설명 중 옳지 않은 것은?
   ① 등온흡습곡선은 일정 온도에서 식품의 수분활성도와 수분함량과의 관계를 나타낸다.
   ② 등온흡습곡선에서 식품의 안정성이 가장 보장되는 영역은 I 영역과 II 영역의 경계 부분이다.
   ③ II 영역은 다분자층 영역으로 대부분의 수분이 구성 성분과의 수소결합에 의해 유지되는 영역으로 중간수분식품이 여기에 속한다.
   ④ 일반적으로 미생물 증식의 한계 수분활성도는 0.4~0.5 정도로 나타난다.

3. 산소에 의한 식품의 산화에 대한 설명으로 옳지 않은 것은?
   ① 식품의 산화로 인한 식품 성분의 변화는 공기 중 산소에 의한 직접적인 접촉에 의해 발생한다.
   ② 유지류와 같은 여러 유기화합물이나 무기화합물이 공기 중 산소에 의해 상온에서 산화하는 반응을 자동산화라고 한다.
   ③ 뷰틸하이드록시아니솔(BHA)과 디부틸히드록시톨루엔(BHT)은 식용유지 등의 식품 산화방지제로 제한 없이 가장 널리 이용된다.
   ④ 유지류의 산패반응을 최대한 지연하기 위한 방법으로서 산화반응을 억제하는 항산화제를 첨가한다.

4. 살균법에 이용되는 대표적인 전자기파로 가시광선과 X선 사이 영역의 전자파로서 살균력이 강한 파장 범위는 250~260nm이며 염색체(DNA)의 변이에 의해 미생물이 사멸되는 빛은 무엇인가?
   ① 자외선　② 원적외선　③ 가시광선　④ X선

5. 식품에서의 온도 조절에 의한 품질 보존에 관한 설명 중 옳지 않은 것은?
① 식품의 온도 변화에 의한 발열과 흡열 반응은 식품 성분 분자를 열역학적으로 안정한 화합물로 만든다.
② 구운 생선의 탄 부분의 발암성 물질은 페닐알라닌 분해물이다.
③ 유기체가 생존할 수 있는 온도 범위를 biokinetic zone이라고 하며, 미생물 증식이 가능하고 산화반응도 일어나는 일반적인 온도 영역을 말한다.
④ 식품 해동 시 드립(drip) 현상이 일어나 수분과 함께 다른 식품 성분을 용출하므로 최대빙결정생성대를 빨리 통과시켜 해동 시 식품 원래의 상태로 보존한다.

6. 다음 중 효소의 촉매작용이 옳게 설명된 것은?
① 분해효소(lyase): 알데하이드기 또는 케톤기, 인산기, 아미노기 등을 한 기질로부터 다른 기질로 전달하는 반응을 촉매하는 효소
② 이성화효소(isomerase): TP와 같은 뉴클레오사이드 삼인산(nucleoside triphosphates)의 파이로인산염(PPi: pyrophosphate) 결합의 가수분해와 공역하여(coupling) 두 분자를 연결시키는 효소
③ 산화환원효소(oxidoreductase): 산화환원반응을 촉매하는 효소
④ 전이효소(transferase): C-O, C-N, C-C, P-O, 그 외 단일결합의 가수분해를 촉매하는 효소

7. 다음 중 식품의 바람직하지 않은 효소 활성을 제어하는 기작이 아닌 것은?
① 수소를 실활시킨다.
② 효소반응 속도를 저하시킨다.
③ 효소와 기질의 접촉을 방해한다.
④ 주변의 산소를 제거하여 효소 촉매의 반응을 억제한다.

8. 다음 중 식품과 관련된 세균과의 연결관계가 맞지 않는 것은?

① 원래 수생균 그룹: Vibrio 등

② 장내세균 그룹: Clostridium 등

③ 비아포 간균 그룹: 유산간균의 일부

④ 호기성 내열성 아포균: Bacillus

9. 식품에서 미생물 증식이 발생하는 물리적 환경 요인을 세 가지 이상 기술하시오.

10. 고립을 외부로부터 파먹어 들어가며 가해하는 방식으로 장두, 쌀도둑 등의 해충이 곡물을 가해하는 양상을 무엇이라 하는가?

정답

1. ④ 2. ④ 3. ③ 4. ① 5. ② 6. ③ 7. ④ 8. ② 9. 온도, 습도, 수분활성, 삼투압, pH, 방사선, 산화환원전위

10. 파괴성 가해

CHAPTER 3

식품가공 및 저장의 원리
Principles of Food Processing and Storage

CHAPTER 3

식품가공 및 저장의 원리

개요

식품가공은 식품원료에 물리적, 화학적 또는 생물학적 변화를 일으켜 소화와 흡수를 돕고, 맛, 풍미 그리고 외관을 좋게 해서 기호성을 향상하며, 아울러 저장성을 증대시키는 일련의 가공조작을 의미한다. 식품은 수분, 탄수화물, 지방, 단백질 등 다양한 성분을 함유하고 있고, 식품가공 및 저장 중의 변화는 수분, 산소, 온도, 첨가물 등이 관여하게 된다. 식품의 저장성을 증대시키기 위해서는 이에 영향을 미치는 구체적인 요인을 정확하게 식별하는 것이 중요하다. 여기에서는 식품가공 및 저장 중에 변질을 유발하는 요인과 변질 메커니즘 및 변질을 예방하기 위한 여러 가지 식품가공 및 저장 기술을 살펴보고자 한다.

1. 식품 중의 수분

1) 식품의 건조

식품의 건조는 식품의 수분활성도를 저하시켜 품질 저하를 억제하여 저장성을 높이는 방법이다. 건조 과정은 먼저 표면에서 증발이 일어나고 계속해서 내부 수분이 표면으로 이동하면서 이루어진다. 내부의 수분 이동은 모세관 이동과 확산에 의해 이루어지며 표면 증발로 건조속도가 결정된다. 식품 건조에서 표면 증발에 비하여 내부 확산이 빠르면 건조속도는 표면 증발속도에 의해 결정되고, 반대로 표면 증발에 비하여 내부 확산이 느릴 때는 내부 확산속도에 의하여 결정된다.

이상적인 건조를 위해서는 표면 증발속도와 내부 확산속도 간의 균형이 잘 잡히도록 건조온도, 습도, 공기 속도 및 흐름 방향과 같은 외적인 건조 조건과 두께, 형상, 배열 등의 내적인 조건을 잘 정비하여 짧은 시간 내에 건조를 완료시키는 것이 좋다. 그러나 공기의 온도가 높고 상대습도가 낮을 때에는 수분함량이 큰 식품의 내부에서 외부 쪽으로 확산하는 수분의 양보다 더 많은 수분이 식품 표면에서 증발하여 제거될 위험이 있으며 이때 겉마르기 또는 표면 경화가 일어나게 된다. 즉 두께가 두껍고 내부 확산이 느린 식품을 급격히 건조시키면 표면만 과도하게 건조되는 겉마르기 현상이 일어나는 것이다.

수분을 통과시키지 않는 층이나 경계는 수분의 자유로운 확산을 막는데 이와 같은 상태를 표피 피막경화라고 하며, 그 이후의 건조가 어렵게 된다. 이 현상은 순환되고 있는 공기의 상대습도와 온도를 조절함으로써 방지할 수 있다. 건조 단계를 건조경과시간과 건조특성곡선에 의해 구분해 보면 **그림 3-1**의 건조곡선에서와 같이 건조 초기의 표면 증발은 건조물의 표면에 유리 수분이 충분하여 큰 저항 없이 시간이 경과됨에 따라 거의 일정한 건조 비율로 건조가 진행된다. 이 기간을 '항률건조' 또는 '항속건조기간'이라고 하며, 이때의 건조속도는 높고 식품의 온도는 거의 일정하다.

항률건조 후에는 건조가 진행될수록 표면의 수분은 점차 감소하므로 건조물의 중심부로부터 수분이 모세관을 통하여 표면층으로 이동하는 내부 확산이 일어나는 데 따른 저항으로 시간이 경과함에 따라 건조속도가 떨어지며 식

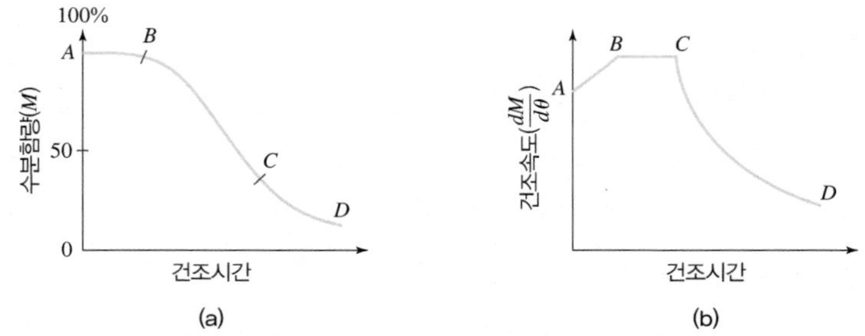

그림 3-1
식품의 건조곡선

건조속도: 건조시간에 따른 수분함량의 변화 비율
A–B: 조절기간(식품의 온도가 상승하는 단계)
B–C: 항률건조기간(식품 표면에 있는 수분이 증발되는 단계)
C: 임계수분함량
C–D: 감률건조기간(식품 표면의 수분이 전부 제거되고 식품 내부에 있는 수분이 표면으로 이동하면서 건조되는 기간)

품의 온도도 상승한다. 이 기간을 '감률건조기간'이라고 하며 일반적으로 감률건조기간은 항률건조기간에 비하여 길다. 항률건조에서 감률건조로 옮겨가는 시점의 함수율은 '한계함수율'이라고 한다.

건조 과정 중의 변화로는 형태의 변화로 형태 축소현상, 조직 연화현상, 고결과 조해현상 등이 있고, 물리적 변화로서 식품 물성의 변화 등으로 인해 조직 변화, 복원성 상실, 신선감 저하 등으로 품질이 떨어질 수 있다. 화학적 변화로는 단분자층 수분함량에 의해 산화, 갈변, 비타민 손실, 색소 변화가 일어날 수 있다.

(1) 식품의 건조 방법

건조식품은 종류가 많으므로 건조 중 식품 내의 변화도 다양하다. 따라서 식품의 조직상태, 성분 조성 및 농도에 알맞은 건조 방법과 조건을 갖추어야 하며, 특히 건조 후 적합한 이용 방법을 선택하여야 한다. 건조과일과 같이 직접 식용하는 경우가 있는가 하면 독특한 풍미를 가진 곡류, 감자류와 같이 적당한 수분을 가하여 가공 또는 조리하는 것과 건조채소, 분유, 난분과 같이 물을 가하여 본래의 상태에 가까운 것으로 하는 것 등이 있다. 이러한 점을 고려하여 채택할 수 있는 식품의 건조 방법을 살펴보자.

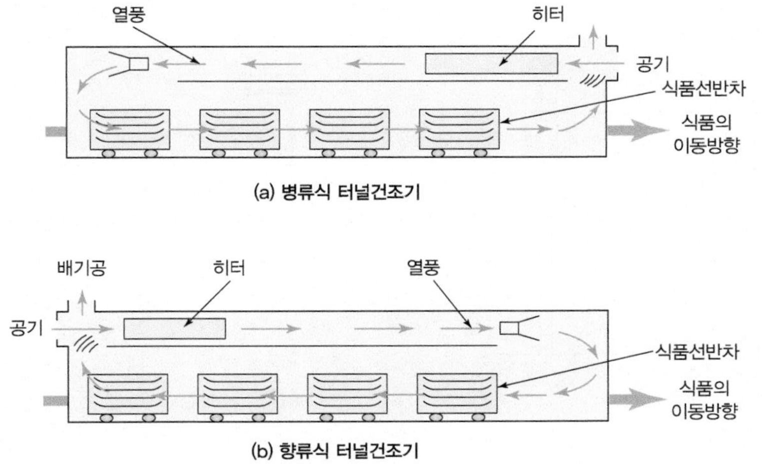

그림 3-2
터널건조기

① **터널건조기** 터널건조기는 긴 터널로 되어 있어 다량의 식품을 연속적으로 건조하는 작업을 할 수 있다. 터널건조기는 열풍과 시료의 이동방향에 따라 병류식 터널건조기와 향류식 터널건조기로 나눌 수 있다. 병류식 터널건조기는 열풍과 시료가 같은 방향으로 이동하는 것으로 건조 초기에 건조속도가 빠르다. 건조 후기에는 고온다습한 공기와 접촉하게 되어 건조속도가 느려져 최종수분함량이 낮아지지 않는다는 단점이 있다. 향류식 터널건조기는 열풍과 시료가 반대방향인 것으로 초기 건조속도는 느리나 건조효율이 좋다. 건조 후기에는 고온건조한 열풍과 접촉하게 되어 수분함량이 낮은 최종제품을 얻을 수 있다는 장점이 있다.

② **부상식(유동층식) 건조기** 건조실 아래쪽에서 가압된 열풍을 불어넣어 열풍 속에 식품이 약간 뜨게 하면서 건조하는 방법이다. 식품과 열풍 간의 접촉을 좋게 하여 건조속도가 빠르고 균일하게 건조시킬 수 있다.

③ **기송식 건조기** 빠른 속도의 열풍 속으로 시료를 투입하여 열풍기류와 시료를 함께 이동시키면서 건조하는 방식이다.

④ **분무건조기** 분유, 아이스크림 믹스, 버터, 치즈, 유아식품, 커피, 차, 달걀 분

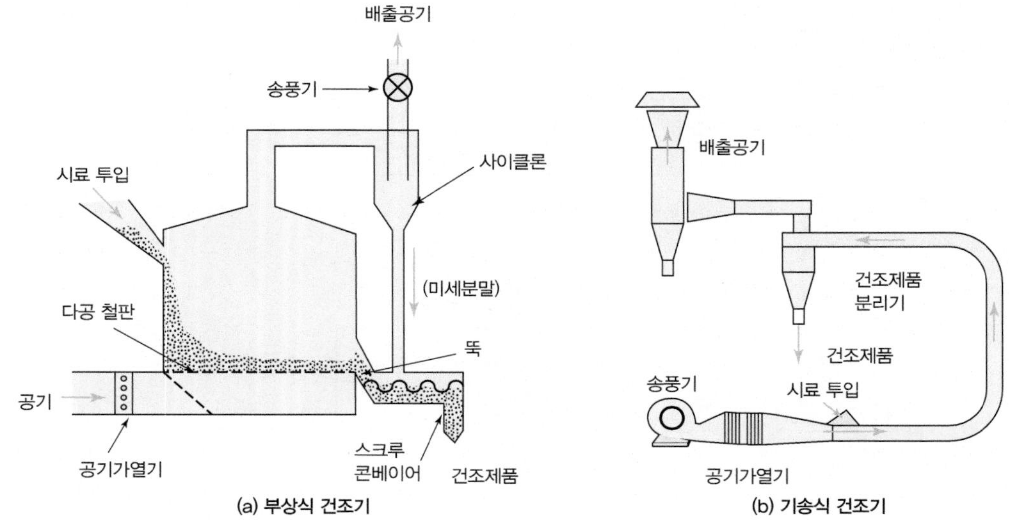

그림 3-3
부상식 건조기와 기송식 건조기

말, 주스 분말, 단백질 분말, 육엑기스 제조에 사용되며 비교적 열에 민감한 물질들을 건조할 수 있다. 액체재료를 미세한 액체입자로 건조실 내에 분무하여 미세 액체입자와 열풍을 접촉시켜 짧은 시간 내에 건조하는 방법으로 공기가열부, 분무장치, 제품회수장치로 구성되어 있다. 제품회수장치에는 건조탑, 진동냉각기, 사이클론이 있다. 분무장치의 종류에는 고압 노즐형, 이류체 노즐형, 원반형이 있다. 분무건조에서 초기(항률건조기간)에 액체입자는 표면적이 커서

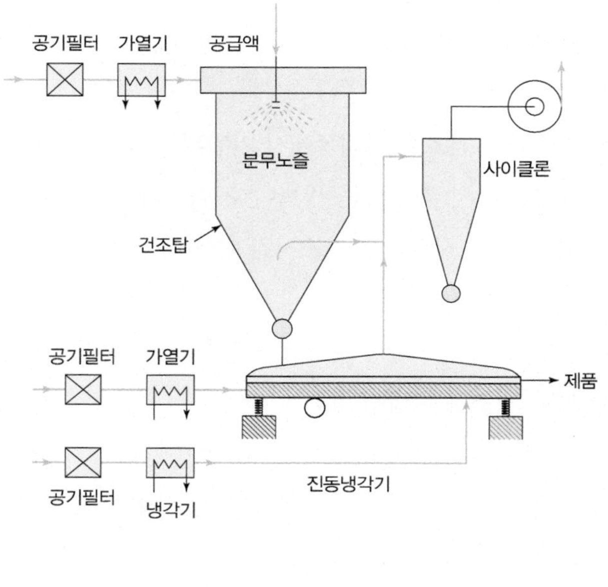

그림 3-4
분무건조기

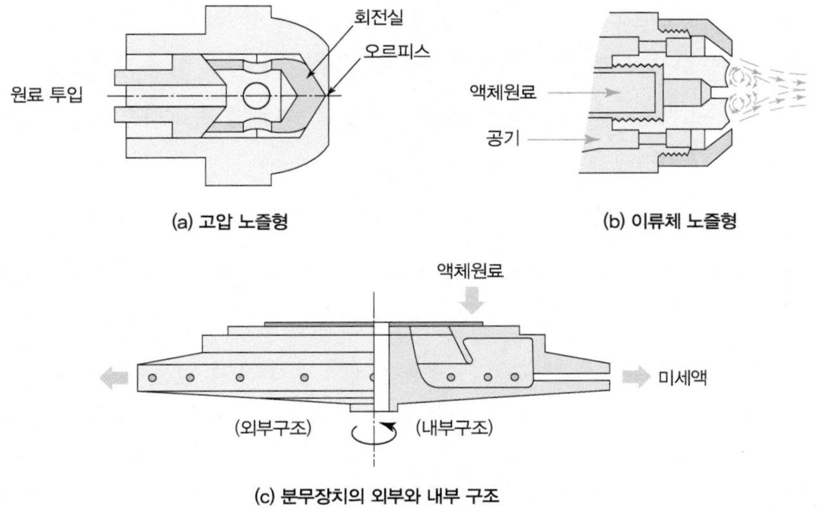

그림 3-5
여러 가지 분무장치 구조

건조속도가 빠르며 입자의 온도가 증발잠열 때문에 습구온도 이상으로 올라가지 않으므로 열에 의한 제품 변화가 작다.

⑤ 드럼건조기 연속식 증발건조기의 종류로 회전하는 가열된 원통 표면에 퓌레, 페이스트와 같은 건조액을 접촉하여 묻어 나온 것이 열에 의하여 건조되는 것으로 건조가 완료되면 날카로운 것으로 긁어서 연속으로 건조할 수 있다. 원료의 농도가 높거나 입자가 커서 분무건조기 사용이 어려울 때 이용한다.

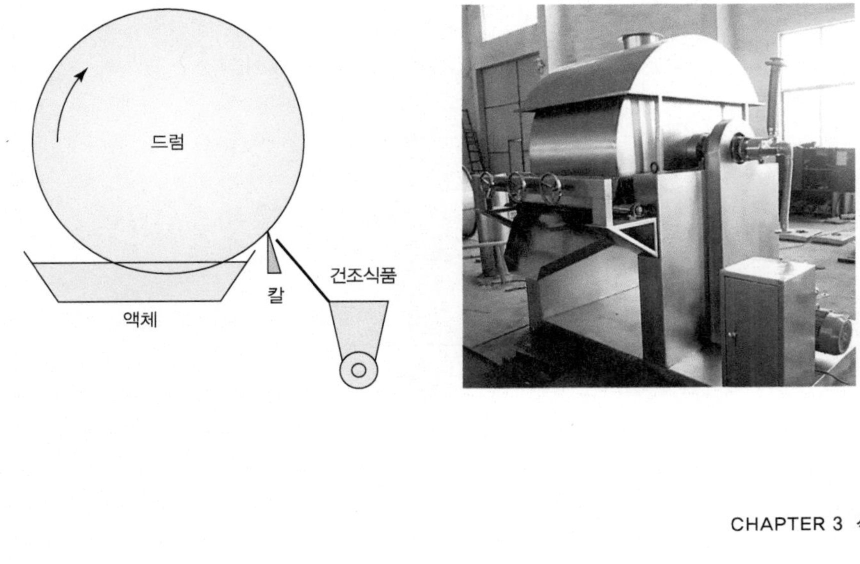

그림 3-6
드럼건조기

⑥ 동결건조 동결건조란 식품을 동결시키고 수증기 부분압을 낮춰 얼음을 직접 증기로 승화시켜 건조시키는 방법이다. 이와 같이 물의 삼중점 이하로 낮은 압력에서(6 mb 또는 4.6 torr) 얼음 형태의 수분을 액체로 변화시키지 않고 바로 승화시키는 방법이다.

동결건조는 냉동시스템, 드라이아이스 및 액체질소 등을 이용하여 식품을 얼린다. 동결건조기 내에 언 식품을 넣은 후 동결건조기의 진공펌프와 냉동시스템을 작동시킨다. 진공 내에서 식품은 언 상태를 유지하면서 식품 내 수분을 승화시켜 제거하며 승화된 수분은 응축기에서 응축하여 얼음이 된다. 동결건조기 내의 식품을 가열하여 온도를 높이기 위하여 승화에 필요한 열에너지를 공급하는 형태이다. 그러나 식품이 냉동된 상태를 유지하여야 하는 단점이 있으며 식품의 두께가 얇을수록 건조가 빠르다. 동결건조 중에 식품 표면에 형성되는 건조층은 얼음층보다 열전도도가 극히 낮기 때문에 두께가 두꺼우면 건조에 오랜 시간이 소요된다.

원료를 가열하여 식품 표면에 형성되는 건조층의 표면 온도를 높인다. 동결건조기의 장치는 동결장치, 가열판, 열교환기, 진공감압장치, 응축기로 나눌 수 있다. 동결건조를 거친 식품은 수축과 표면 경화와 같은 조직 파괴가 덜 일어나며, 건조된 식품에 물을 흡수시킬 때 물이 잘 흡수되며 복원성이 우수하다. 또한 향미 성분의 증발이 적게 일어나 원래의 향을 유지할 수 있으며, 비타민과 같은 영양소의 파괴가 적다. 그러나 건조 비용이 많이 들어 분말커피나 과

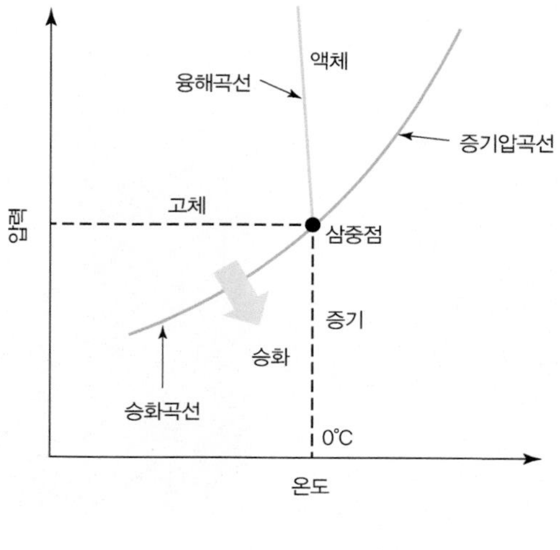

그림 3-7
물의 상태도와 승화

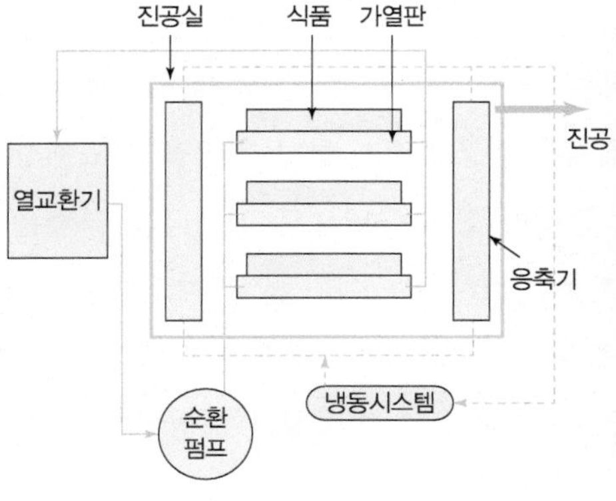

(a) 동결건조기 구조

(b) 동결건조된 식품

그림 3-8
동결건조기와 동결건조된 식품

일 등 비교적 고가의 식품에만 이용된다. 또한 동결건조 과정에서 다공성 구조가 나타나기 때문에 공기와의 접촉이 많아져 지방질의 산화가 일어나기 쉽다. 따라서 빛과 산소를 차단하여 산화를 억제시킬 수 있는 포장을 해야 한다.

동결건조는 열에 민감한 물질의 손상을 최소화하고 비활성화할 수 있다는 장점이 있으며 승화된 얼음 결정체들이 공간을 남기기 때문에 수분 흡수가 용이해 빠르고 완벽하게 재수화re-hydration가 가능하여 복원이 가능하다. 그러나 다른 건조 방법에 비해 비교적 장비가 고가이며 에너지 비용 또한 약 2~3배 정도 높다. 따라서 열에 민감하여 휘발성 성분을 억제시켜야 하는 제품이나 빠른 재수화가 필요한 제품, 고가의 제품을 대상으로 적용할 수 있다.

⑦ **자연건조** 태양열, 한기, 기류 등 자연환경을 이용하는 방법으로 특별한 기술이나 설비를 필요로 하지 않아서 인공건조 방법에 비해 간단하고 비용이 적게 든다. 그러나 자연건조는 외부의 영향을 많이 받으므로 건조시간이 짧을 때도 있고 장시간이 필요할 때도 있어서 건조기간 동안에 변질을 일으키고 오염되기도 쉬워 균일한 제품을 얻기가 어렵다. 어패류나 해조류의 건조에 많이 이용되며 곡류, 과일류, 채소류 등에도 이용되고 있다. 밤낮의 온도 변화에 의하여 얼었다, 녹았다를 반복하면서 자연상태의 바람으로 수분을 증발시켜 건조하는 방법으로 북어나 한천 등의 건조에 이용한다. 이러한 동결제품은 스펀지 상태의 연조직이 된다.

2) 농축

농축은 식품의 끓는점을 이용하여 식품 중의 일부 수분 등을 제거하여 농도를 높이는 방법으로 수분 제거라는 점에서 건조와 비슷하나 최종물이 고체상태가 아니라 액체상태인 점이 다르다. 분리와 정제 수단으로 이용되는 농축은 건조의 앞단계로 건조에 필요한 에너지를 감소시키는 예비공정이기도 하다. 결정화를 위한 방법 등으로 쓰이며, 농축을 하면 무게와 부피가 줄어들기 때문에 포장, 수송 등이 쉽고 수분활성도가 낮아지므로 저장성이 향상된다. 농축 방법은 증발농축, 동결농축, 막농축으로 구분된다.

(1) 농축 방법

① 증발농축 증발농축은 수분 제거 관점에서는 증류와 같으나 증류는 증기 성분을 응축하여 제품을 제조한다는 차이가 있다. 증발기의 형태는 수직형과 수평형으로 구별되며, 구조는 스팀을 공급하는 열교환기, 농축액에서 수증기를 분리하는 분리기, 수증기를 농축 및 제거하는 응축기로 이루어져 있다. 증발농축은 점도가 높은 제품인 젤리, 캔디류, 연유 등의 제조에 이용된다. 이 농축 과정에서 가장 중요한 것은 열의 공급과 이동이며, 농축을 저해하는 것은 점도, 거품 생성, 관의 치석 등이다.

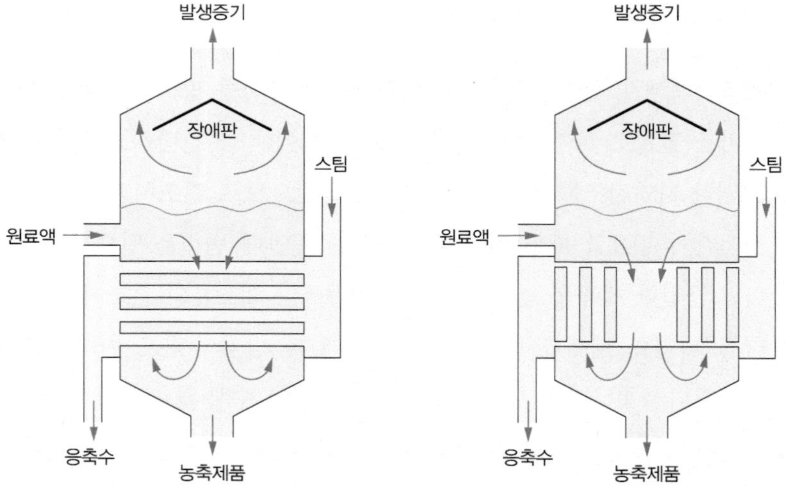

(a) 수평형 증발농축기 (b) 수직형 증발농축기

그림 3-9
증발농축기

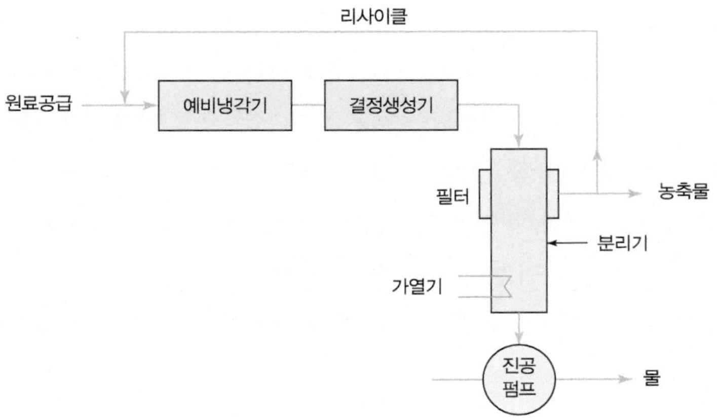

그림 3-10
동결농축기

② 동결농축 동결농축 방법은 용액을 동결시킨 후 순수한 얼음결정을 분리, 제거하여 원료를 농축시키는 방법이다. 다른 농축 방법에 비해 휘발성 향기 성분, 염, 당분, 페놀성화합물을 거의 함유하고 있지 않은 순수한 얼음결정을 제거하기 때문에 열에 의한 손상을 최소화할 수 있다. 따라서 열에 민감하거나 향기 성분을 보존해야 하는 경우에 적합하다. 그러나 동결농축을 진행하는 과정에서 효소적·비효소적 갈변현상이 촉진될 수 있어 이를 제어할 수 있는 처리가 필요 하다.

3) 삼투압을 이용한 저장

(1) 소금

염장은 소금의 삼투압현상으로 식품 내 수분이 탈수되면서 수분활성도가 저하되어 저장성이 향상되는 방법으로 건염법과 염수법이 있다. 미생물 세포에 탈수가 일어나면서 원형질 분리로 생육이 억제되어 부패가 지연되며, 동시에 소금이 단백질 성분의 분해를 억제하고 산소용해도를 감소시키는 등의 원리도 저장성에 영향을 준다. 염장할 때 소금 용액의 농도와 온도가 높을수록 삼투현상은 빠르게 진행되며, 건염법보다는 염수법이 효과적이고 껍질이 제거된 식품에 더 큰 영향을 준다.

건염법은 식품에 직접 소금을 뿌리는 마른간법으로 식품 표면과 내부의 수분이 소금에 녹아 포화상태의 소금 용액이 식품 표면을 감싸는 방법이다.

염수법은 소금 용액에 식품을 침지하는 습염법으로 식품 내 수분이 빠져나와 주변 소금 용액 농도를 희석하므로 지속적으로 소금을 첨가하며 교반하여 염수층을 유지하여야 한다. 건염법은 적은 양의 소금으로도 효과를 볼 수 있지만 균일한 소금 침투가 잘 안 되고 지나친 경우 탈수로 인한 외관 불량과 낮은 수율 등의 단점이 있다. 반면에 염수법은 균일한 소금 침투로 간과 품질을 일정하게 유지하고 공기 접촉도 막을 수 있어 산화 예방도 가능하지만, 염장 초기에 제대로 교반해 주지 않으면 부패가 일어날 수 있고 소금 사용량이 많다는 단점이 있다.

(2) 당류

당절임법은 당액에 식품을 첨가하여 삼투압작용으로 식품 내 수분을 감소시키고 당의 농도를 증가시킴으로써 수분활성도를 낮추어서 미생물 세포의 삼투압과 원형질 분리를 유발하는 방법이다. 하지만 소금에 비해 당의 삼투압이 낮고 식품 내부로의 침투율이 낮아 당절임을 사용하기 전에 묽은 당액이나 물로 가열하여 조직을 연화한 후 당장을 진행하는 것이 효과적이다. 분자량이 작은 당일수록 당 용액의 수분활성도가 낮아지기 때문에 같은 농도라면 분자량이 각각 60, 80인 글루코오스glucose, 프룩토오스fructose가 분자량이 342인 설탕보다 수분활성도가 저하되는 작용이 크다.

(3) 산류

산장법은 pH가 낮은 초산, 젖산, 구연산 등을 첨가하여 수분활성도를 낮출 뿐만 아니라 미생물의 생육이 억제되는 산성 환경을 만들어 식품을 저장하는 방법이다. 초절임이라고도 하며 대표적인 식품으로는 피클, 탄산음료, 칼피스 등이 있으며 방부작용 이외에도 조미효과를 얻을 수 있다는 장점이 있다.

단원정리

1. 건조의 목적은 자유수를 감소시켜 수분활성도를 감소시켜 저장성을 향상시키는 데에 있다.
2. 드럼건조법은 가열된 드럼을 회전시키면서 건조시키는 방법으로 열에 약하고 고형분이 많은 액체식품을 건조하는 데 이용한다.
3. 건조법 가운데 분말건조는 분유, 아이스크림 믹스, 버터, 커피, 차, 달걀 분말 등과 같은 제품을 제조하는 데 사용되며 비교적 열에 민감한 물질을 건조할 수 있다.
4. 동결건조는 식품을 동결시키고 수증기 부분압을 낮춰 얼음을 직접 증기로 승화시켜 건조시키는 방법이다.
5. 농축은 용매를 제거하여 용질의 농도를 높이는 방법으로 저장성이 향상되며, 새로운 물성이 형성되며 무게와 부피가 감소한다.
6. 염장은 소금의 삼투압현상으로 식품 내 수분이 탈수되면서 수분활성도가 저하되어 저장성이 향상되는 방법으로 건염법과 염수법이 있다.

연습문제

1. 다음 중 건조의 목적에 대한 설명으로 옳지 않은 것은?
   ① 미생물, 효소에 의한 부패 및 변패 방지
   ② 식품 성분 간의 화학반응 증가
   ③ 포장, 수송 및 저장 용이
   ④ 성분 변화로 풍미, 색, 조직감 향상

2. 건조 단계에 대한 설명으로 옳지 않은 것은?
   ① 항률건조구간은 식품 건조 초기에 건조속도가 거의 일정한 구간이다.
   ② 항률건조구간은 건조속도가 빠르다.
   ③ 감률건조구간은 표면 수분이 점차 증발되고 내부확산이 일어나는 구간이다.
   ④ 감률건조구간은 시간이 경과함에 따라 건조속도가 증가하는 단계이다.

3. 분유, 아이스크림 믹스, 버터, 커피, 차, 달걀 분말 등과 같이 열에 민감한 물질을 건조할 수 있는 건조법은?
   ① 증발건조　　② 분무건조　　③ 동결건조　　④ 자연건조

4. 열풍과 시료가 같은 방향으로 이동하여 건조 초기에 건조속도가 빠른 터널 건조기는?

정답

1. ② 2. ④ 3. ② 4. 병류식 터널건조기

2. 온도 조절에 의한 식품저장

1) 가열처리에 의한 식품저장

식품은 가공 과정 및 저장 기간 동안 미생물, 효소 및 다양한 이화학적 반응에 의해 품질이 저하될 수 있다. 이에 식품을 가열처리하여 미생물의 증식을 억제하거나 사멸시키고, 효소의 작용을 저하시키거나 불화성화시켜 품질수명을 높일 수 있다. 식품의 효과적인 가열처리를 위해서는 가열의 원리, 열전달 기전, 미생물 및 효소의 내열성, 식품의 가열살균법, 가열처리를 이용한 식품의 제조 공정 등에 대한 명확한 이해가 필요하다.

(1) 가열의 원리

① **열전달 형태** 식품가공에서 열은 전도, 대류, 복사 및 이들이 혼합된 방법으로 일어난다**그림 3-11**.

- 전도: 전도conduction는 분자가 지닌 에너지가 인접 분자로 직접 전달되는 열전달 형태로, 분자가 열을 받아 진동하고 이 진동이 인접한 분자로 전달되는 것이다**그림 3-12**. 뜨거운 국에 금속으로 된 국자나 숟가락을 담가 놓으면 손잡이 부분까지 열이 전달되어 점차 뜨거워지는 현상이 전도에 의한 열전달의 대표적인 예이다.
- 대류: 대류convection는 열에너지를 받은 액체나 기체 분자가 이동하여 열을 전달하는 형태로, 온도에 따른 밀도차에 의해 일어난다. 즉, 액체가 가열되면 부피가 증가하고 밀도가 작아져 가벼워지면서 상승하고 상대적으

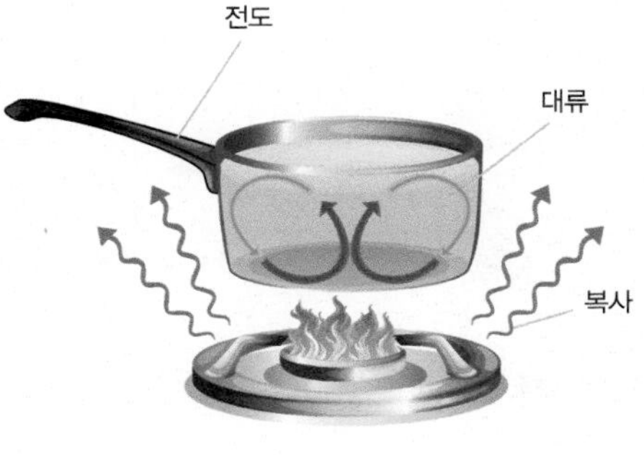

그림 3-11
조리 및 가공 중의 열전달

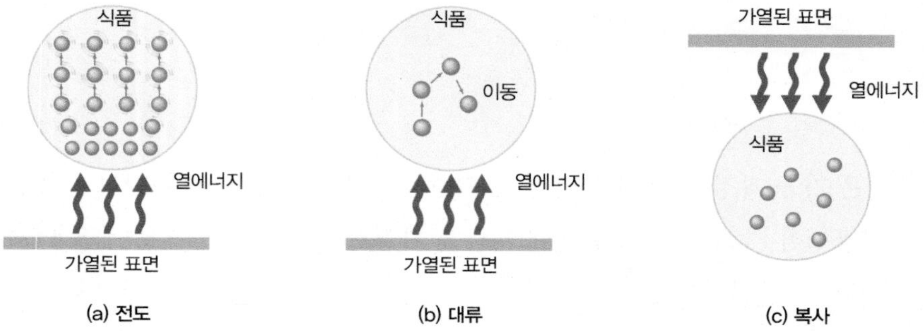

그림 3-12
열전달 형태

로 온도가 낮은 액체는 하강하는 현상이 반복되며 액체 전체의 온도가 올라가게 된다. 오븐으로 조리할 때 공기의 대류 및 달걀을 삶을 때 물의 대류가 대표적인 예이다.

- 복사: 복사radiation는 고온의 물체에서 저온의 물체로 중간에 열전달 매체 없이 열이 직접 이동하는 현상이다. 태양의 열에너지에 의해 우리 몸이 따뜻해지는 현상, 뷔페식당 등에서 음식을 따뜻하게 유지하기 위해 적외선등을 음식에 쬐어 보온시키는 것 등이 복사에 의한 열전달 현상이다.

② **냉점** 식품을 가열할 때 전도나 대류의 열이 가장 늦게 도달하여 가장 나중에 가열되는 부분을 냉점cold point이라고 하는데, 식품의 안전을 위해서는 냉점

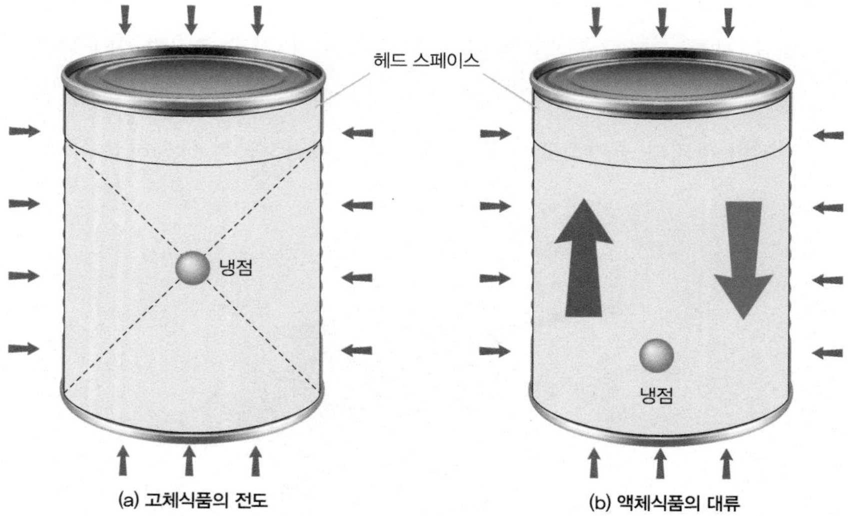

그림 3-13
냉점

까지 원하는 온도로 살균해야 한다. 통조림 살균 시 냉점 부분이 원하는 온도에 도달하지 않아 살균되지 않고 남아 있으면 완전히 살균되지 않은 것이므로 조심해야 한다그림 3-13.

(2) 미생물의 내열성

① 미생물의 내열성 살균은 미생물의 영양세포만 사멸시키는 것을 말하고, 멸균은 영양세포뿐 아니라 포자까지 사멸시켜 무균 상태로 만드는 것을 의미한다.

미생물의 내열성에 영향을 미치는 요인은 포자 생성 여부, pH, 당 및 염의 농도, 단백질 및 지방의 존재 등이 있다. 미생물의 영양세포는 열에 약하지만 포자는 내열성이 강해서 영양세포는 100℃에서 쉽게 사멸시킬 수 있지만, 포자는 121℃로 가열하여 멸균시켜야 한다. 포자의 내열성에 영향을 미치는 요인은 pH이다. 식품의 pH가 중성인 경우 내열성이 크고 산성으로 갈수록 내열성이 약해져 pH 4.5 이상에서는 12℃로 가열해야 사멸하지만, pH 3.7 이하에서는 100℃에서도 사멸시킬 수 있다. 당, 단백질 및 지방의 함량이 높으면 내열성이 강해지며, 염은 4%까지는 포자의 내열성을 증가시키지만 8% 이상에서는 내열성을 감소시킨다.

② 미생물의 가열치사곡선 가열에 의한 미생물의 살균효과는 가열 온도의 영향을 받는다. 사멸곡선survival curve은 가열시간과 생존포자 수의 관계를 나타낸 그래프이다그림 3-14. 사멸곡선에서 D 값은 일정한 온도에서 미생물 수를 90% 사멸

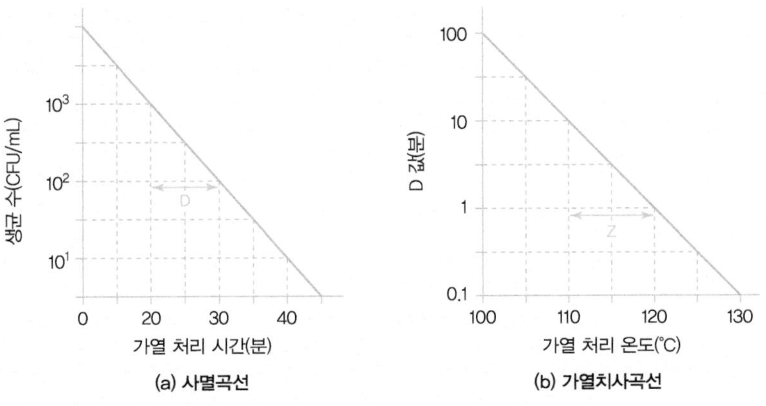

그림 3-14
미생물의 사멸곡선 및 가열치사곡선

시키는 데 필요한 시간이다. 예를 들어, 100℃에서 처음 균 수의 90%가 사멸되기까지 소요된 시간이 10분이면, D_{100}=10으로 표현한다. 특별히 온도에 대해서 지정하지 않을 때는 121℃에서의 D 값을 의미한다. 따라서 D 값이 클수록 내열성이 크다.

가열치사곡선TDT curve: thermal death time curve은 미생물의 사멸 속도에 미치는 온도의 영향을 나타낸 곡선, 즉 일정 온도에서 가열 시 미생물을 사멸시키는 데 걸리는 시간을 나타내는 곡선이다. 가열치사곡선에서 Z 값은 D 값을 1/10로 줄이는 데 필요한 온도의 변화량이다. 예를 들어, 121℃에서 D 값이 10분이고, Z 값이 10℃일 때, 131℃에서 D 값은 1분이 된다. F 값은 일정 온도에서 미생물의 영양세포와 포자를 사멸시키는 데 필요한, 즉 미생물을 완전히 사멸시키는 데 필요한 가열 시간을 말하며, 가열치사곡선에서 알아낼 수 있다. 특히 250°F(121.1℃)에서의 F 값은 F0으로 표기한다.

③ 효소의 내열성 살균 과정 중 미생물은 살균되었어도 효소가 불활성화되지 않으면 저장 중 식품의 안전성을 보장할 수 없다. 대부분의 효소는 80℃ 정도의 가열에 의해 불활성화되는데, 온도에 따라 내열성이 달라져 포자가 사멸하는 높은 온도에서 효소는 활성을 유지하기도 한다. 한 예로 과산화효소peroxidase는 110℃ 이하에서는 미생물의 포자보다 내열성이 약하지만 110℃ 이상에서는 포자보다 내열성이 강하다. 따라서 효소에 의한 저장 중의 문제를 억제하기 위해 110℃ 이하의 온도에서 데치기 등의 방법을 통해 미리 효소를 불활성화시켜야 한다.

일반적인 가열 조건에서는 효소의 활성이 남아 있거나 재활성화할 수 있으므로 효소 불화성화를 가열살균의 최종 목표로 설정하기도 한다. 미생물 살균의 지표효소로 과실통조림 살균에는 과산화효소를, 우유 살균에는 인산가수분해효소phosphatase를 이용한다. 피클의 과산화효소는 85℃에서도 불활성화되지 않고, 양배추의 과산화효소는 120℃에서 가열 후 재활성화하는 것으로 알려져 있다. 인산가수분해효소의 불활성 온도는 결핵균 살균 온도와 같기 때문에 우유 중 인산가수분해효소 활성이 잔존한다면 병원균의 살균이 불충분한 것이라고 판단할 수 있다.

(3) 식품의 가열살균법

① 저온장시간살균법 저온장시간살균법LTLT: low temperature long time pasteurization은 저온에서 장시간 살균하는 방법으로 일반적으로 62~65℃에서 30분간 살균한다. 이 방법은 병원성 미생물과 비내열성 부패미생물을 사멸시킬 수 있으나 내열성 포자를 사멸시키지는 못한다. pH가 낮아 강한 가열살균이 요구되지 않거나 가열처리로 품질이 저하될 가능성이 있는 과일주스 등에 사용되는 살균법이며, 저온살균 우유에도 사용되고 있다그림 3-15.

② 고온단시간살균법 고온단시간살균법HTST: high temperature short time pasteurization은 고온에서 단시간 살균하는 방법으로 72~75℃에서 15초간 살균하게 된다. 이 살균법으로 대부분의 미생물을 살균할 수 있어 내열성균도 거의 사멸된다. 미국에서는 우유 살균 시 이 방법을 많이 사용하고 있다.

③ 초고온순간살균법 초고온순간살균법UHT: ultra high temperature pasteurization은 135℃에서 2~3초간 가열하여 살균하는 방법이다. 이 방법을 통해 내열성 포자까지도 사멸시켜 살균효과는 극대화하고 영양소의 파괴는 최소화할 수 있으며, 살균 시간이 매우 짧아 대량생산에 적합하다. 우리나라에서 많이 사용하는 우유 살균법이다.

④ 상업적 살균법 상업적 살균법은 영양소의 손실이나 관능적 품질 저하를 최소

(a) 저온장시간살균(LTLT) 우유

(b) 초고온순간살균(UHT) 우유

그림 3-15
살균 방법별 제품의 예

화하기 위해 살균하는 방법이다. 통조림은 반드시 완전살균해야만 하는 것은 아니어서 위생상 유해한 목표 미생물을 살균하고, 유통기한 등 상업적인 목적을 고려하여 가열살균한다. 주로 산성의 과일통조림에 이용되는데 70~100℃에서 살균하게 된다. 이러한 상업적 살균을 할 때는 식품의 종류, 상태, pH, 저장 방법, 미생물의 내열성 및 오염도 등 다양한 조건을 감안하여 시행하여야 한다. 내열성이 크고 미생물 오염 정도가 클수록 온도가 높고 가열 시간이 길어야 한다.

⑤ 간헐살균법 간헐살균법은 내열성 미생물과 포자를 완전사멸하기 위한 방법이다. 100℃에서 30분간 살균시키고 30℃ 항온기에 1일간 두어 포자가 발아하여 영양세포가 되게 하고 이를 다시 100℃에서 살균하는 과정을 3회, 즉 3일 연속으로 반복한다.

⑥ 건열살균법 건열살균법은 140~160℃에서 30~60분 정도 건열기에서 가열시키는, 즉 공기를 가열시켜서 미생물을 살균하는 방법이다.

⑦ 증기살균법 코흐Koch 살균솥을 사용하여 물을 끓여 수증기가 발생하면 살균시킬 대상을 넣은 후 밀폐시켜 솥 내부가 100℃로 상승한 이후부터 30분 동안 살균하는 방법이다. 내열성 포자의 경우에는 1기압 이상에서 100℃ 이상으로 가열처리해야 한다.

(4) 통조림

통조림은 주석을 도금한 양철관 등에 식품을 채운 다음 공기를 제거하는 탈기 과정을 통해 산화를 방지하고 호기성 미생물의 생육을 억제하며, 밀봉함으로써 용기 안팎의 공기 출입 및 미생물 유입을 차단하고, 가열을 통해 미생물을 사멸시켜 안전성, 저장성 및 편이성을 향상시킨 식품이다.

① 통조림 용기 통조림 용기는 재질에 따라 철판steel plate에 주석을 도금한 주석관tin plate can, 크롬이나 니켈을 도금한 TFS관tin free steel can, 알루미늄관aluminium

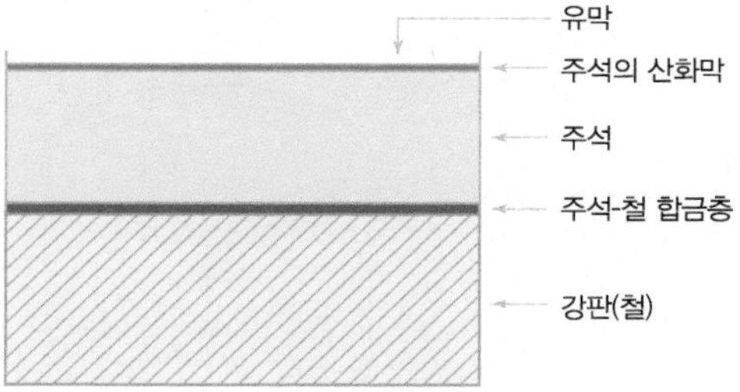

그림 3-16
주석관의 단면

can 등이 있다그림 3-16. 이 중 주석관이 가장 많이 사용되며, TFS관은 생선, 과자, 탄산음료 통조림에 사용하고, 알루미늄관은 맥주나 탄산음료처럼 팽창하기 쉬운 통조림에 이용되며 소금 함유 식품에는 적합하지 않다그림 3-17.

형태별로는 투피스캔two piece can과 쓰리피스캔three piece can으로 분류할 수 있다그림 3-18. 투피스캔은 밑바닥과 일체구조인 캔 몸통에 위 덮개를 이중으로 감아 결합하여 두 개의 부품으로 구성되어 있는 캔으로 주로 맥주, 콜라 등의 탄산음료에 사용된다. 쓰리피스캔은 몸통에 위 덮개와 아래 밑바닥을 결합하여 세 개의 부품으로 구성된 캔으로 강도가 우수하며 식품통조림 및 커피, 주스 등의 비탄산음료에 사용된다. 또한 큰 통조림일수록 멸균공정이나 유통 과정에서의 충격에 견딜 수 있도록 강도를 부여하기 위해 통에 주름이 있는 경우가 많다. 밀봉 방법은 이중권체를 하거나 땜을 하게 된다.

통조림 용기 내면은 에나멜 수지나 유성도료를 사용하여 내용물과 용기 간의 화학반응을 차단한다. 에나멜 수지는 유황 함유 식품의 흑변 방지 및 유색 과실의 보존 등의 목적으로 이용되고, 유성도료는 내산성이 강해 과채류 통조림에 사용된다.

(a) 주석캔 (b) 알루미늄캔 (c) 투피스캔 (d) 쓰리피스캔

그림 3-17
통조림관의 종류

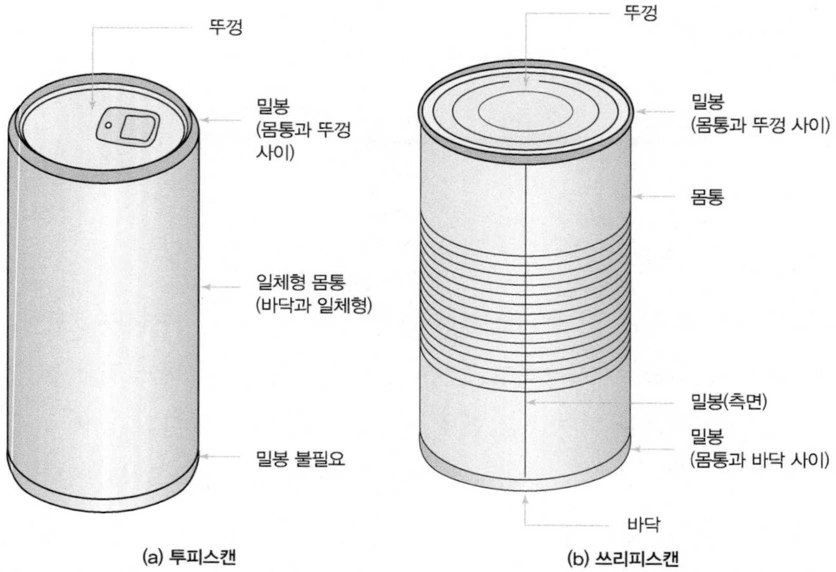

그림 3-18
투피스캔과 쓰리피스캔

② 통조림 제조공정 통조림의 제조는 전처리 과정을 거친 식품을 용기에 담고 조리액을 채운 후 탈기, 밀봉, 살균, 냉각의 공정을 거치게 되는데, 특히 탈기, 밀봉, 살균은 통조림 제조공정에서 매우 중요한 과정이다그림 3-19.

- 데치기: 데치기blanching는 식품 원료를 82~93℃의 물이나 수증기로 3분 이내의 단시간 동안 가열하고 즉시 냉각하는 과정이다. 이 과정의 목적은 원료를 수축시켜 용기에 잘 충진되도록 하고, 원료의 박피가 용이하도록 하며, 가열처리 중 발생할 식품 세포 내 호흡가스 등의 기체를 미리 제거하고, 폴리페놀산화효소 등의 효소작용을 억제하여 식품 성분 변화를 억

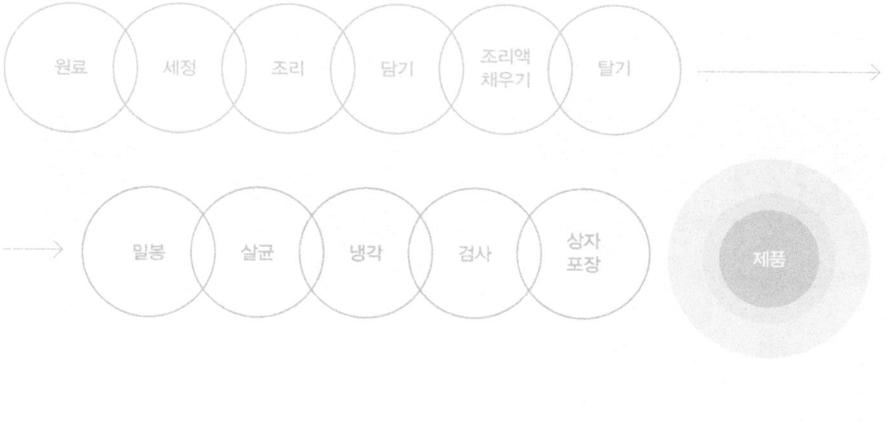

그림 3-19
통조림 제조공정

그림 3-20
헤드 스페이스

제하는 것이다.

- 충진: 식품을 용기에 충진할 때 내용물의 팽창에 대비하여 용기에 안전성을 주고 식품이 균일하게 가열되도록 하기 위해 용기 상부에 일정한 여유 공간인 헤드 스페이스head space를 남겨두어야 한다**그림 3-20**. 충진할 때는 식품이 용기의 봉합 부위를 오염시키지 않도록 주의해야 한다. 과일과 같이 상온 상태에서 충진하는 콜드팩cold pack과 토마토케첩이나 과일잼과 같이 뜨거운 상태에서 충진하는 핫팩hot pack이 있다. 과일이나 채소는 고형물과 함께 조미액을 담는데, 과일은 당 농도 60~65%의 설탕 시럽, 채소는 소금 1~2%의 염수를 주입하며 철분이나 염류가 함유되어 있지 않은 것을 사용한다.
- 탈기: 탈기exhausting는 식품 및 통조림 용기 내의 산소를 포함한 공기를 제거하는 공정으로, 이 과정을 통해 얻을 수 있는 효과는 다음과 같다. 첫째, 내압을 감소시킴으로써 가열살균 시 통조림 내부의 공기나 내용물의 팽창에 의한 용기의 변형 및 파손을 방지할 수 있다. 둘째, 산소 농도를 저하시켜 내용물의 산화 및 성분 변화를 방지할 수 있다. 셋째, 관 내면의 부식을 억제하여 주석 등 금속의 용출을 방지할 수 있다. 넷째, 호기성 미생물의 생육을 억제할 수 있다. 다섯째, 통조림 용기의 밑바닥과 뚜껑을 오목하게 만들어 변패관을 쉽게 검출할 수 있다.

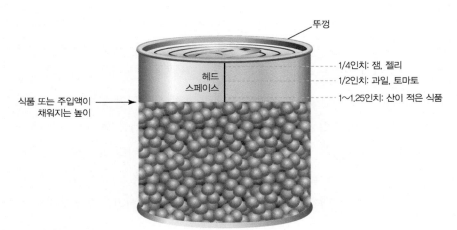

탈기 방법으로는 가열탈기법, 증기분사법, 기계적 탈기법, 가스치환법

등이 있다. 첫째, 가열탈기법은 가열한 식품을 용기에 담고 즉시 밀봉하거나 용기에 담은 후 뚜껑을 가권체한 상태에서 가열 후 본권체하는 방법이다. 둘째, 증기분사법은 헤드 스페이스 부분에 수증기를 분사하여 진공 상태를 만들어 밀봉하는 방법으로 액체 속에 충진되어 있는 식품에 적합한 방식이며, 혼입된 공기의 양이 적은 고체나 반액상 형태의 식품에 사용하는 방법이다. 셋째, 기계적 탈기법은 식품을 가열하지 않은 상태로 용기에 담아 진공권체기로 밀봉하는 방법으로, 뚜껑을 닫지 않은 상태로 용기를 진공 상태에 노출시키고 진공 내에서 밀봉시키는 방법으로 열에 민감한 식품이나 건조식품처럼 가열처리가 어려운 식품에 이용한다. 넷째, 가스치환법은 불활성 가스를 헤드 스페이스에 주입하여 기존에 있던 공기와 치환하는 방법이다.

- 밀봉: 통조림의 충진 및 탈기 후에는 공기와 미생물의 접촉을 차단하고 안전하게 저장하기 위해 밀봉(권체) 과정이 필요하다. 통조림의 밀봉기로

그림 3–21
통조림의 이중권체기의 구조와 밀봉

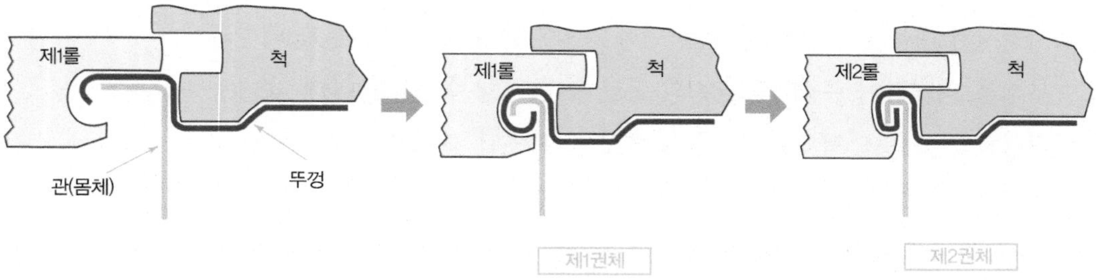

는 용기 몸체와 뚜껑이 이중으로 접히는 이중권체기double seaming machine가 주로 쓰이며, 그중에서도 탈기와 밀봉이 동시에 가능한 진공권체기vacuum seamer가 주로 사용된다. 이중권체기는 뚜껑을 위에서 눌러서 고정시키는 역할을 하는 척chuck, 회전하면서 뚜껑과 관 몸체를 밀착시키는 롤roll, 통조림 관을 올려주는 리프터lifter로 구성되어 있다. 롤은 제1롤과 제2롤이 순서대로 작동하는데, 제1롤이 몸통 상부와 뚜껑 가장자리를 한 겹 말리게 하고, 제2롤이 이를 일정한 모양으로 권체하게 된다**그림 3-21**.

- 살균: 통조림 용기 내용물 중의 미생물 사멸을 위해 살균공정을 시행한다. 통조림의 살균을 위해 일반적으로 고온살균을 하지만 pH에 따라 살균 조건이 달라질 수 있다. 산도가 높을수록 살균에 필요한 시간은 짧아져 산도가 높은 식품은 100℃ 이하의 저온살균에 의해서도 살균효과를 얻게 된다. 통조림의 가열살균 방법은 수증기, 수증기와 공기의 혼합, 고온고압의 물에 침지 또는 분무하는 방법 등이 있다. 통조림 살균 방법으로는 식품을 용기에 넣은 채 가압멸균기retort와 같이 포화증기를 이용한 간접가열이 일반적이어서 금속제 통조림의 경우 수증기로 가열하는 경우가 많지만, 병조림이나 레토르트 식품은 급격한 압력 변화에 취약해 고온의 물에 침지 또는 분무하여 가열한다.

 통조림의 가열살균 시 열전달은 주로 전도와 대류에 의해 일어나는데, 내용물의 온도 변화는 용기의 종류와 크기, 내용물의 온도에 따라 따르다. 액상 식품의 경우는 대류에 의한 가열이 주가 되는데 이때 통조림의 회전방향과 속도에도 영향을 받게 된다. 가열살균 시 통조림의 온도 변화는 냉점에서 측정해야 하는데, 전도 방식의 열전달이 일어나는 식품에서 냉점은 일반적으로 식품의 중앙 부분이지만 헤드 스페이스가 있기 때문에 통조림의 중앙보다 약간 아래쪽에 위치한다. 열전달 방식이 대류인 경우에는 식품의 점도 및 밀도에 따라 냉점의 위치가 달라지게 된다**그림 3-13** 참고.

- 냉각: 통조림의 가열살균이 끝나면 바로 냉각해야 한다. 가열 후 고온 상태에서 장시간 방치하면 과열에 의한 내용물의 연화, 황화수소 발생으로 인한 통조림의 변색, 호열성 세균의 포자 발아 등의 문제가 유발될 수 있

표 3-1 **통조림 검사**

종류	내용
외관검사	• 밀봉 상태, 부식, 찌그러지거나 부풀었는지 여부, 내용물이 샌 흔적 등을 검사
타관검사	• 타검봉으로 용기 뚜껑이나 바닥 등을 두드려서 맑은 소리가 나면 이상이 없는 것으로 판단 • 둔탁한 소리가 나는 것은 탈기 불충분, 과다충진, 미생물 생육, 관 부식에 의한 가스 발생 등으로 간주
개관검사	• 통조림 검사법 규정에 의한 검사법에 따라 개관 전 진공검관계로 진공도를 검사 • 개관 후 이중밀봉 상태, 헤드 스페이스 높이, 내용물의 양 등을 측정하여 내용물의 관능검사를 시행
가온검사	• 제품을 30~37℃ 항온기에 일정 기간 보존하며 용기의 팽창, 새는지 여부 등을 관찰하여 양성이면 세균 발육 양성으로 판정하여 추가적인 세균 검사를 시행
세균검사	• 무균적 처리 방법으로 용기를 열어 배지에 접종하여 세균 수를 측정하거나 직접 검경
물리적 검사	• X-선을 이용하여 용기 상태, 헤드 스페이스의 크기 및 상태, 내용물의 상태를 검사
화학적 검사	• pH, 중금속, 반응생성물, 부패산물, 분해산물, 첨가물 등을 분석

다. 냉각 방법으로는 냉각수가 담긴 수조에 담가두는 수중침지법, 흐르는 물로 냉각시키는 유수냉각법, 상부에서 냉각수를 살포하는 방법, 증기와 냉각수를 이용한 가압냉각법 등이 있다.

③ 통조림의 검사 통조림 제조 후에는 외관검사, 타관검사, 개관검사, 가온검사, 이화학적 검사 등을 통해 제품의 이상 유무를 판정하여 품질기준을 통과한 이상이 없는 것을 출고하고 판매한다**표 3-1**.

④ 통조림의 변질 통조림은 부적절한 살균, 권체 불량, 내용물과 용기의 화학반응, 잘못된 저장 방법 등에 의해 변질이 일어날 수 있다**표 3-2**. 통조림의 변질은 외관 및 통조림 내용물의 성상을 통해 확인할 수 있다**그림 3-22**.

그림 3-22
변질된 통조림의 모습

표 3-2 **통조림의 변질**

변질 유형		원인 및 특징
외관으로 본 변질	스프링거 (springer)	• 한쪽 면이 튀어나온 상태로, 누르면 다른 쪽이 팽창함 • 내용물 과다충진이 주원인이며, 미생물, 탈기 부족, 밀봉 후 살균까지 장시간 방치, 수소 발생, 과일통조림 고온저장 등이 원인임
	플리퍼 (flipper)	• 정상관과 거의 같고 내압이 없으나 한쪽 면이 약간 부풀어 있는 경우로, 스프링거보다는 약하게 팽창 • 탈기 부족이 주원인이며, 과다충진, 미생물, 밀봉 후 살균까지 장시간 방치 등이 원인임
	팽창 (swelling)	• 양쪽이 모두 팽창된 관을 말하며, 수소가스 발생이 아닌 미생물에 의한 가스 발생이 원인임 • 권체 불량, 살균 부족으로 클로스트리디움(*Clostridium*) 속 세균 증식에 의해 생성된 가스에 의해 팽창
	수소팽창 (hydrogen swell)	• 유기산 함량이 높은 과일통조림에서 유기산에 의해 관이 부식되어 발생한 수소에 의해 팽창
	리커(누출) (leaker)	• 미세 구멍이나 권체 불량에 의해 샌 흔적이 있는 것
	돌출변형관 (buckled can)	• 살균공정에서 발생하며 가압살균 후 급격한 증기 배출 시 관의 내압이 외압보다 커져서 관의 탄성한계를 벗어나 돌출되는 현상
	위축변형관	• 가압살균 시 압력을 급격히 높이거나, 냉각 시 관내압은 낮아졌는데 고압솥의 기압이 너무 높을 경우 관외압이 관내압보다 커서 관통이 안으로 쭈그러듦
내용물 성상으로 본 변질	플랫 사워 (flat sour)	• 살균 부족, 권체 불량, 산소 존재 등으로 호열성인 바실러스(*Bacillus*) 속 세균이 가스 생성 없이 산을 생성하여 신맛을 내는 현상 • 외관으로는 구분이 어렵고, 개관 후 pH 측정이나 세균검사를 통해 확인 가능 • 채소류나 육류 통조림에서 주로 발생
	흑변	• 내용물 중 단백질의 −SH기가 환원하여 발생한 황화수소가 용기에서 용출된 철, 주석 등의 금속 및 내용물 중의 금속 성분과 결합하여 황화철, 황화주석 등 황화금속이 생성되어 발생한 검은색 침전 • 육류 및 수산물 통조림 등에서 발생
	주석의 용출	• 내용물 중 유기산이나 염류에 의해 관이 부식되어 용출 • 오렌지 주스나 토마토 주스와 같은 식품 중 질산이온에 의해 촉진 • 통조림 개관 후 산소에 의해 촉진

(5) 병조림

병조림은 유리병에 식품을 넣고 밀봉, 가열, 살균한 것으로 통조림에 비해 무겁고 파손되기 쉬우며 빛에 의한 변질에 취약하지만, 투명해서 내용물을 볼 수 있고 식품과 용기 간에 반응이 일어나지 않으며 중금속의 용출이 없고 재활용이 가능하다는 장점이 있다. 유리병은 뚜껑의 종류에 따라 앵커캡병, 트위스트

오프캡병, 옴니아캡병, 피닉스캡병 등이 있다.

(6) 레토르트 식품

레토르트 식품은 고압살균에 견딜 수 있는 내압·내열성 플라스틱 필름 파우치나 플라스틱과 알루미늄박을 겹으로 접착시킨 파우치에 식품을 충진하고 밀봉하여 멸균한 식품이다. 폴리에스터polyester, 알루미늄박aluminium foil, 폴리프로필렌polypropylene 등을 여러 겹으로 겹친 파우치나 접시 형태의 트레이에 식품을 넣어 밀봉하고 가압솥retort에서 110~120℃의 온도에 20~30분 또는 130~140℃의 온도에 4~10분간 살균하고 냉각한다. 이 과정을 거친 레토르트 식품은 통조림이나 병조림과 같은 저장성을 가지며, 카레, 짜장, 소스, 죽, 국 등의 일반식품 및 도시락, 병원급식, 비상식품 등에 널리 이용되고 있다그림 3-23.

① 장점 레토르트 식품은 다음과 같은 장점이 있다. 첫째, 포장 재료의 두께가 얇아서 살균시간이 통조림의 1/3~1/2 정도로 짧아 상대적으로 영양소의 손실이나 품질 변화가 작다. 둘째, 고온으로 살균하므로 보존제나 살균제를 첨가하지 않고 상온유통 및 장기저장이 가능하다. 셋째, 포장째로 가열할 수 있고 가열시간도 짧아 즉석 이용이 가능하다. 넷째, 가볍고 개봉이 쉽고 휴대가 간편하며 사용 후 폐기도 간단하다. 다섯째, 포장재 값이 저렴하며, 포장재의 무게와 부피가 작고 냉장 및 냉동이 필요치 않아 운반 및 보관 비용이 저렴하다.

② 포장 재료 높은 강도의 폴리에스터(외층에 사용), 광선과 기체를 차단하는 알루미늄박(중층에 사용), 가열밀봉과 접촉성이 우수한 폴리프로필렌(내층에 사용)

그림 3-23
레토르트 식품의 예

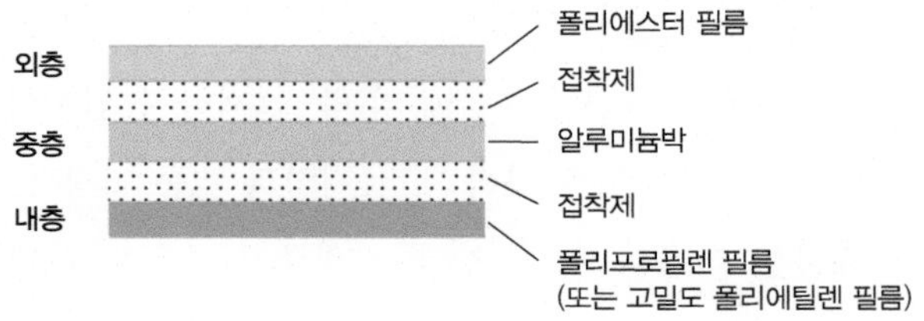

그림 3-24
라미네이트 필름

등이 있는데, 단층보다는 여러 재질의 포장재를 겹으로 합친 적층필름, 즉 라미네이트 필름laminated film을 사용한다그림 3-24. 투명파우치와 알루미늄박을 적층한 불투명파우치가 있다. 레토르트 파우치 포장 재료는 가열 시에도 환경호르몬, 중금속, 포르말린, 페놀, 과망간산칼륨, 증발잔류물 등의 유해물질이 나와서는 안 된다. 레토르트 파우치 포장재는 얇고 편편하여 가열살균에 소요되는 시간이 짧고 통조림에서와 같은 금속취가 없다는 특징이 있다.

③ **제조 과정** 내용물을 레토르트 파우치에 충진한 후 탈기한다. 그다음 밀봉 과정을 거치는데 통조림에서와는 달리 두 장의 필름 사이를 열로 접착시키는 것으로 접착 불량에 의한 불량품이 대부분이어서 포장재의 종류에 따라 접착 온도, 압력, 시간을 정확하게 설정하고 시행하여야 한다. 이후 가압솥에서 가압 살균하는데, 알루미늄박을 함유한 파우치는 강한 편이지만 내부 압력에는 약하므로 가압하면서 살균, 냉각한다그림 3-25.

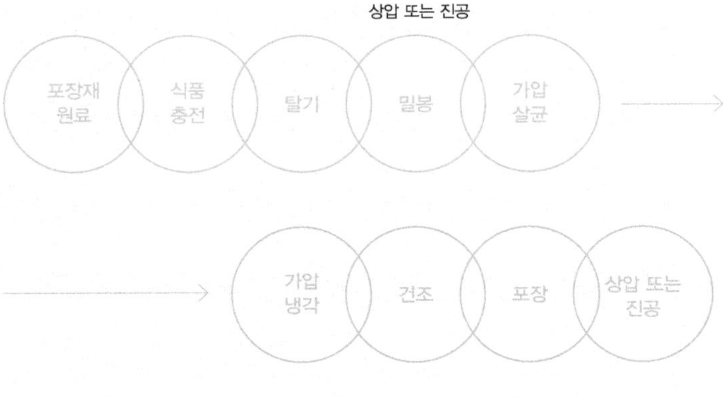

그림 3-25
레토르트 식품 제조공정

2) 저온처리에 의한 식품저장

저온저장은 식품을 저온에 보관하여 식품의 품질 저하를 방지하여 저장성을 향상시키는 방법으로 저장 온도에 따라 냉장 저장과 냉동 저장으로 구분된다.

저온저장의 효과는 다음과 같다. 첫째, 미생물의 생육을 억제한다. 일반적인 미생물은 10℃ 이하에서 증식이 억제되고 -10℃에서는 저온성 미생물의 증식도 저해되어 미생물에 의한 식품의 변질과 부패가 억제되어 저장성이 향상된다. 둘째, 효소활성이 저하되어 호흡, 증산, 발근 및 발아 등의 대사작용이 억제되거나 속도가 지연된다. 셋째, 지질의 산화, 갈변 반응, 영양소 손실 등의 반응속도가 지연되어 식품의 품질 저하를 지연시킬 수 있다.

그러나 저온저장은 완전한 살균효과를 가지는 것은 아니고 미생물의 증식을 감소시키고 억제시키는 것이어서 미생물이 계속 생존하고 있을 수 있으며, 대부분의 효소도 불활성화되지 않고 활성이 억제된 채로 남아 있고, 다양한 화학반응의 속도도 지연된 상태로 있는 것이기 때문에 가열살균에 의해 저장성이 크게 향상된 통조림과 같은 장기간의 저장은 불가능하다. 이렇게 저온저장되어 있던 식품이 유통이나 보관 등의 과정에서 잘못된 처리로 인해 온도가 상승하게 되면 미생물 증식이 다시 시작되고, 효소활성 및 화학반응이 활발해져서 식품의 부패와 변질이 유발되어 품질이 저하되게 된다. 따라서 식품의 생산, 저장, 유통, 소비에 이르는 모든 단계에서 각 식품에 적합한 온도 관리를 통해 식품의 품질을 유지하고 안전성을 확보하여야 한다.

(1) 냉장 저장

① 냉장의 원리 냉장 저장cooling storage은 식품을 0~10℃에서 저장하여 미생물의 생육을 억제시켜 식품의 저장성을 향상시키는 방법이다. 냉장에 의해서도 미생물의 생육은 가능한 상태이므로 장기간의 저장은 불가능하다. 냉장 저장은 일반적으로 과일류, 채소류, 난류 등의 신선식품처럼 호흡을 계속하고 있는 식품의 저장에 이용되는 방법이며, 육류나 어패류는 단기간 저장할 때만 이용한다.

식품의 종류, 부위, 전처리, 포장상태 등에 따라 냉장에 적합한 온도, 습도 및 저장수명이 달라진다. 식품은 빙결점 이하의 온도에서 냉동상태가 되면 세포가 죽고 조직이 파괴되어 변질되고 상품성이 저하되는 냉해가 유발되는데 연부, 갈변 등의 변색, 부패 등의 현상으로 나타난다. 따라서 조직이 얼지 않는 빙결점 이상의 온도 중 가장 낮은 온도에서 저장하면서 호흡 및 증산작용을 최소화하는 것이 필요하다. 냉장 저장 기간을 최대한 연장시키기 위해서는 온도뿐 아니라 상대습도도 조절해야 한다. 냉해에 강한 과채류는 동결점보다 약간 높은 0℃ 정도에서 90%의 상대습도를, 바나나나 고구마와 같이 냉해에 약한 과채류는 10℃ 근처에서 85~90%의 상대습도를 유지하면서 냉장 저장하는 것이 바람직하다. 과일과 채소류는 전처리 및 포장상태에 따라 저장 기간이 달라질 수 있고, 생선 등의 수산물은 내장 제거 여부에 따라 저장수명이 달라지게 된다. 포장하지 않은 상태에서의 냉장은 식품 자체의 냄새들이 교환되어 관능적 기호도를 비롯한 품질 가치를 떨어트리게 된다.

② 냉장 방법

- 빙장법: 빙장법icing은 얼음의 융해잠열을 이용하는 방법이다. 식품을 얼음에 넣거나 얼음물에 담가 냉장 저장하는 방법으로 주로 어류의 단기 저장 및 수송 시 이용된다. 빙장법의 장점은 특별한 기계 및 기구가 필요하지 않고, 빠르게 냉각시킬 수 있으며, 식품이 얼음으로 덮여 있어 식품 표면의 건조를 방지할 수 있다는 것이다. 반면 단점은 미생물의 작용 및 자가소화를 완전히 억제시킬 수 없어 단기 보존만 가능하다는 것이다. 또한 얼음을 사용하는 방법이므로 얼음의 무게와 부피가 더해지고, 얼음의 무게로 인해 식품이 손상될 수 있으며, 얼음이 녹으면 지속적으로 얼음을 보충해 주어야 한다.

  사용되는 얼음의 양은 어종, 크기, 저장 기간에 따라 달라지며, 필요한 저장 온도에 따라 사용되는 얼음의 종류가 달라진다. 0℃ 이하로 저장할 경우 얼음에 소금 등의 염을 첨가하여 얼린 염수빙을 사용하며, 포화식염수를 얼린 공융빙eutectic ice의 녹는점은 -21.2℃까지 낮아지게 된다. 얼음 대신 드라이아이스dry ice를 사용하기도 하는데 드라이아이스는 -80℃ 정도의 저온 상태를 유지할 수 있고, 녹으면 얼음처럼 액화하는 것이 아니라 바로 기체로 승화되어 편리하다. 또한 드라이아이스가 승화되어 생성된 CO_2 가스는 세균 억제 효과를 가지므로 식품의 보존성을 향상시킨다.

- 냉장고 이용: 냉장고를 이용한 냉장법은 가정에서 가장 많이 사용하는 방법이며, 식당이나 단체급식소 등에서는 대형 냉장창고를 사용하기도 한다. 냉장고에 보관 시 고구마와 감자 등은 맛 품질이 저하되며, 바나나는 껍질이 검게 변색되고, 식빵은 노화가 촉진되므로 바람직하지 않다. 우유나 버터와 같이 주변의 냄새를 잘 흡수하는 식품은 어유나 양파처럼 냄새가 강한 식품과 같이 보관하지 않고 잘 밀봉하여 보관해야 한다.
- 빙온저장법: 빙온저장chilling storage은 -2~-0.5℃ 정도의 빙결점, 즉 수분이 어는 온도에 가깝게 저장하는 방법이어서 '반동결저장'이라고도 한다. 이 방법은 주로 육류와 어패류의 저장에 이용되며 과일류나 채소류를 저장하는 온도보다 낮은 온도에 저장하게 된다. 빙온저장은 동결저장은 아니기 때문에 동결식품의 해동 시 발생하는 조직감 변화 등의 품질 저하가 없으며, 저장에 소모되는 에너지도 냉동에 비해 적다.

③ 냉장 저장 중의 품질 변화 식품의 냉장 저장 중에 다양한 생물학적, 물리학적 및 화학적 변화가 일어나 품질이 저하될 수 있다표 3-3.

(2) 냉동 저장

① 냉동의 원리 냉동 저장freezing storage은 -18℃ 이하의 온도에서 식품 중의 수분을 동결시켜 미생물의 증식을 억제하고 자가소화, 효소반응, 화학반응 등을 억제하여 식품을 장기간 저장할 수 있는 방법이다.

식품은 물과 함께 영양소 등 다양한 성분의 용질이 용해되어 있어 0℃보다 낮은 온도에서 얼기 시작한다. 식품이 얼기 시작하는 온도인 빙결점freezing point은 식품 속 용액 부분의 용질 농도가 높을수록 낮아진다. 식품을 냉각시키면 식품의 온도가 급격히 하강하여 빙결점에 도달하고 식품 중의 수분이 얼어 얼음결정이 생성되는데, 얼지 않고 있는 부분의 용액 농도는 증가되므로 식품의 빙결점이 더 내려가게 된다. 따라서 빙결점에 도달해도 얼지 않는 과냉각super cooling 현상이 나타나고, 이후 식품의 온도가 더 내려가면 얼음결정이 더 생성

표 3-3 **냉장 저장 중의 품질 변화**

구분		설명
생물학적 변화	저온장해	• 열대 및 아열대 채소나 과일 중에는 냉장 저장 시 대사에 장해가 유발되는 저온장해(chilling injury)가 발생 • 냉장 저장 시 바나나 껍질의 갈변, 토마토의 연부 현상, 레몬 과육의 갈변 등이 대표적인 예임
	선도 저하	• 과채류의 성숙작용에 의한 선도 저하 • 육류의 완만한 자가소화에 의한 품질 저하
	미생물의 작용	• 미생물이 사멸한 것이 아니라 증식이 저하된 상태이므로 장기간 저장이 불가
	효소의 작용	• 효소활성이 저하되었으나 불활성화된 것은 아니어서 품질 손상 가능
물리학적 변화	수분 증발	• 수분 증발에 의해 중량 감소, 연화, 위축 및 변색 유발
	전분의 노화	• 냉장에 의해 호화된 전분의 노화 촉진
화학적 변화	색의 변화	• 채소류 중의 엽록소가 페오피틴으로 변환되어 갈변 • 카로티노이드 및 안토시아닌 색소의 산화에 의한 변색 • 동물성 색소인 미오글로빈 및 헤모글로빈 산화에 의한 갈변

되고, 얼지 않은 수용액 부분의 농도는 더 높아지게 된다. 이처럼 빙결점에 도달해도 식품의 수분이 모두 어는 것이 아니라 일부만 얼게 되므로 완전히 동결되기까지는 시간이 더 소요된다. 완전동결이라는 것은 자유수가 모두 얼게 되는 경우를 말하며, 이때의 온도를 공정점eutectic point이라고 하는데 일반적인 식품의 공정점은 -60~-50℃이다.

냉동 저장은 육류, 어패류, 데치기한 채소류나 과일류의 장기저장 시 사용된다. 원료를 전처리하고 조리·가공하여 냉동시킨 후 저장 및 유통한 식품은 성분 변화가 작고, 적당한 전처리와 조리가공 과정을 거쳤기 때문에 즉시 조리하여 섭취가 가능하다. 그러나 저장 및 유통 중에 온도가 일시적으로라도 상승하게 되면 쉽게 변질될 수 있다.

② 냉동곡선 냉동곡선freezing curve은 식품을 동결시킬 때 시간에 따른 식품 내부의 온도 변화를 나타낸 곡선을 말하며 '동결곡선'이라고도 한다그림 3-26. 식품은 대부분 -5~-1℃에서 동결이 시작되며 이 구간에서는 시간이 경과해도 식품의 온도가 거의 내려가지 않아 곡선이 평탄한 모습을 나타내며, 이 기간 중

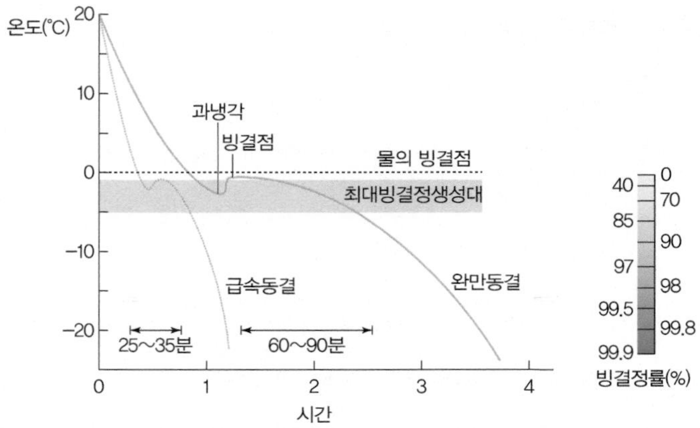

그림 3-26
식품의 냉동곡선

에 식품은 응고잠열을 외부로 방출한다. 식품은 빙결점에서 -5℃ 사이에 얼음결정이 가장 많이 생성되는데 이 구간을 최대빙결정생성대zone of maximum ice crystal formation라고 한다. 육류와 어류의 경우 최대빙결정생성대에서 80~85%의 수분이 얼게 된다.

③ **급속동결과 완만동결** 식품은 최대빙결정생성대를 통과하는 속도, 즉 통과하는 데 소요되는 시간에 따라 생성된 얼음결정의 크기와 수 등이 달라진다**표 3-4**. 냉동 시에는 우선 세포의 체액에 얼음핵이 생성되고 이를 중심으로 얼음결정이 성장한다. 최대빙결정생성대를 통과하는 시간이 짧아 25~35분 정도인 급속동결의 경우에는 조직 내의 수분 이동이 일어날 여유가 없어 얼음결정핵이 성장하지 못하므로 미세한 얼음결정이 세포 내부 및 외부에 균일하게 생성된다. 따라서 급속동결 시에는 세포 및 조직의 손상이 거의 없으며, 해동할 때 녹은 물이 세포 내에 남게 되어 드립drip이 별로 없다**그림 3-27**.

반면, 최대빙결정생성대를 통과하는 시간이 길어 60~90분 정도인 완만동결의 경우 큰 얼음결정이 소수 생기게 되며 세포 바깥으로 수분이 이동하여 세포 외부에 큰 얼음결정이 생성된다. 이렇게 완만동결 시 수분이 세포 밖으로 이동하는 현상에 의해 세포가 탈수되어 세포의 변형 및 수축이 일어나 조직의 손상이 발생한다. 또한 세포 외부에 생성된 큰 얼음결정의 부피가 커지면서 팽창하고 팽압으로 세포 조직이 기계적인 손상도 입게 되어 품질이 저하된다. 해동 시 세포 밖의 큰 얼음결정이 녹으면서 대부분의 물이 세포 안으로 유입되

표 3-4 **급속동결과 완만동결의 차이**

구분	급속동결	완만동결
최대빙결정생성대 통과시간	25~35분	60~90분
얼음결정의 크기	작음	큼
얼음결정의 수	다수	소수
얼음결정의 위치	세포 안과 밖	세포 밖
세포 외로의 수분 이동	수분 이동이 거의 없음	수분 이동 있음
식품 세포 및 조직에의 영향	원형 유지 가능	세포 및 조직 파괴
해동 시 드립	드립 거의 없음	드립 많음

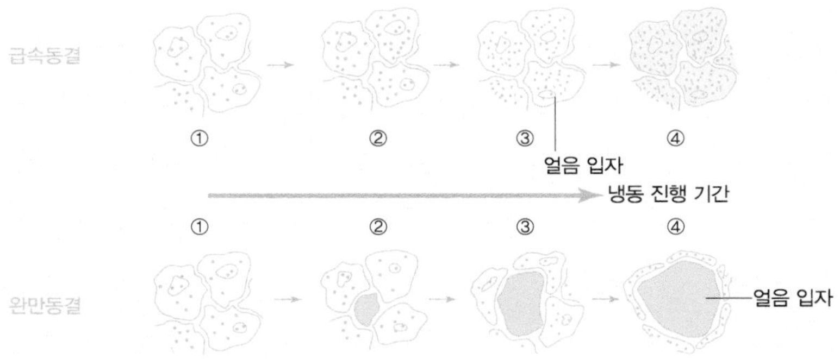

그림 3-27
급속동결과 완만동결 시 얼음결정의 생성

지 못하고 드립에 의해 유출되며, 이때 식품 중의 여러 성분들이 물과 함께 유출되면서 영양소, 색 및 향미 성분의 손실이 수반된다.

④ 냉동 방법 식품의 냉동 방법에는 공기동결법, 침지동결법, 심온동결법, 접촉동결법(금속판접촉법), 유동층동결법, 프리즈 플로freeze-flo 저장법 등이 있다**표 3-5, 그림 3-28, 3-29**.

⑤ 냉동 저장 중의 품질 변화 냉동식품의 저장 시 품질 유지를 위해서는 가능한 한 낮은 온도에서 저장하는 것이 바람직하지만 전기료 등의 경제적인 측면을 고려하여 일반적으로 -20~-18℃에서 저장하는 것이 적당하다고 알려져 있다. 동결식품 저장 중의 온도 변화는 품질 저하를 유발하는 요인 중 하나로 낮은

표 3-5 **냉동 방법**

구분	설 명
공기동결법	• 냉동된 실내에서 차가운 공기로 냉동시키는 방법 • 자연순환식으로 완만냉동법인 정지공기동결법과 강제순환식으로 급속냉동법인 송풍동결법이 있음
침지동결법	• 냉각된 부동액이나 염수와 같은 액체에 포장된 식품을 침지시켜 냉동하는 방법으로서 액체는 열전도율이 크므로 급속냉동법에 해당 • 식품이 오염될 가능성이 있으므로 독성이 없는 액체를 사용하여야 하며, 방습성, 내수성 포장재로 식품 포장 필요
심온동결법	• 액체 질소나 드라이아이스 같은 냉매를 비포장 또는 얇게 포장된 식품에 직접 분무하거나 침지하여 급속동결하는 방법 • 일반 급속동결보다 10배 이상 동결속도가 빠르지만 비용이 높음
접촉동결법	• −25~−10℃로 냉각시킨 금속판에 식품을 끼워 동결시키는 방법 • 금속판은 열전도도가 크고 식품과 직접 접촉하고 접촉면적이 커 동결속도가 빠름 • 수산물이나 아이스크림의 동결에 주로 이용
유동층동결법	• 식품을 벨트에 올려놓고 냉동장치를 통과하는 동안에 냉동되도록 하는 방법
프리즈 플로 저장법	• 미국의 리치社(Rich Products)가 개발한 중간수분식품과 냉동식품을 조합한 방법 • 용질을 이용해 수분활성도를 낮춰 미생물 증식 억제와 동시에 어는점을 내려, 저온이지만 동결되지 않아 '동결되지 않은 동결식품'으로 불림

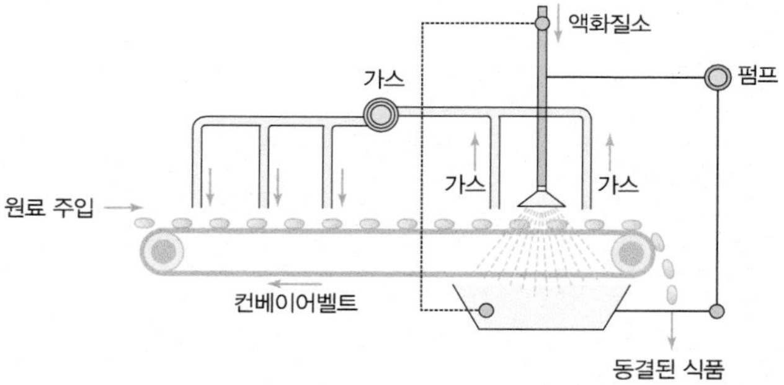

그림 3-28
액체질소 이용 냉동장치

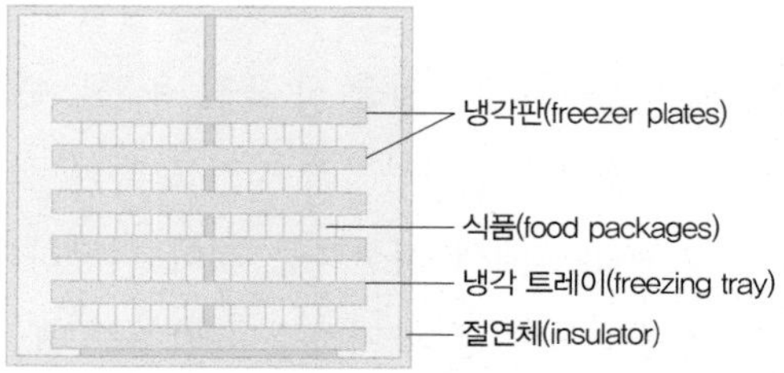

그림 3-29
접촉식 냉동기

표 3-6 **냉동 저장 중의 품질 변화**

구분	설명
냉동화상	• 냉동 저장 중 온도 변화가 발생하여 얼음의 재결정화가 일어나고, 얼음이 승화하며 식품이 다공성 구조가 되어 건조층이 생기는 냉동화상이 유발되어 식품의 향미, 색, 조직감, 영양가가 변화 • 냉동화상 방지를 위해서는 상대습도를 높이며, 어류 등에 빙의(ice glaze)를 입히고 수분 투과를 억제하는 포장 필요
유화 상태의 파괴	• 냉동에 의해 유화액이 불안정하게 되어 유화 상태가 파괴
단백질의 변성	• 냉동에 의해 단백질이 비가역적으로 변성되면 용해성, 점도, 젤 형성능, 기포성, 효소활성 등이 변화 • 단백질의 냉동변성은 냉동온도가 낮을수록 억제
지질의 변화	• 냉동에 의해 지질의 산화가 발생 • 지질 함량이 높은 육류 및 어류의 품질 저하 요인
비타민의 파괴	• 냉동에 의해 비타민이 파괴되며 특히 비타민 C의 손실이 큼
색의 변화	• 채소류 중의 엽록소가 페오피틴으로 변환되어 갈변 • 카로티노이드 및 안토시아닌 색소의 산화에 의한 변색 • 동물성 색소인 미오글로빈 및 헤모글로빈 산화에 의한 갈변

온도에서 저장하다가 단기간만 높은 온도에 노출되더라도 저장온도에 의한 품질 변화가 누적되어 품질 저하가 촉진된다. 또한 냉동 저장 기간이 길어질 경우 상대습도가 식품의 건조와 관련이 있어 냉동식품의 품질 변화에 영향을 주게 된다. 여러 요인에 의해 식품의 냉동 저장 중에는 냉동화상freeze burn, 유화 상태의 파괴, 단백질의 변성, 지질의 변화, 색 및 비타민의 변화가 유발될 수 있다표 3-6.

(3) 해동

① 해동의 원리 해동thawing은 냉동식품을 가온하여 가공하거나 식용할 수 있는 상태로 만드는 것을 말한다. 해동 과정은 냉동 과정의 역현상이지만 일반적으로 해동시간이 냉동시간보다 길다. 이는 물의 열전도도는 얼음보다 작은데, 해동 시 얼음은 점점 녹아 얼음층이 점점 작아지고 녹은 물의 양은 점차 많아져서 열전도도가 느려지기 때문이다.

② 해동 방법 냉동식품의 해동 방법에는 공기해동법, 송풍해동법, 수중해동법, 접촉해동법, 전기해동법, 마이크로파 해동법 등이 있다. 모든 해동 방법의 공통적인 원칙은 온도차에 의한 품질 변화 최소화, 조직감 변화 최소화, 드립 최소화, 단백질 변성 최소화, 미생물 번식 최소화, 선도 저하 최소화 등이다.

해동 시에는 냉동식품의 종류, 형태, 크기, 포장 상태, 해동 후 사용 목적 등을 고려하여 해동 방법을 선택해야 한다. 일반적으로 식품의 해동 과정은 냉동 과정과는 반대로 급속해동보다는 식품 내·외부 온도 차이를 적게 하며 완만해동을 해야 조직감 변화 및 드립 발생이 최소화되어 식품의 품질을 유지할 수 있다. 완만해동을 하면 세포조직의 손상이 적고 드립이 세포조직 내로 흡수되어 풍미 성분, 영양소 등의 성분 소실을 줄일 수 있게 된다. 그러나 냉동과일은 서서히 해동하면 색, 조직감, 향미의 손상이 유발되므로 냉동 상태 그대로 주스 등으로 이용하고, 데치기 후 냉동된 채소는 그대로 열탕에 넣어 녹이며, 빵은 노화가 진행되는 온도범위에 있는 시간을 최소화해야 하므로 품온을 급속히 올려 해동한다.

③ 드립 드립drip은 냉동식품을 해동하게 되면 세포 외부의 얼음결정이 녹으면서 물이 세포 내로 흡수되어 복원되지 못하고 유출되는 현상이다. 드립이 일어나게 되면 수분과 함께 단백질, 비타민, 염류 등의 영양소, 색소, 향미 성분 등의 손실이 동반되어 영양가 및 풍미가 감소하며 식품의 품질이 저하되므로 드립 발생을 최소화하여야 한다. 드립의 정도는 식품의 종류와 형태, 전처리, 냉동 시 식품의 신선도, 동결속도, 냉장 저장 시 온도 변화, 냉동기간 및 해동 방법 등에 의해 좌우되어 신선한 상태의 식품을 냉동한 경우, 급속냉동을 한 경우, 냉장 시 온도 변화가 작은 경우 드립 발생량이 적다.

단원정리

1. 식품에 열이 전달되는 형태에는 대류, 전도, 복사가 있다.
2. 식품의 가열살균법에는 저온장시간살균법, 고온단시간살균법, 초고온살균법, 상업적 살균법, 간헐적 살균법, 증기살균법 등이 있다.
3. 통조림은 원료식품의 전처리, 용기 충진, 조리액 주입, 탈기, 밀봉, 살균, 냉각 등의 공정을 거쳐 제조한다.
4. 통조림 제조 후에는 외관검사, 타관검사, 개관검사, 가온검사, 이화학적 검사 등을 통해 제품의 이상 유무를 판정한다.
5. 통조림의 변질 현상에는 팽창, 스프링거, 플리퍼, 돌출변형관, 플랫 사워, 흑변, 주석의 용출 등이 있다.
6. 레토르트 식품은 고압살균에 견딜 수 있는 내압 · 내열성 플라스틱 필름 파우치나 플라스틱 필름과 알루미늄박을 겹으로 접착시킨 파우치에 식품을 충진하고 밀봉하여 멸균한 식품이다.
7. 동결 시 식품은 빙결점에서 −5℃ 사이에 얼음결정이 가장 많이 생성되는데 이 구간을 최대빙결정생성대라고 하며, 이 구간을 지나는 시간은 급속동결의 경우 25~30분, 완만동결의 경우 60~90분 정도이다.
8. 급속동결에 의해 생성된 얼음의 수는 많고 미세한 얼음이 세포 내부 및 외부에 고루 분포하는 반면 완만동결에 의해서는 적은 수의 큰 얼음이 세포 외부에 존재한다.
9. 식품의 냉동 저장 중에는 냉동화상(freeze burn), 유화 상태의 파괴, 단백질의 변성, 지질의 변화, 색 및 비타민의 변화가 유발될 수 있다.
10. 보통 동결식품의 해동 과정은 냉동 과정과는 반대로 급속해동보다는 완만해동을 하는 것이 드립 발생 및 조직감 변화가 최소화되어 품질을 유지할 수 있다.
11. 해동 시 드립 발생량은 식품의 종류, 형태, 전처리, 냉동 시 식품의 신선도, 동결속도, 냉장 저장 시 온도 변화, 냉동기간 및 해동 방법 등에 의해 달라진다.

연습문제

1. 130~150℃에서 2~3초간 가열하는 방법으로 우리나라에서 우유 살균에 많이 사용하고 있으며 내열성 포자까지 사멸시킬 수 있는 가열살균법은?

① 저온장시간살균 ② 고온단시간살균
③ 초고온순간살균 ④ 상업적 살균법

2. 포장식품에서의 전도나 대류의 열이 가장 늦게 도착하는 부분으로, 통조림 가열살균 시 온도 변화를 측정하는 지점을 무엇이라고 하는가?

① 빙점 ② 냉점
③ 온점 ④ 헤드 스페이스

3. 통조림 제조공정 중 식품 및 통조림 용기 내(헤드 스페이스)의 산소 등 공기를 제거하는 공정은?

① 충진 ② 살균
③ 밀봉 ④ 탈기

4. 통조림 내용물의 과다충진이 주원인으로 미생물, 탈기 부족, 밀봉 후 살균까지 장시간 방치, 수소 발생, 과일통조림 고온저장 등도 원인이 되며, 한쪽 면이 튀어나온 상태로서 누르면 다른 쪽이 팽창하는 통조림의 변질 현상은?

① 플리퍼 ② 리커
③ 스프링거 ④ 돌출형관

5. 급속동결에 대한 설명으로 옳은 것은?

① 생성된 결정의 수가 많다.
② 큰 결정이 생성된다.
③ 최대빙결정생성대 통과시간이 60~90분이다.
④ 해동 시 드립 발생이 적다.

6. 냉동식품의 해동 시 식품으로부터 용액이 유출되는 현상으로, 영양 성분 및 풍미 성분 등의 손실을 유발하는 현상은?

① 드립　　② 완만냉동

③ 급속해동　　④ 저온장해

정답

1.③ 2.② 3.④ 4.③ 5.④ 6.①

3. 기체 조절에 의한 식품저장

과일이나 채소는 수확 후 저장 과정 중에 호흡작용, 증산작용, 생장작용, 후숙작용 등의 생리현상에 의해 체내 성분이 소모되어 품질이 저하된다. 이러한 작용은 환경 기체의 영향을 많이 받으므로 저장 기간 중 기체 조성을 조절하여 품질 저하를 억제할 수 있다. 이렇게 물리적 수단에 의하여 저장공간 공기의 기체 조성을 인위적으로 변경하여 식품의 저장성을 연장시키는 방법으로 CA 저장, MAP 저장을 비롯하여 감압 또는 진공 포장, 탈산소제 또는 탈이산화탄소제 첨가 포장 등이 있다.

1) 식품의 생리작용

(1) 호흡작용

과일 및 채소류는 수확 전 이들 내부에 축적된 각종 영양 성분을 수확 후에도 소비하는 대사활동을 통해 생명을 유지한다. 이때 과일 및 채소류가 생명유지에 필요한 에너지는 호흡을 통해 얻어지는데 이때 필수적인 것이 산소(O_2)이고, 부산물로 물(H_2O)과 탄산가스(CO_2)가 배출된다.

$$\text{영양 성분}(C_6H_{12}O_6) + O_2 \rightarrow \text{에너지} + H_2O + CO_2$$

따라서 수확한 과일, 채소의 호흡이 왕성하게 이루어진다면 내부에 축적되었던 각종 영양 성분의 손실은 물론 조직감, 색, 향 등의 변화 및 미생물 번식이 용이해져 품질이 저하된다. 호흡속도에 있어서는 온도가 가장 큰 영향 인자인데, 과실의 호흡은 온도의 지수에 비례하므로 호흡활성의 온도계수는 일반적으로 Q10으로 나타낸다표 3-7. 과실이나 채소의 호흡의 Q10값은 품종, 숙도, 환경조건 등에 따라서도 다르지만 0~30℃의 온도범위에서는 대부분 2~3이다. 이는 온도가 10℃ 증가함에 따라 호흡속도는 일반적으로 2~3배 증가한다는 것을 의미한다.

호흡작용을 억제하여 채소나 과일의 저장 기간을 연장하기 위하여 O_2 농도

표 3-7 **주요 채소의 호흡속도에 대한 온도계수**

종류	온도범위(℃)				
	0~5	5~10	10~15	15~20	20~25
아스파라거스	3.3	4.2	1.2	2.3	1.5
완두	2.1	1.8	–	–	–
브로콜리	5.2	4.6	3.9	2.7	–
단옥수수	6.0	1.9	2.0	2.8	1.9
시금치	–	4.8	2.4	1.6	–
꽃양배추	1.8	2.4	1.7	2.7	–
당근	2.0	2.3	1.5	2.8	–
셀러리	3.5	4.0	1.7	–	–
양상추	2.0	2.5	2.4	2.3	1.9
오이	–	–	–	2.1	1.3
토마토	–	–	–	2.1	1.4
무	8.2	1.7	1.3	–	–
수박	–	3.5	2.6	–	1.9
양파	1.6	3.9	2.1	2.1	2.5
감자	–	1.7	2.9	1.9	–
마늘	4.0	2.2	1.5	–	–

출처: 이승구, 식품기술, 1995.

를 낮추고 CO_2의 농도만 높여준다고 그 효과를 얻을 수 있는 것은 아니다. 무산소 상태가 되면 포도당의 알코올 발효와 알데히드 생성으로 오히려 품질이 손상되므로 O_2의 농도는 약 1~5%가 적당하다. 또한 CO_2의 농도가 5% 정도로 되면 채소와 과일의 호흡작용이 적당히 억제되나, 20% 이상의 농도에서는 정상적인 호흡이 어려워 생리적 장해가 발생하므로 CO_2의 농도는 2~10%가 적당하다.

(2) 증산작용

식물 체내에 존재하는 수분이 체외로 빠져나가는 것을 증산작용transpiration이라 하는데, 증산작용은 특히 수분이 많은 작물에서 중량을 감소시키고, 조직에 변화를 일으켜 신선도를 떨어뜨리고, 시들면서 외양에 지대한 영향을 미친다. 수확 후 관리를 소홀히 했을 때 문제될 수 있는 중량의 감소는 호흡으로부터 야기되는 것보다 오히려 증산작용에 의해 이루어진다. 채소의 경우 대부분 수분함량이 90% 이상 되는데 온도가 높아지고 상대습도가 낮아질수록 증산이 왕성해져 시장성을 쉽게 상실하게 된다.

(3) 생장작용

저장 중인 작물도 온도와 습도가 생장에 적당하면 잎이 나오거나 싹이 트는 등 생장현상을 보인다. 그러나 수확 후 생장 동안에는 작물 자체에 함유되어 있는 저장양분에 의존하기 때문에 작물의 품질 저하가 일어난다. 엽채류인 배추, 셀러리는 중심부로부터 잎 또는 화경이 생성될 수 있고, 근채류인 무, 당근, 감자 등은 뿌리가 자라는 경우가 있다. 인경채류인 양파, 마늘 등에서는 싹과 뿌리가 자라고, 아스파라거스는 생장과 함께 조직이 경화되고 수평으로 눕혀 놓으면 굴광성 때문에 한쪽으로 구부러져 상품가치가 떨어지게 된다. 이러한 저장 중의 생장은 주로 온도의 지배를 받으므로 동결하지 않는 범위 내에서 가능한 저온에 저장하는 것이 좋다.

(4) 후숙작용

농산물의 수확은 성숙이 완료된 단계에서 이루어지면, 성숙 및 수확 이후 농산물의 과육 연화를 비롯하여 유기산의 감소, 엽록소의 분해 및 색소의 생성, 방향성 성분의 생성 등 농산물의 식미가 향상되어 이용가치가 증대되는 여러 가지 변화가 수반된다. 이러한 과정을 후숙(추숙, 숙성)이라 하며, 성숙기간을 거침으로써 후숙 능력이 형성된다.

호흡 상승 현상은 그 상태에 따라 호흡의 상승 전을 pre-climacteric, 이때 호흡이 최저에 도달한 때를 pre-climacteric minimum이라 부르고, 그 후 호흡이 상승하는 시기를 climacteric rise, 또 최고에 달한 때를 climacteric maximum,

그다음을 post-climacteric이라 부른다. pre-climacteric 때의 조직은 단단하지만 착색이 climacteric maximum 때 시작되어 post-climacteric 때부터 고유의 향기가 발생하고 연화가 시작되어 저장력이 급속히 저하된다**그림 3-30**.

예를 들어 녹숙mature-green 상태의 토마토를 수확해 숙성시키면 녹색이 점차 사라지면서 분홍색을 거쳐 적색이 되는데, 이는 엽록소가 파괴되면서 라이코펜lycopene이 생성되기 때문이다. 전분의 양이 감소하여 단맛이 증가하는 한편 유기산이 감소하고 pH가 높아져 신맛이 감소한다. 펙틴을 분해하는 펙틴분해효소PG: polygalacturonase의 활성은 증가하여 조직이 연화된다.

수확 후 과일의 호흡 양상에 따라 사과, 배, 복숭아, 바나나, 토마토같이 호흡이 상승하여 최고점에 도달하는 호흡급등형CR: climacteric rise과 포도, 레몬, 자몽, 체리같이 수확 후 큰 변화 없이 호흡이 서서히 감소해 가는 비호흡급등형NC: non-climacteric으로 나뉜다**그림 3-30**.

후숙작용에서 호흡이 최대로 증가하였다가 감소하는 과숙기의 과일은 맛은 좋으나 저장성이 급격히 나빠진다. 농산물의 저장은 가능한 완숙기가 늦게 나타나게 하거나 호흡의 감소가 천천히 일어나도록 하는 것이 바람직하다. 이를 위하여 공기의 조성을 조절하고 호흡열을 제거하면서 저장하는 방법이 CA와 MA 저장이다.

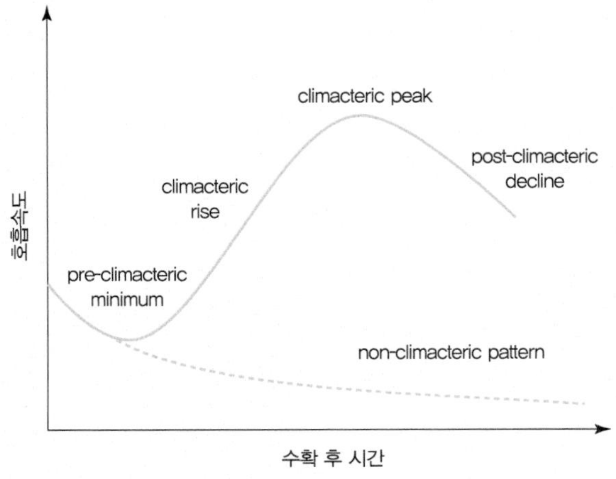

그림 3-30
수확 후 저장 중 호흡양상
출처: Mikal E. Saltveit, Postharvest Ripening Physiology of Crops, 2016.

2) CA와 MA 저장

가스 저장은 O_2 농도를 줄이고(1~5%) CO_2 농도는 증가시키며(2~10%), 과량의 이산화탄소와 에틸렌 가스를 제거하거나 일산화탄소를 첨가하는 등 기체 조성을 변경하는 저장 방법이다. MAmodified atmosphere 저장은 저장 기간 중 계속적으로 기체 조성을 1% 이내로 조절하는 CAcontrolled atmosphere 저장과 유사하나, 저장공간에 별도의 기계적 장치 없이 용기 또는 포장재의 가스투과성을 이용하여 내부 공기 조성을 조절한다는 차이점이 있다. CA 저장은 일반적으로 창고 또는 실cold room의 규모로 조절된 가스가 있는 반면, MA 저장은 포장 단위 또는 용기 단위로 조절된 가스가 존재하게 된다그림 3-31.

(1) CA 저장

CA 저장은 'Controlled Atmosphere'라는 말 그대로 대기(O_2 21%, CO_2 0.03%, N_2 79%)를 통제하여 식물의 생리를 조절하는 방법이다. 기존 저온저장에서 CO_2 비율은 높이고, O_2 비율은 낮춤으로써 호흡과 증산을 낮출 뿐만 아니라 더불어 발생되는 에틸렌 역시 줄임으로써 저장 기간을 늘리는 저장 방법이다. CA 저장은 저장고를 활용하기 때문에 대량저장이 가능하다는 장점이 있지만, 시설비가 많이 들고 저장고 내 조성이 대기 조성과 다르기 때문에 작업이 용이하지 않다는 단점이 있다.

CA 저장을 위한 최적 가스 조성은 품목과 품종에 따라 차이가 있으며 재배조건, 산지, 수확기 및 수확 후 처리조건 등에 따라서도 차이가 있다. 과일 및 채소의 적정 가스 조성은 표 3-8과 같다. CA 저장을 하고 있는 주요 품목에

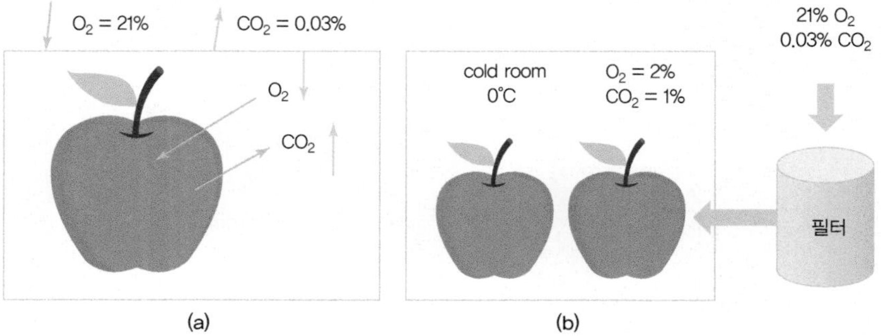

그림 3-31
(a) MA와 (b) CA 저장의 기체 조성 변경
출처: Sharma et al., DISHA, 2019.

표 3-8 **과일 및 채소류의 저장 기간 중 CA 조건**

품목	온도(℃)	상대습도(%)	가스 조성	
			O_2(%)	CO_2(%)
사과	1~4	90~95	1~3	0~6
바나나	12~14	85~95	2~3	8
키위	0~2	85~90	1~2	3~5
망고	10~15	90	3~7	5~8
복숭아	0~2	85~90	1~2	3~5
배	0~1	90~95	2~3	0~2
자두	0~2	85~90	1~2	0~5
토마토	1~13	90	3~5	2~4
브로콜리	0~1	90~95	2~3	8~12
양배추	0~1	95	2~3	3~6
양파	0~2	70~80	1~4	2~5
시금치	0~2	95	21	10~20

출처: Sharma et al., DISHA, 2019.

는 사과, 서양배, 바나나, 양배추, 토마토 등이 있으며, 이들의 저장에 적용되는 가스 조성을 보면 O_2 및 CO_2 농도는 각각 1~5% 수준인데, O_2 농도의 경우 1% 부근으로 유지시킬 때에는 O_2 농도를 정밀하게 조절하지 못하면 저장산물에 악영향을 미칠 수 있다.

일반적으로 O_2 농도를 1% 미만으로 유지하게 되면 대부분의 경우 저장물이 생명유지를 위한 최소한의 호기적 호흡을 하지 못하고 혐기적 호흡 등 저산소 장애 현상으로 인한 품질 저하가 발생할 수 있다. 또한 일부 과일류에서 CO_2 농도를 8~10% 정도 높게 유지시키면 사과, 배, 열대과일 등은 생리적 장애 현상이 발생한다.

(2) MA 저장

MA 저장은 가스치환포장 방식 또는 MAP modified atmosphere packaging 이라고도 불

리는데, 진공포장에 대한 개선책으로 개발된 방법이다. 농산물을 플라스틱 필름 포장재로 포장하고, 플라스틱 필름의 O_2, CO_2, 수증기 투과 특성을 이용하여 포장재 내 가스환경을 제어하여 저장하는 기술이다. 이 저장 방식에 사용되는 가스 조성비에 따라 미생물의 성장속도와 종류가 영향을 받으며 저장 기간이 좌우된다. 여기에 사용되는 가스는 O_2, CO_2, N_2이며 통상적으로 이들의 혼합가스를 사용한다.

MA 저장은 CA 저장과 유사하나 별도의 시설 없이 가스투과성을 지닌 폴리에틸렌polyethylene이나 폴리프로필렌 필름polypropylene film 등의 적절한 포장재를 이용하여 큰 시설 투자 없이 CA 저장의 효과를 얻는다. MA 저장은 저장 대상 품목의 종류, 품종, 품질과 위생상태, 혼합가스의 종류, 포장기계의 종류, 포장재료(필름 등), 온도, 저장 기간 등의 영향을 받는다.

단원정리

1. 과일이나 채소는 수확 후 저장 과정 중에 호흡작용, 증산작용, 생장작용, 후숙작용 등의 생리 현상에 의해 체내 성분이 소모되어 품질이 저하된다. 이러한 작용은 환경 기체의 영향을 많이 받으므로 저장 기간 중 기체 조성을 조절하여 품질 저하를 억제할 수 있다.

2. 수확한 과일 및 채소는 생명유지를 위해 호흡을 통해 에너지를 얻는데, 호흡이 왕성하게 이루어진다면 내부에 축적되었던 각종 영양 성분의 손실은 물론 조직감, 색, 향 등의 변화 및 미생물 번식이 용이해져 품질이 저하된다.

3. 식물 체내에 존재하는 수분이 체외로 빠져나가는 것을 증산작용이라 하는데, 특히 수분이 많은 작물의 중량을 감소시키고, 조직에 변화를 일으켜 신선도를 떨어뜨리고, 시들면서 외양에 지대한 영향을 미친다.

4. 농산물은 성숙 및 수확 이후 과육 연화를 비롯하여 유기산의 감소, 엽록소의 분해 및 색소의 생성, 방향성 성분의 생성 등 농산물의 식미가 향상되어 이용가치가 증대되는 여러 가지 변화가 수반되는데 이를 후숙이라 한다.

5. 농산물의 저장은 가능한 완숙기가 늦게 나타나게 하거나 호흡의 감소가 천천히 일어나도록 하는 것이 바람직하다. 이를 위하여 공기의 조성을 조절하고 호흡열을 제거하면서 저장하는 방법이 CA(controlled atmosphere) 저장과 MA(modified atmosphere) 저장이다.

6. CA 저장은 기존 저온저장에서 CO_2 비율은 높이고, O_2 비율은 낮춤으로써 호흡과 증산을 낮출 뿐만 아니라 더불어 발생되는 에틸렌 역시 줄임으로써 저장 기간을 증대시키는 저장 방법이다. CA 저장은 저장고를 활용하기 때문에 대량저장이 가능하다는 장점이 있지만, 시설비가 많이 들고, 저장고 내 조성이 대기 조성과 다르기 때문에 작업이 용이하지 않다는 단점이 있다.

7. MA 저장은 농산물을 플라스틱 필름 포장재로 포장하고, 플라스틱 필름의 O_2, CO_2, 수증기 투과 특성을 이용하여 포장재 내 가스환경을 제어하여 저장하는 기술이다. MA 저장은 CA 저장과 유사하나 별도의 시설 없이 가스투과성을 지닌 폴리에틸렌이나 폴리프로필렌 필름 등의 적절한 포장재를 이용하여 큰 시설 투자 없이 CA 저장의 효과를 얻는 방법이다.

연습문제

1. 다음 중 수확 후 climacteric rise 현상을 보이지 않는 것은?

   ① 사과　② 토마토　③ 복숭아　④ 포도

2. 식품의 변질반응의 온도계수(Q10값)가 3이라고 할 때 20℃에서 45일간 저장 가능하다면, 40℃에서는 며칠간 가능하겠는가?

   ① 3일　② 5일　③ 10일　④ 15일

3. 식물 체내에 존재하는 수분이 체외로 빠져나가 작물의 중량을 감소시키고, 조직에 변화를 일으켜 신선도를 떨어뜨릴 수 있는 생리작용은?

   ① 생장작용　② 후숙작용　③ 증산작용　④ 항산화작용

4. 식물의 성숙 및 숙성 과정에서 일어나는 대사 산물의 변화를 맞게 설명한 것은?

   ① 전분이 분해되어 단맛이 증가한다.
   ② 유기산이 변화하여 신맛이 증가한다.
   ③ 엽록소가 합성되어 색이 변화한다.
   ④ 탄닌이 중합하여 떫은맛이 증가한다.

5. 다음 중 MA 저장에 대한 설명으로 적절한 것은?

   ① 포장재의 투과성을 이용하여 제어한다.
   ② 저장고를 활용한다.
   ③ 대량저장이 가능하다.
   ④ CO_2 비율은 낮추고, O_2 비율은 높인다.

정답

1.④ 2.② 3.③ 4.① 5.①

4. 첨가물 처리에 의한 식품저장

식품의 품질은 가공, 저장, 유통 과정 중에 물리, 화학, 생물학적 반응에 의해 변화하고 이러한 변화는 식품의 유통기한을 단축시킨다. 식품첨가물은 식품을 제조·가공·조리 또는 보존하는 과정에서 감미, 착색, 표백 또는 산화 방지 등을 목적으로 식품에 사용되는 물질을 말한다표 3-9. 즉, 식품에 식품첨가물을 첨가하여 품질 변화를 최소화함으로써 식품의 유통기한을 연장할 수 있다.

이 절에서는 특히 식품첨가물 중에서 식품산업에서 많이 사용되는 보존료,

표 3-9 **식품첨가물의 분류**

	용도	정의	주 사용 식품
1	감미료	식품에 단맛을 부여하는 식품첨가물	청량음료, 유산균음료, 발효유, 어패류 가공품, 간장, 된장, 식초
2	고결방지제	식품의 입자 등이 서로 부착되어 고형화되는 것을 감소시키는 식품첨가물	영양제, 알약 비타민제, 분말 수프, 조제 커피, 분말 코코아
3	거품제거제	식품의 거품 생성을 방지하거나 감소시키는 식품첨가물	간장, 청주, 맥주, 시럽, 젤리, 물엿, 잼, 두부
4	껌기초제	적당한 점성과 탄력성을 갖는 비영양성의 씹는 물질로서 껌 제조의 기초 원료가 되는 식품첨가물	추잉 껌
5	밀가루개량제	밀가루나 반죽에 첨가되어 제빵 품질이나 색을 증진시키기 위해 사용되는 식품첨가물	식빵, 과자, 빵류, 국수
6	발색제	식품의 색을 안정화하거나, 유지 또는 강화하는 식품첨가물	햄, 소시지, 어류 제품
7	보존료	미생물에 의한 품질 저하를 방지하여 식품의 보존기간을 연장시키는 식품첨가물	치즈, 초콜릿, 청량음료, 유산균음료, 칵테일, 고추장, 자장면, 버터, 치즈, 마가린, 빵, 단무지, 어묵, 햄, 청주, 간장, 된장, 식초
8	분사제	용기에서 식품을 방출시키는 가스 식품첨가물	스프레이 휘핑크림, 스프레이형 식용유
9	산도조절제	식품의 산도 또는 알칼리도를 조절하는 식품첨가물	청량음료, 과일통조림, 젤리, 맥주
10	산화방지제	산화에 인한 식품의 품질 저하를 방지하는 식품첨가물	어패류 건제품, 어패류 염장품, 유지류, 버터, 어패류 냉동품
11	살균제	식품 표면의 미생물을 단시간 내에 사멸시키는 작용을 하는 식품첨가물	두부, 어육제품, 햄, 소시지
12	습윤제	식품이 건조되는 것을 방지하는 식품첨가물	만두, 견과류, 아이스크림, 빵, 생면, 추잉껌, 캔디류, 어묵, 푸딩, 냉동유제품류

13	안정제	두 가지 또는 그 이상의 성분을 일정한 분산 형태로 유지시키는 식품첨가물	햄, 치즈, 유제품, 잼, 젤리, 액상 다류, 드레싱, 과일주스
14	여과보조제	불순물 또는 미세한 입자를 흡착하여 제거하기 위해 사용되는 식품첨가물	맥주, 식품용수, 소주, 간장, 식초, 민속주
15	영양강화제	식품의 영양학적 품질을 유지하기 위해 제조공정 중 손실된 영양소를 복원하거나 강화하는 식품첨가물	제빵용 밀가루, 코코아, 분유, 껌, 국수, 두부, 비스킷
16	유화제	물과 기름 등 섞이지 않는 둘 또는 그 이상의 상(phases)을 균질하게 섞어주거나 유지시키는 식품첨가물	마가린, 쇼트닝, 케이크, 캐러멜, 껌, 초콜릿, 아이스크림, 비스킷, 두부, 케첩, 버터, 쿠키, 크래커
17	이형제	식품의 형태를 유지하기 위해 원료가 용기에 붙는 것을 방지하여 분리하기 쉽도록 하는 식품첨가물	빵, 맛김, 과자류
18	응고제	식품 성분을 결착 또는 응고시키거나, 과일 및 채소류의 조직을 단단하거나 바삭하게 유지시키는 식품첨가물	두부, 곤약
19	제조용제	식품의 제조·가공 시 촉매, 침전, 분해, 청징 등의 역할을 하는 보조제 식품첨가물	포도주, 간장, 마가린, 버터, 물엿, 포도당
20	젤형성제	젤을 형성하여 식품에 물성을 부여하는 식품첨가물	약용 캡슐, 아이스크림, 젤리, 케이크
21	증점제	식품의 점도를 증가시키는 식품첨가물	젤리, 땅콩버터, 면, 마요네즈, 케첩, 샐러드 드레싱
22	착색료	식품에 색을 부여하거나 복원시키는 식품첨가물	치즈, 버터, 아이스크림, 과자류, 캔디, 소시지, 통조림고기, 푸딩
23	추출용제	유용한 성분 등을 추출하거나 용해시키는 식품첨가물	식용유지류, 건강기능식품
24	충전제	산화나 부패로부터 식품을 보호하기 위해 식품의 제조 시 포장 용기에 의도적으로 주입시키는 가스 식품첨가물	청량음료, 과자류, 냉동식품
25	팽창제	가스를 방출하여 반죽의 부피를 증가시키는 식품첨가물	빵, 케이크, 비스킷, 초콜릿
26	표백제	식품의 색을 제거하기 위해 사용되는 식품첨가물	과자, 빵, 빙과류
27	표면처리제	식품의 표면을 매끄럽게 하거나 정돈하기 위해 사용되는 식품첨가물	건강기능식품, 비타민제, 껌
28	피막제	식품의 표면에 광택을 내거나 보호막을 형성하는 식품첨가물	껌, 캔디, 과일류, 건강기능식품, 양갱
29	향료	식품에 특유한 향을 부여하거나 제조공정 중 손실된 식품 본래의 향을 보강하기 위해 사용되는 식품첨가물	과자, 통조림, 음료수, 캐러멜, 카레, 다시다, 맛소금
30	향미증진제	식품의 맛 또는 향미를 증진시키는 식품첨가물	탄산음료, 아이스크림, 사탕, 과일주스, 과자류
31	효소제	특정한 생화학 반응의 촉매 작용을 하는 식품첨가물	간장, 된장, 전통주, 과일주스

출처: 식품첨가물의 기준 및 규격 고시 제2016-32호, 식품의약품안전처, 2016.

살균제, 산화방지제, 산도조절제, 천연항균제 등에 대해 다뤄보고자 한다.

1) 보존료

보존료는 식품 내 미생물의 생육 및 증식을 억제하여 식품의 보존기간을 연장하기 위해 첨가하는 물질이다. 현재 식품의약품안전처에 의해 허가된 보존료는 산형 보존료인 데하이드로아세트산류dehydroacetic acid, 소브산류sorbic acid, 안식향산류benzoic acid, 프로피온산류propionic acid와 비산형 보존료인 파라옥시안식향산에스테르류ρ-oxybenzoic acid ester 등이 있다. 보존제의 항균효과 메커니즘은 명확하게 밝혀지지 않았지만, 미생물 세포 내의 활성 부위에 대해 물리·화학적인 상호작용을 통해 비활성화시킴으로써 항균효과를 갖는다. 산형 방부제는 중성의 pH에서 해리되지만 pH가 낮아지면 비해리분자가 많아져 항균효과가 증가한다. 이는 비해리분자가 미생물의 세포막을 쉽게 투과할 수 있기 때문이다. 따라서 pH를 조절하여 보존료의 방부효과를 증가시킬 수 있다.

보존료는 사용 가능한 식품의 종류, 사용기준표 3-10 등을 잘 지켜 사용해야 한다. 특히 과량 첨가 시 위생상의 문제가 발생할 수 있으므로 규정된 용도와 사용량을 지켜야 한다.

(1) 소브산

소브산은 무색의 결정성 분말로 광선과 열에 안정하다. 소브산, 소브산칼슘, 소브산칼륨의 형태로 가장 많이 사용된다. 소브산은 미생물 포자의 발아와 성장을 억제하여 미생물 세포의 생성을 막아주는데 주로 효모와 곰팡이에 효과적이며 세균에는 선택적으로 효과를 나타낸다. 주로 햄, 소시지, 절임류, 간장, 된장, 가공치즈에 사용된다.

(2) 안식향산(벤조산)

안식향산은 흰색의 결정성 분말로 찬물에 잘 녹지 않지만 온도를 높이면 용해된다. 저렴한 가격에 독성이 낮고 적은 농도로도 방부효과를 가지므로 식품에 널리 사용된다. 물에 잘 용해되지 않아 용해도가 높은 안식향산나트륨sodium benzoate, 벤조산소듐이 많이 이용된다. 안식향산이 작용하는 최적 pH는 2~4로 사

표 3-10 **보존료별 사용기준**

구분	사용기준
소브산 소브산칼륨 소브산칼슘	• 치즈류: 3.0g/kg 이하 • 식육가공품, 어육가공품, 성게젓, 땅콩버터, 모조치즈: 2.0g/kg 이하 • 콜라겐 케이싱: 0.1g/kg 이하 • 젓갈류, 한식된장, 된장, 고추장, 혼합장, 춘장, 청국장(단, 비건조제품에 한함), 혼합장, 어패건제품, 조림류, 플라워페이스트, 소스: 1.0g/kg 이하 • 알로에 전잎(겔 포함) 건강기능식품: 1.0g/kg 이하 • 농축과일즙, 과채주스: 1.0g/kg 이하 • 탄산음료: 0.5g/kg 이하 • 잼류: 1.0g/kg 이하 • 건조과일류, 토마토케첩, 당절임(건조당절임 제외): 0.5g/kg 이하 • 절임식품, 마요네즈: 1.0g/kg 이하 • 발효음료류(살균한 것은 제외): 0.05g/kg 이하 • 과실주, 탁주, 약주: 0.2g/kg 이하 • 마가린: 2.0g/kg 이하 • 당류가공품, 식물성크림: 1.0g/kg 이하 • 향신료조제품(건조제품 제외): 1.0g/kg 이하 • 건강기능식품[액상제품에 한하며, 알로에 전잎(겔 포함) 제품은 제외] : 2.0g/kg 이하
안식향산 안식향산나트륨 안식향산칼륨	• 과일 · 채소류 음료(비가열제품 제외): 0.6g/kg 이하 • 탄산음료: 0.6g/kg 이하 • 기타 음료(분말제품 제외), 인삼 · 홍삼음료: 0.6g/kg 이하 • 한식간장, 양조간장, 산분해간장, 효소분해간장, 혼합간장: 0.6g/kg 이하 • 알로에 전잎(겔 포함) 건강기능식품[단, 두 가지 이상의 건강기능식품원료를 사용하는 경우에는 사용된 알로에 전잎(겔 포함) 건강기능식품 성분의 배합비율을 적용]: 0.5g/kg 이하 • 마요네즈: 1.0g/kg 이하 • 잼류: 1.0g/kg 이하 • 망고처트니: 0.25g/kg 이하 • 마가린: 1.0g/kg 이하 • 절임식품: 1.0g/kg 이하
파라옥시안식향산메틸 파라옥시안식향산에틸	• 캡슐류: 1.0g/kg 이하 • 잼류: 1.0g/kg 이하 • 망고처트니: 0.25g/kg 이하 • 한식간장, 양조간장, 산분해간장, 효소분해간장, 혼합간장: 0.25g/kg 이하 • 식초: 0.1g/L 이하 • 기타 음료(분말제품 제외), 인삼 · 홍삼음료: 0.1g/kg 이하 • 소스: 0.2g/kg 이하 • 과일류(표피부분에 한한다): 0.012g/kg 이하 • 채소류(표피부분에 한한다): 0.012g/kg 이하
프로피온산 프로피온산나트륨 프로피온산칼슘	• 빵류: 2.5g/kg 이하 • 치즈류: 3.0g/kg 이하 • 잼류: 1.0g/kg 이하

출처: 식품첨가물공전.

용 pH 범위가 좁기 때문에 탄산음료류(탄산수 제외), 과일채소음료, 기타 음료 및 간장 등의 산성식품에 적합하다.

(3) 파라옥시안식향산류

파라옥시안식향산류는 무색의 결정 또는 백색의 결정성 분말로 산과 알칼리 조건 모두에서 보존효과가 있다. 공기 중에서 안정하며 온도 변화에도 강하다. 물에 잘 녹지 않기 때문에 에탄올 용액, 초산 용액 또는 수산화나트륨 용액에 녹여 이용한다. 여러 가지 미생물에 대한 발육저지효과가 있으며, 파라벤paraben이란 이름으로 알려져 있다. 현재 우리나라에서 사용이 허가된 것은 파라옥시안식향산메틸과 파라옥시안식향산에틸, 두 종류가 있다.

(4) 프로피온산

프로피온산은 백색의 결정성 분말로 나트륨염, 칼슘염이 있다. 물에 잘 녹고, 곰팡이에 의한 2차 발육을 억제하는 데 효과가 커서 오래전부터 보존료로 사용되고 있다. 소듐염은 알칼리성으로 빵 효모의 생지발효를 늦추는 경향이 있어 빵에는 칼슘염이 사용된다. 칼슘염은 팽창제로 사용되는 탄산수소나트륨과 반응하여 탄산가스 발생이 잘 안 되므로 생과자에는 소듐염이 사용된다.

2) 살균제

살균제는 미생물을 사멸시키기 위해 첨가되는 물질로, 표백분, 차아염소산나트륨sodium hypochlorite 등의 염소계 살균제와 과산화수소가 있다. 염소계 살균제는 특유의 냄새가 있어 주로 음료수, 채소, 과일 등을 소독할 때 사용된다. 염소계 살균제의 살균력은 비해리형이 살균효과를 나타내기 때문에 pH가 낮을수록 그리고 유효염소량이 많을수록 살균력이 커진다. 과산화수소는 표백효과가 있어 표백제로 분류되지만, 살균제로 더 많이 사용된다.

3) 산화방지제

산화방지제는 식품의 산화를 늦춰주어 영양 손실, 색소 변질, 산패로 인한 유해물질 생성 등을 막아주는 물질이다. 산화방지제에는 에리토브산erythorbic acid,

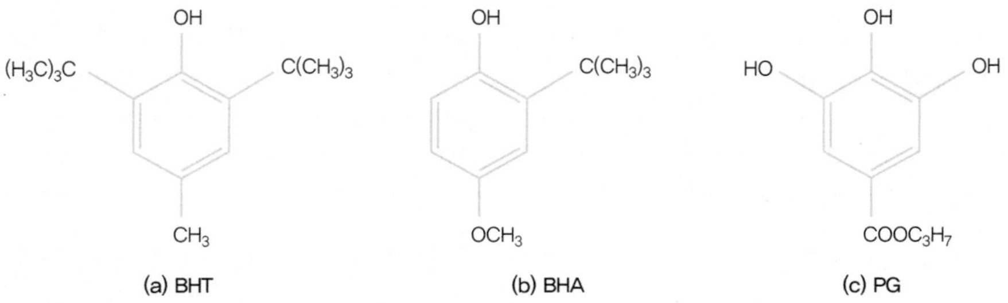

그림 3-32
산화방지제별 구조

아스코브산 등의 수용성과 디부틸히드록시톨루엔BHT: butylated hydroxytoluene, 부틸히드록시아니솔BHA: butylated hydroxy anisole, 몰식자산프로필PG: propyl gallate 등의 지용성이 있다. 수용성은 색소의 산화 방지에, 지용성은 유지의 산화 방지에 주로 사용된다. 산화방지제의 작용은 종류에 따라 차이가 있는데, 가장 많이 사용되는 BHT, BHA, PG 등의 합성 산화방지제는 **그림 3-32**와 같이 모두 벤젠 고리ring를 가지고 있기 때문에 유지의 산화 과정에서 생성된 자유라디칼과 반응하여 유지의 산패를 지연시킨다.

4) 산도조절제

산도조절제는 식품의 산도 또는 알칼리도를 조절하는 식품첨가물이다. 식품에 신맛을 부여하면 식욕 증진 및 청량감과 상쾌한 자극을 줄 수 있을 뿐만 아니라, 미생물이 생존하는 pH를 변화시켜 생육을 억제함으로써 식품의 보존성을 향상시킬 수 있다. 식품에 사용되는 산도조절제는 상큼한 맛을 주기 위해 사용하는 산미료로서 구연산, 사과산, 주석산, 인산, 구연산칼륨 등과 탄산칼슘이나 탄산수소나트륨 등이 있다.

5) 천연항균제

합성보존료는 체내 축적성 등 안전성에 관한 문제가 지속적으로 대두되고 있고, 물질의 종류, 사용량 등에 따라 인체에 부정적인 영향을 주기도 한다. 최근 소비자의 건강 지향적 성향과 함께 천연물에 대한 요구가 높아지고 있고 합성보존료가 첨가된 식품의 사용을 꺼리고 있다. 이와 같은 경향으로 인하여 식품산업계에서도 인공 합성보존료의 사용을 될 수 있는 한 제한하려는 추세이고, 안전성이 확보된 천연항균성 물질을 식품의 보존에 이용하고자 하는 연구가 집중적으로 이루어지고 있다.

천연항균물질에는 표 3-11과 같이 전통적으로 사용해 온 소금, 식초 등 일반 식품 소재뿐만 아니라 동물이나 식물에 천연적으로 존재하는 특정 단백질 및 효소류, 갑각류의 키틴질에서 추출한 키토산, 유기산, 식물의 정유essential oil 및 미생물에서 유래한 니신nisin, ε-폴리리신ε-polylysine, 나타마이신natamycin 등이 있다. 그러나 이들 중에는 특유의 맛과 냄새, 자극성으로 인하여 식품에 적용하기 위해서는 관능적 측면에서 해결되어야 할 문제가 남아 있는 것도 있고, 항균력이 약하거나 항균스펙트럼이 좁아 아직까지 천연항균제로 개발되어 상품화된 제품은 극히 일부에 지나지 않는다.

식품에 사용되는 천연항균물질로 세균이 생산하는 항미생물성 펩타이드를 박테리오신bacteriocin이라고 칭하는데, 다양한 박테리오신 중 유일하게 사용이 허가된 니신은 합성보존료를 대체할 수 있는 천연보존료로 광범위한 분야에서 응용되고 있으며, 발효유, 치즈, 통조림식품, 알코올 음료, 김치, 어패류, 과

표 3-11 **식품 항균제로 가능성이 있거나 허가된 천연물질**

식품 유래		항균물질
동물류	우유	Lactoperoxidase system, Lactoferrin
	우유, 달걀류	Lysozyme
	꿀	Glucose oxidase
	게, 새우	Chitosan
식물류	향신료	Essential oil, Phenolic, Isoprenoid
	양파, 마늘, 고추냉이	Sulfur compound
	자몽종자	Sulfur compound
	호프	Grapefruit seed extract
		Hop oil
미생물류	*Lactococcus*	Nisin, Lacticin
	Pediococcus	Pediocin
	Pediococcus	Lactocin, Helveticin, Sakacin, Bavaricin, Curvacin
	Leuconostoc	Leucocin, Mesentericin
	Carnobacterium	Carnocin
	Streptomyces natalensis	Natamycin
	Streptomyces albulus	Natamycin

출처: 조미희 외, 식품과학과 산업, 2005.

일 및 야채류, 냉동제품 등의 저장성 향상을 위해 사용되고 있다. 니신은 락토코쿠스 락티스*Lactococcus lactis*가 생산하는 펩타이드로서 미생물 세포막에 침투하여 세포 내 이온 아미노산, ATP 등 저분자물질을 유출시켜 미생물의 생장을 저해하여 사멸시키는데, 그람gram양성균에 특히 효과가 있다. 현재 UHT 처리 유제품, 통조림식품 등에 이용된다. 니신은 가공치즈와 두류가공품에 각각 0.250g/kg 이하, 0.025g/kg 이하로 사용하여야 한다.

나타마이신은 미생물 스트렙토미세스 나탈렌시스*Streptomyces natalensis*에서 생성되는 물질로서 비교적 낮은 농도에서도 항균력이 뛰어나고 식품의 향미에 영향력이 거의 없으며, 광범위한 pH에서 작용하므로 낙농제품, 소시지, 육류 등의 보존료로 사용되고 있다. 미국 FDA에서는 1994년에 사용을 허가하고 GRASgenerally recognised as safe 목록에 기재하였지만, 국내에서는 허가되어 있지 않고, 치즈류의 표면에 한하여 사용될 수 있다. 사용량은 1mg/dm^2 이하여야 하며, 표면으로부터 깊이 5mm 이상에서 검출되어서는 안 된다(0.020g/kg 이하).

ε-폴리리신은 스트렙토미세스 앨불러스*Streptomyces albulus*가 생성하는 강염기성 아미노산L-Lysine 25~35개가 결합한 물질이다. 양(+)이온의 전하를 띠고 있는 폴리리신이 음(-)이온의 전하를 띠고 있는 미생물의 세포막과 이온결합하여 미생물의 생육을 저해함으로써 증식을 억제하는 항균력을 가지게 된다. 단, 식품 중에 첨가되는 식품첨가물의 양은 물리적, 영양학적 또는 기타 기술적 효과를 달성하는 데 필요한 최소량으로 사용하여야 한다.

단원정리

1. 식품첨가물은 식품을 제조 · 가공 · 조리 또는 보존하는 과정에서 감미, 착색, 표백 또는 산화 방지 등을 목적으로 식품에 사용되는 물질을 말하는데, 식품에 식품첨가물을 첨가하여 품질 변화를 최소화함으로써 식품의 유통기한을 연장할 수 있다.

2. 보존료는 식품 내 미생물의 생육 및 증식을 억제하여 식품의 보존기간을 연장하기 위해 첨가하는 물질이다. 현재 식품의약품안전처에 의해 허가된 보존료는 산형 보존료인 데하이드로아세트산류(dehydroacetic acid), 소브산류(sorbic acid), 안식향산류(benzoic acid), 프로피온산류(propionic acid)와 비산형 보존료인 파라옥시안식향산에스테르류(ρ-oxybenzoic acid ester) 등이 있다.

3. 살균제는 미생물을 사멸시키기 위해 첨가되는 물질로, 표백분, 차아염소산나트륨(sodium hypochlorite) 등의 염소계 살균제와 과산화수소가 있다.

4. 산화방지제는 식품의 산화를 늦춰주어 영양 손실, 색소 변질, 산패로 인한 유해물질 생성 등을 막아주는 물질이다. 산화방지제에는 에리토브산(erythorbic acid), 아스코브산 등의 수용성과 디부틸하이드록시톨루엔(BHT: butylated hydroxytoluene), 부틸히드록시아니솔(BHA: butylated hydroxy anisole), 몰식자산프로필(PG: propyl gallate) 등의 지용성이 있다.

5. 천연항균물질에는 전통적으로 사용해 온 소금, 식초 등 일반 식품 소재뿐만 아니라 동물이나 식물에 천연적으로 존재하는 특정 단백질 및 효소류, 갑각류의 키틴질에서 추출한 키토산, 유기산, 식물의 정유(essential oil) 및 미생물에서 유래된 니신(nisin), ε-폴리리신(ε-polylysine), 나타마이신(natamycin) 등이 있다.

연습문제

1. 락토코쿠스 락티스(*Lactococcus lactis*)가 생산하는 펩타이드로서 천연보존료로 광범위한 분야에서 응용되고 있는 것은?

   ① 나타마이신 ② 니신 ③ 폴리리신 ④ 카노신

2. 식품에 사용되는 천연항균물질로 세균이 생산하는 항미생물성 펩타이드를 무엇이라 하는가?

3. 다음 중 식품에 사용되는 보존료가 아닌 것은?

   ① 소브산 ② 프로피온산 ③ 안식향산 ④ 아스코브산

정답

1. ② 2. 박테리오신(bacteriocins) 3. ④

5. 비열가공처리

식품은 유통기한을 늘리기 위해 다양한 열처리를 한다. 하지만 이러한 열처리는 음식의 영양 성분 손실과 감각의 질을 떨어뜨린다는 단점이 있다. 최근 소비자들은 음식의 영양과 감각적인 질을 손상시키지 않은 깨끗하고 안전한 음식을 원하고 있으며, 이를 위해 친환경적이고 안전한 비열가공처리 기술이 발달하게 되었다.

비열가공은 식품이 상온에 가까운 온도에서 가공되기 때문에 식품 내 영양적 손실이 거의 없다는 장점이 있다. 또한 식품을 단 몇 초 동안 처리 조건에 노출시킴으로써 식품의 미생물 부하를 감소시키고, 우수한 감각 및 질감 특성을 유지할 수 있다. 그리고 온도가 높은 곳에 노출되지 않아 식품이나 식품 표면에 바람직하지 않은 생성물이 형성될 가능성이 없기 때문에 비열 기술의 보존효과는 매우 크다고 알려져 있다. 이러한 비열 기술은 지난 수십 년간 다양한 식품 분야에서 발전해 왔으며 과일, 채소, 향신료, 고기, 생선 등과 같은 모든 종류의 음식을 처리하는 데 사용될 수 있다.

1) 방사선 조사

식품의 방사선 조사는 방사선의 고유한 특성을 활용하여 식품의 물리·화학적 변화를 일으키기 위해 사용하는 방법으로, 다양한 식품의 가공저장에 활용하고 있다.

(1) 방사선 조사의 종류와 원리

식품가공에 방사선을 이용하는 것은 식품의 보존 및 가공 때문이며 방사선으로 처리하는 가공공정을 식품조사food irradiation라 한다. 그리고 방사선 조사 식품이란 방사선을 이용하여 식품을 본래 상태에 가깝게 보존하거나 위생적 품질로 생산하기 위해 살균, 살충, 생장 조절, 물성 개선 등의 효과를 거두는 기술을 적용한 식품이다. 방사선 조사는 주로 식품 보존을 위해 사용되는데 대장균, 포도상구균과 살모넬라균을 포함한 병원성 미생물에 효과적이다. 방사선 조사의 강도를 변화시키는 것은 미생물의 불활성화에 더 강력한 효과를 보여주며, 고기를 며칠 동안 보존하는 데에도 사용된다. 예를 들어 0, 1.5, 3, 4.5 kGy 강도의 γ선으로 15일 동안 저장된 조리 가능한 닭고기에 처리했을 때 리스테리아균, 대장균, 살모넬라, 티푸스의 불활성화에 대해 우수한 결과를 보였으며, 관능적으로도 우수하였다.

방사선을 에너지 수준으로 분류하면 X선, 전자선, Co^{60}의 γ선, Cs^{137}의 γ선, Sr^{90}의 β선 등이 있다. 이 중 식품용 조사에 사용되는 핵종은 Co^{60}이 대부분으로 국내에서는 Co^{60}의 γ선이 이용되고 있다. 방사선의 종류에는 α선, β선, 중성자 등과 같은 입자선과 X선, γ선과 같은 전자파가 있으며, 전자파인 X선, γ선의 방사선은 조직 속에 들어가면 에너지를 모두 소비하고 없어지므로 식품의 이용에 매우 안전하다.

방사선이 식품에 대한 저장효과를 갖는 원리는 동식물의 세포 내 핵이나 DNA 분자 등에 전리를 일으켜 기능을 상실하게 함으로써 사멸 또는 불활성화를 가져오는 것이다. 식품저장 시 방사선의 장점은 방사선 처리에 의하여 식품 자체의 온도 상승이 거의 없고, 플라스틱이나 종이 등의 포장식품도 적절한 선량을 이용하여 처리할 수 있다는 점, 연속공정으로 처리할 수 있다는 점 등이다.

방사선이 식품을 투과하면서 식품에 에너지를 주게 되는데, 만약 식품 1g에 100erg의 에너지가 주어지는 경우, 이 식품에 흡수되는 방사선량은 1rad라고 한다. 최근 많이 사용하는 Gy라는 단위는 1kg의 식품에 1joule의 에너지를 흡수하는 경우의 선량 단위로, 1Gy=100rad이다.

(2) 방사선 조사 기술의 활용 및 방사선 허가 식품

우리나라에서 방사선 조사 기술의 대표적인 활용 범위는 다음과 같다.

- 농산물의 발아, 발근 억제
- 농산물의 해충 구제
- 농축산물의 기생충 사멸
- 농산물의 성장속도 조절
- 저장 수명 연장 등 농산물의 보존

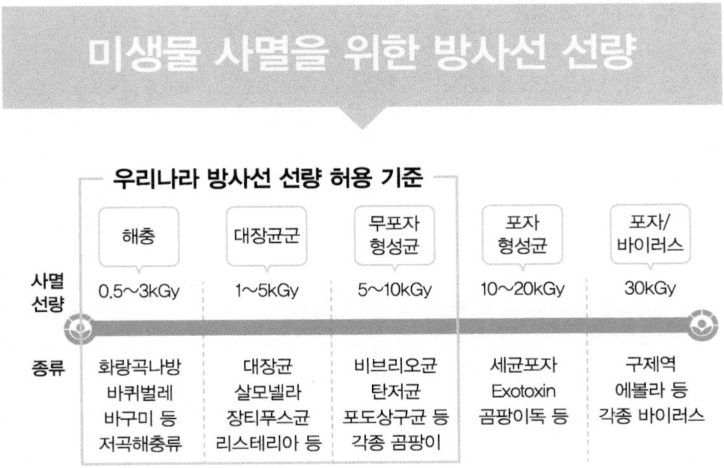

그림 3-33
미생물 사멸을 위한 방사선 선량

- 국제교역에서의 안전성 확보

저선량 조사의 선량은 1kGy 이하의 범위로서 살균효과는 크게 기대할 수 없으나 농산물의 발아 억제, 숙도 지연, 살충 및 기생충 사멸 등에 이용된다. 예를 들면 감자의 발아 억제, 밀가루의 살충, 쌀의 바구미 살충, 돼지고기의 선모충 사멸 등이다. 중선량 조사는 1~10kGy 범위의 선량으로 완전살균은 되지 않으나 과채류, 육·어패류 등의 표면에 부착된 부패균, 살모넬라 같은 병원균의 살균과 식품 특성의 품질을 개선할 목적으로 조사한다. 고선량 조사는 10~50kGy 범위의 선량으로 모든 미생물을 완전살균하는 것이 가능하나 식품의 품질 변화가 심한 경우가 많다. 또한 식품 조직 중에 존재하는 효소는 불활성화시킬 수 없으므로 잔존효소에 의한 자기소화도 일어날 수 있다.

우리나라는 1986년 6월에 「식품위생법」에 식품조사처리업이 신설되어 1987년 10월 감자 등 5개 품목이 지정된 이후 **표 3-12**와 같이 2022년 현재 26개 품목에 허용되고 있다. 방사선 조사 식품을 다시 조사해서는 안 되며, 조사 식품을 원료로 사용하여 제조·가공한 식품도 다시 조사하여서는 안 된다. 조사 식품은 용기에 넣거나 포장한 후 판매하여야 하며, **그림 3-34**와 같은 방사선 조사 식품 마크를 반드시 표시하여야 한다.

표 3-12 **방사선 조사 허용 식품**

허가 품목	허가 선량(kGy)	목적
감자, 양파, 마늘	0.15	발아 억제
밤	0.25	발아 억제
생버섯 및 건조버섯	1	숙도 지연
건조향신료	10	살균·살충
가공식품 제조원료용 건조식육 및 어패류 분말	7	살균·살충
된장, 고추장, 간장분말	7	살균·살충
조미식품 제조원료용 전분	5	살균·살충
가공식품 제조원료용 건조채소류	7	살균·살충
건조향신료 및 그 조제품	10	살균·살충
효모, 효소식품	7	살균·살충
알로에 분말	7	살균·살충
인삼(홍삼 포함) 제품류	7	살균·살충
2차 살균이 필요한 환자식	10	살균
난분	5	살균
가공식품 제조원료용 곡류, 두류 및 그 분말	5	살균·살충
조류식품	7	살균·살충
복합조미식품	10	살균
소스류	10	살균·살충
분말차	10	살균·살충
침출차	10	살균·살충

방사선 조사 식품이란?

발아 억제, 속도 조절, 식중독균 및 병원균의 살균 및 해충 사멸을 위해 이온화 에너지로 처리한 식품을 말하는 것입니다.

그림 3-34
방사선 조사 식품 표시

2) 마이크로파

마이크로파는 파장의 범위가 1mm~1m 사이의 전파를 모두 가리키는 용어로서, 파장이 짧으므로 빛과 거의 비슷한 성질을 갖고 있으며 살균력이 강하다는 특징이 있다.

(1) 마이크로파 가열의 원리

마이크로파microwave는 음식을 가열 또는 재가열하는 데 가장 널리 이용되고 있으며, 가정용 전자레인지 등에 흔히 사용된다. 마이크로파는 TV 방송과 통신에 이용되는 극초단파UHF: ultrahigh frequency, 초고주파SHF: superhigh frequency 등과 같은 초단파 이상의 전파를 말한다. 식품에 허용된 주파수는 915MHz와 2,450MHz이다.

마이크로파 가열은 쉽게 말해 마이크로파를 사용해서 식품 내부에 복사열을 발생시키는 원리이다. 즉, 마이크로파가 식품에 흡수되면 식품 내에 존재하는 수분을 비롯한 구성 분자에 분극을 일으키고, 극성을 갖는 분자끼리 재배치하는 과정에서 회전, 진동, 마찰이 일어나 열이 발생하여 온도가 올라가게 된다. 다시 말해 식품이 전파를 흡수하면서 식품 중의 수분, 지방, 당분자 등이 활성화되어 전파에너지는 열에너지로 바뀌어 발열하게 되므로 식품 그 자체가 열원이 되는 셈이다. 이와 같은 성질을 이용하여 식품의 가열, 살균, 건조, 해동 등에 이용할 수 있다.

현재 식품 산업에서 마이크로파가 주로 이용되는 범위와 특징을 요약하면 표 3-13, 3-14와 같다.

표 3-13 **식품 산업에서 마이크로파의 상업적 적용**

적용	주파수(MHz)	전력(kW)	Tube size(kW)	재래식 열
템퍼링				
집단	915	30	30	없음
반복	915	80	40	없음
Pasta drying	915	30~50	30~50	뜨거운 공기
Precooking				
베이컨	915	50~300	50	뜨거운 공기
가금류	2,450	50~80	2.5	증기
고기 패티	2,450	30	2.5	없음
과일주스	2,450	40	–	적외선 진공건조
생선 살균	2,450	–	–	–

표 3-14 **주요 식품가공 공정에서 마이크로파 처리의 목적**

단위 작업	주요 목적	식품
블랜칭	부패 효소 비활성화	과일, 야채
요리	맛 및 질감 수정	베이컨, 고기 패티, 감자, 가금류
탈수	수분 함량 감소	파스타, 간식, 양파, 주스, 떡, 과일
저온살균	식물성 미생물 비활성화	생파스타, 빵, 곡물
살균	미생물 포자 비활성화	곡물
템퍼링	온도를 빙점 이하로 올리기	냉동식품

(2) 전자레인지 가열의 특징

마이크로파는 1mm에서 1m까지의 파장을 지닌 전자기파로 파장이 라디오파보다 짧고 적외선보다 길다. 전자레인지에서 발생하는 마이크로파는 파장이 약 12cm이고 1초 동안 약 24억 5,000만 회 진동한다. 이런 마이크로파를 만난 식품 속 물 분자의 양전하를 띤 산소 원자와 음전하를 띤 수소 원자가 전기장 방향에 나란히 움직인다.

그런데 마이크로파는 진동하면서 전기장의 크기와 방향이 변하므로 진동에 따라 각각 물 분자가 반대방향의 힘을 받아 회전하게 된다. 이에 따라 이웃한 물 분자들과 서로 밀고 당기며 충돌하는 운동이 활발하게 일어난다. 전자레인지는 이런 물 분자의 운동에너지가 열에너지로 변하게 되고, 결국 식품의

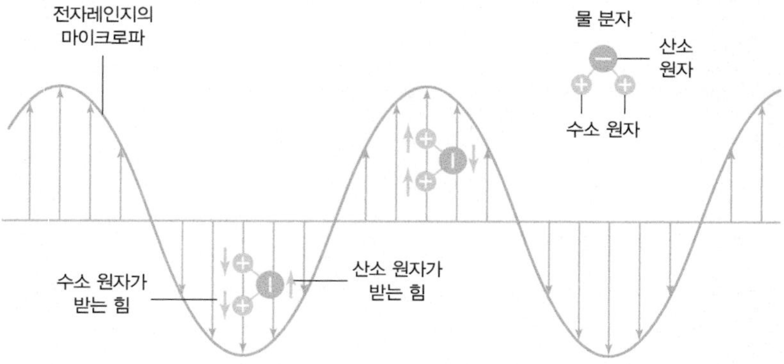

그림 3-35
마이크로파의 진동에 따른 물 분자의 회전

마이크로파는 진동하면서 전기장의 크기와 방향이 변하므로 진동에 따라 각각 물 분자가 반대방향의 힘을 받아 회전하게 된다.

온도가 올라가는 원리를 이용하게 되는 것이다.

전자레인지 가열에 이용되는 마이크로파는 다음과 같은 특징을 가지고 있다.

- 마이크로파는 식품 자체 내부에서 직접적으로 열을 발생시키며, 열전달은 변수로 작용하지 않는다.
- 마이크로파 가열 시에는 식품 자체가 뜨거운 발열 상태이므로 열효율이 높고, 가열속도가 빨라 짧은 시간 내에 가열할 수 있다.
- 일반적 가열의 경우 열전달이 늦어 식품 표면과 내부의 온도가 균일하게 되는 데 많은 시간이 소요되나, 마이크로파는 가열이 균일하고 열에 의한 손상이 매우 적어 영양소의 파괴가 작다.
- 진공 중인 식품이나 진공 포장하에서 가열할 수 있다.
- 캔이나 알루미늄 호일 안에 식품을 가열하기 부적합하며, 비금속 포장재 내에 포장된 식품을 가열할 수 있다.
- 식품의 모양이 변형되지 않으므로 재가열이나 해동 등에 넓게 이용된다.
- 고수분이나 저수분 모두 마이크로파를 이용할 수 있다.

마이크로파를 응용한 대표적인 조리기기인 전자레인지는 미국에서 1955년 상품화되었으며, 2,450MHz의 전자파를 이용한 조리기구이다. 마이크로파는 금속 등에 닿으면 반사되고 공기, 유리, 도자기, 종이 등에 투과되며, 식품, 물 등에 흡수되는 성질이 있으므로 전자레인지의 사용 시 용기의 적절한 선택이 필요하다. 즉, 용기는 내열용기를 사용하고, 은박지나 금속제 그릇은 전파가 반사되어 가열되지 않으므로 사용하지 않는 것이 좋다. 아울러 마이크로파는 인체에 흡수되므로 전자파의 노출이나 누출에도 유의해야 한다. 전자레인지의 가열시간은 식품의 종류, 양, 크기, 형태, 포장재의 종류 등 여러 가지 요인에 따라 달라진다.

전자레인지는 삶기, 찌기, 굽기, 데우기 등의 기본조리를 할 수 있고, 영양분의 손실 없이 야채를 데치거나 냉동식품의 해동 등에도 널리 이용되고 있다. 또한 조리식품, 가공식품, 도시락, 병조림 식품 등 저장 목적의 살균에도 이

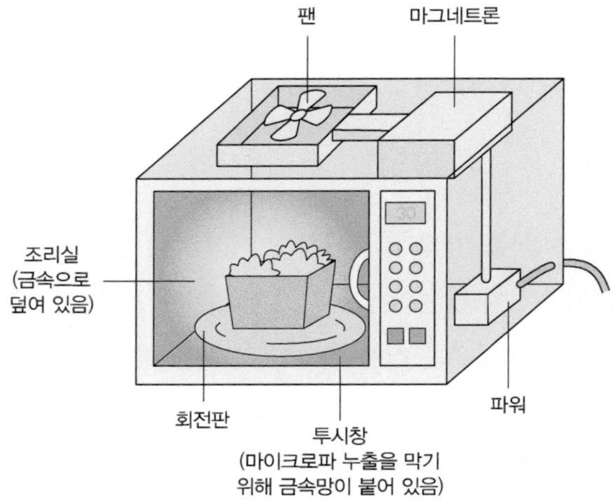

그림 3-36
전자레인지의 구조

용한다. 표면에 갈변이 필요한 빵, 과자 등의 식품에는 적당하지 않지만 이러한 점이 많이 개선되고 있다.

식품 중 수분이 많은 액체류, 채소류, 과일류가 가장 빠르게 가열되고, 건조 식품, 고단백 식품, 고체상 식품 등은 느리게 가열된다. 껍질이 있는 열매의 경우 반드시 껍질을 벗기고 가열하여야 터지지 않으며, 밀봉된 식품은 뚜껑을 열어야 한다.

3) 초고압

초고압 기술은 식품의 맛, 향, 영양 성분에 변화를 주지 않으면서 미생물을 사멸시키고 효소를 불활성화시켜 효소의 작용에 의한 쓴맛, 냄새의 발생을 억제하는 가공 기술로 모든 공정이 무가열로 처리되는 것이 특징이다. 기존의 열처리가 단백질의 변성이나 응집, 전분의 호화, 화학적 변화, 효소의 불활성화, 살균 등에 영향을 미치는 데 반해, 최근 주목받고 있는 초고압은 열처리의 장점을 그대로 유지하며 메일라드 반응, 비타민 파괴, 천연 맛의 손실과 같이 열처리에서 유발되는 화학적 변화를 최소화한다는 장점이 있다. 또한 최근에는 압력과 열의 효과적 병행처리를 통한 멸균 기술로 영역을 확대하는 연구가 진행되고 있다.

(1) 초고압 기술의 발전

초고압 기술의 압력 발생 원리는 파스칼의 원리에서 나온 것으로, 기체나 액체를 압축함으로써 쉽게 얻을 수 있으며 체적 변화가 작은 물이 압력 매개체로 유리하다. 초고압 기술의 식품에의 적용 가능성은 이미 19세기 후반 확인되었다. 1884년 초고압이 미생물 생육에 영향을 준다는 보고가 있었고, 1899년 Hite는 초고압에 의해 우유의 보존성이 늘어난다는 사실을 밝혔으며, 1914년에 Brightman은 난백을 고압처리하면 압력에 의해 단백질 변성이 일어남을 확인하였다. 이후에도 초고압 연구는 지속되었으나 안정적인 고압 장치 제작의 어려움과 제작비용, 생산성 등의 이유로 산업적으로 활성화되지 못하였다. 고압하에서의 생물학적·생화학적 변화는 다음과 같다.

- 1,000기압: 단백질 해리, 세포막 파괴, 효소반응속도의 변화
- 2,000기압: 효소의 가역적 불활성화
- 3,000기압: 미생물 사멸, 바이러스 사멸
- 4,000기압: 전분의 호화, 단백질 변성 및 침전
- 5,000기압: 효소의 비가역적 불활성화
- 6,000기압: 내열성 포자의 사멸

초고압 기술은 설비에 대한 기술적 발전이 이루어지면서 1990년에 이르러서야 일본에서 잼, 주스 등 첫 상용화 제품이 출시되었다. 과채주스, 잼, 젤리 외에 가공밥에 대한 초고압 기술 적용 역시 이루어졌으나 이는 미생물 제어를 통한 저장성의 연장보다 압력에 의한 물성 변화를 주된 목적으로 하였다. 초고압 기술의 산업적 이용이 본격적으로 확대되기 시작한 것은 2000년대 이후로 신선함과 천연을 강조하는 보존료 무첨가 육가공품, 과채가공품 및 프리미엄 과채주스 중심으로 적용이 확산되고 있으며 고품질 구현을 위한 보편화된 기술로 자리매김하고 있다.

(2) 초고압 식품기술의 적용 분야

초고압 기술은 비가열 기술로서 초고압 처리 식품의 향미, 색, 영양 등 화학적

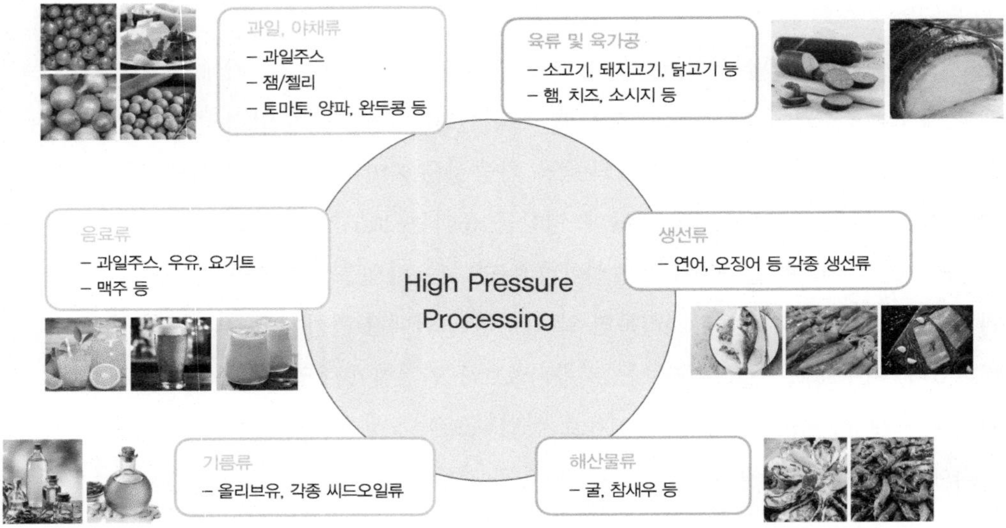

그림 3–37
초고압 기술의 응용 분야

반응에 최소한의 영향을 주면서 미생물을 효과적으로 제어하여 프리미엄 냉장유통 제품 적용에서 각광을 받고 있다. 초고압 기술의 압력만으로는 세균 포자를 완벽하게 제어할 수 없다는 취약점을 갖고 있어 상온유통 제품으로의 적용 확대는 제한적이다. 이러한 한계를 극복하고 레토르트로 대표되는 상온 편의 제품의 품질 한계를 극복하기 위한 방법으로 압력과 열을 병행처리하는 다양한 초고압 응용 기술 등 초고압 적용 분야가 갈수록 확대되고 있다.

표 3–15 **비가열 초고압 기술의 산업적 적용 사례**

구분	상품 상세 정보
고기	슬라이스 햄, 칠면조 또는 닭고기 조각, 경화 햄 한 조각, RTE
아보카도	과카몰리, 아보카도 반쪽, 과육
해산물	굴, 조개, 홍합, 바닷가재, 게, 새우, 대구, 헤이크(hake)
주스	비가열 신선물
과일	수분 있는 샐러드, 퓨레, 소스, 스무디, 슬라이스, RTE
소스와 속재료	토마토 소스, 살사, 드레싱, 샌드위치 속 재료
유제품	초유단백질(colostrum), 요거트
제약회사 화장품	액체 및 반고체, 유화제, 겔

① **초고압 살균** 초고압 기술의 살균에의 이용은 열을 사용하지 않고 오직 압력으로만 세균과 곰팡이를 제거하는 기술로서, 열에 의한 영양소 파괴 없이 적은 에너지로 식품 처리가 가능하다. 미생물의 세포막은 물질의 수송 및 호흡에 중요한 역할을 맡고 있어, 세포막의 투과성이 현저히 변화되면 세포가 사멸할 수도 있다.

② **초고압 효소반응** 효소반응을 포함한 화학반응은 가열에 의하여 촉진되지만, 3,000기압 이하의 압력범위에서 효소반응은 촉진될 수도 지연될 수도 있다. 저장 중 식품에 내재된 효소가 작용하여 풍미 및 품질의 저하가 일어나는 것을 방지하기 위해 열처리로 효소를 불활성화시키는데, 열처리를 피해야 할 경우 고압처리에 의하여 이러한 목적을 수행할 수 있다.

(3) 식품발효의 제어 및 정지

발효식품의 경우 가장 맛있는 기간이 짧은 이유는 미생물에 의한 과도한 발효와 미생물 유래 효소에 의한 성분의 분해 및 변질이 진행되기 때문이다. 식품을 고압처리함으로써 살균과 동시에 효소의 불활성화가 가능하므로 풍미가 중요시되는 발효식품에서 발효 및 숙성 제어에 유효한 수단이 될 수 있다.

(4) 식품소재의 물성 변화

식품에서 단백질 및 다당류의 압력처리는 가열처리와는 다른 독특한 물성을 나타냄으로써 압력처리에 의해서 지금까지 없었던 새로운 식품소재가 만들어질 수 있다(달걀, 생선묵, 식육, 전분, 잼 등).

(5) 식품저장의 응용

고압하에서 식품동결 저장법은 동결보관이 어려운 식품 및 동결과 해동에 의하여 현저하게 품질이 저하되는 경우에 유효한 방법이며, 식품 분야뿐만 아니라 수혈용 혈액의 보존 및 기수 보존 등 의약품 분야에도 적용할 수 있다.

표 3-16 **초고압 식품기술의 적용 사례 및 처리 효과**

구분	처리 효과
해산물 및 야채류	비가열처리를 통한 살균
냉동식품	균일한 해동(세포 손상 방지)
육류	숙성, 저장성, 조직 특성 및 맛 향상
즉석밥	소화율 증가, 관능적 특성 향상, 유효성분 증가
기능성 식품	유효성분의 추출 증대
최소가공식품	풍미 및 조직감 보존, 살균

(6) 초고압 추출

고압처리하면 순간적인 압력 상승으로 미생물의 세포벽에 영향을 주어 생육을 저해하고, 이와 유사한 원리로 생물소재에 처리할 경우 세포벽에 손상을 주어 내부 물질의 추출 효율을 높이는 데 큰 기여를 하는 것으로 알려져 있다. 이처럼 초고압으로 세포의 세포벽을 깨서 유용한 성분 추출이나 유용한 성분의 활성을 높이는 방법이 바로 초고압 추출법이다.

고압처리살균기술

고압처리살균기술은 물리적 방법의 하나로 식품을 100MPa(1,000기압) 이상의 압력에서 대부분의 미생물이 세포 등의 구조 변화, 포자막 등의 변화에 의해 사멸되는 원리를 이용하는 기술이다. 가압 압력이 높을수록 가압 시간이 짧아지며 대부분의 세균, 곰팡이, 효모 등의 영양세포는 300~400MPa 정도에서 10~20분이면 사멸된다.

식품에 고압처리를 이용하면, ① 미생물의 살균작용과 살충작용을 통해 천연원료의 과일이나 채소의 과즙, 육·어육 등의 저장 기간 연장, ② 효소를 불활성화하여 효소반응을 억제함으로써 유용물질의 생산이나 탈취 등 효과, ③ 단백질의 겔화 또는 변성이나 전분의 호화를 통해 식품의 텍스처 개량 및 신소재 개발, ④ 지방과 단백질 혼합물에서 유화의 개량, ⑤ 발효식품이나 절임류의 숙성을 억제하거나 정지시키는 등의 다양한 효과를 기대할 수 있다. 2000년에 일본 아오모리현에서는 가열처리와 비교해 풍미와 영양 성분에는 차이가 없이 고압처리로 식품을 가공할 수 있는 사과주스를 시험 생산하였으며, 최근 우리나라에서도 영양성, 편리성 및 고품질 측면을 충족하는 고압처리 기술에 대한 연구 및 상품화가 진행되고 있다.

4) 초음파

초음파는 인간의 가청 주파수 이상의 음파로 주로 주파수 20kHz 이상의 음파를 일컫는다. 저주파 초음파를 유체 중에 처리하면 진공상태의 기포cavity가 발생과 소멸을 반복하게 되는데 이를 공동현상cavitation이라 한다. 기포는 빠르게 수축과 팽창을 반복하다 붕괴되는데 이때 순간적으로 주변에 고온, 고압의 환경이 발생한다. 이러한 에너지를 이용하여 식품 산업에서 세정, 유화, 숙성, 추출, 분산 등에 이용할 수 있다. 식품 산업에서 초음파 기술은 세척, 살균, 혼합, 유화, 추출 등에 유기용매 등을 대체할 수 있는 친환경 기술로 이용할 수 있다. 그리고 초음파의 주파수가 낮을수록 기포의 밀도는 낮은 반면 폭발력이 커지고, 주파수가 높을수록 기포의 밀도는 높은 반면 폭발력은 작아진다. 이러한 성질을 이용하여 목적에 따라 다양한 기술을 응용하여 적용할 수 있다.

(1) 초음파 기술의 원리

초음파에 의한 살균효과는 저주파인 20~24kHz 범위에서 가장 높은 것으로 알려져 있다. 초음파를 유체 내에 처리하였을 때 발생하는 공동현상이 살균효과의 원인으로, 공동현상은 안전형stable과 천이형transient으로 분류할 수 있다.

안전형 공동현상은 기포가 주기적으로 확장하고 축소하는 현상을 의미하는데 이로 인해 미생물의 표면을 따라 미세 기포가 흐르는 미세흐름micro-streaming이 발생하며 이것이 세포막에 공극을 발생시켜 붕괴를 촉진한다. 반면, 천이형 공동현상에서는 기포가 수축과 팽창을 반복하다 폭발하면서 발생하는 고온, 고압의 에너지가 세포의 표면을 붕괴시킨다. 이때 발생하는 에너지는 순

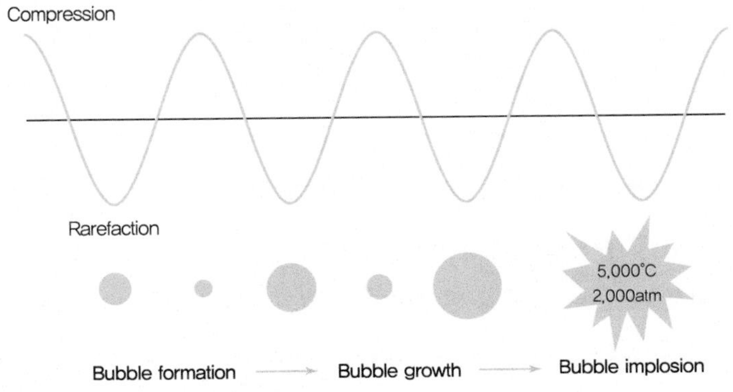

그림 3-38
초음파에 의한 기포의 발생과 소멸 과정

간적으로 특정 부위에서만 발생하기 때문에 시료 전체의 온도 상승 효과는 크지 않다.

공동현상에 의해 용매 분자가 분해되면서 발생하는 자유라디칼 역시 세포막에 직접적으로 작용하면서 미생물의 제어에 영향을 주는 것으로 알려져 있다. 공동현상에 의한 온도와 압력의 증가, 자유라디칼(H^+, OH^-)의 증가 및 이로 인한 세포막의 손상과 세포 내 물질의 용출 등 미생물의 살균효과는 여러 연구를 통하여 입증되었다. 그러나 초음파 단독으로는 살균효과가 약한 것으로 알려져 있으며, 다른 살균 기술과 병행처리할 경우 높은 효과를 기대할 수 있다. 미생물의 특징도 살균효과에 영향을 미치는데, 예를 들어 그람음성균이 그람양성균에 비해, 그리고 표면적이 큰 미생물일수록 초음파에 의한 살균효과가 더 크다고 알려져 있다.

(2) 초음파 병행 살균 기술의 연구 현황

① 초음파 병행 가열 기술 초음파 기술을 병행처리하는 것은 기존의 가열살균에 비해 낮은 온도에서도 살균효과를 볼 수 있다는 이점이 있다. 일반적으로 초음파 살균 기술은 50℃ 이상의 온도 조건에서도 살균효과가 증가하는 것으로 알려져 있다. 실제로 온도를 27.1℃로 유지하면서 초음파 처리 시 *Escherichia coli* 수가 3 log 감소한 것에 비해 59.9℃에서는 6.29 log까지 감소하는 것으로 나타났다. 이는 공동현상에 의한 세포막 손상 등으로 인하여 미생물의 열 저항성이 낮아지기 때문이다. 여러 연구에 따르면 50℃까지의 살균효과는 초음파에 기인한 것이며, 50℃ 이상에서의 살균효과는 열에 의한 것이 대부분으로, 초음파의 효과는 상대적으로 매우 낮은 것으로 보고되고 있다. 식품의 보존성 증진과 맛과 풍미, 조직감 등의 변화를 최소화하는 초음파 병행 살균처리는 소비자에게 제공되는 제품의 질을 높일 수 있는 기술이다.

② 초음파 병행 고압처리 기술 초음파와 고압을 병행처리하면 기포의 폭발력이 증가하면서 살균효과가 증가하게 된다. 앞서 초음파 처리만으로도 공동현상에 의해 국소적으로 고온, 고압의 환경이 형성되고 이로 인해 미생물이 파괴된다고 하였는데, 여기에 압력을 더 가하면 시너지 효과로 인하여 보다 효율적인

살균효과를 얻을 수 있다. 또한 강한 내열성을 가진 미생물의 살균이나 포자의 사멸에도 효과가 있음을 확인하였다. 가열이나 초음파 처리만으로 높은 사멸 효과를 기대할 수 없는 내열성 미생물이나 효소에 대해서는 고압처리를 병행하여 원하는 효과를 얻을 수 있을 것으로 확인되었다.

③ 화학적 처리 신선식품의 표면에 존재하는 균의 세척을 위해 주로 살균제나 항균제 등의 화학물질이 사용되어 왔다. 이때 초음파를 병용처리할 경우 크게 두 가지 작용에 의한 세척효과의 상승을 기대할 수 있다. 첫째, 공동현상에 의해 발생한 기포가 식품의 표면에 작용함으로써 일반적인 세척으로는 제거할 수 없는 부착되어 있는 이물질을 제거한다. 둘째, 초음파에 의해 손상을 입은 미생물 세포로의 항균제 등의 침투력이 높아져 더욱 효율적으로 작용한다.

④ 기타 신공정 기술 일반적인 살균 기술인 가열, 고압, 화학적 처리 외에도 자외선 조사, 펄스전기장 기술PEF: pulsed electric field 등 다양한 신공정 기술 역시 식품 살균에 이용되고 있다. 자외선 조사의 목적은 미생물 DNA의 변형을 유도하여 세포 분열을 막고 균을 사멸시키는 것이다. 하지만 자외선 조사는 투과도에 한계가 있어 이를 극복하기 위한 기술로 초음파를 이용할 수 있다. 초음파 처리에 의해 약해진 미생물의 세포막 등으로 자외선의 투과율이 높아져 살균효과의 증가를 기대할 수 있다. 펄스전기장 기술은 액상 식품의 비가열 살균에 활용 가능한 기술로, 짧은 펄스의 전기장을 처리하여 미생물의 세포막에 구멍을 내거나 손상을 주어 불활성화시키는 기술이다. 자외선 조사 및 펄스전기장 처리와 초음파의 병행처리를 통해 살균효과를 더욱 향상시킬 수 있을 것으로 여겨지나, 산업적 적용을 위한 장치의 개발 및 최적 공정 확립 등의 추가 연구가 필요하다.

5) 원적외선

원적외선은 파장이 25μm 이상인 적외선으로, 가시광선보다 파장이 길어서 눈에 보이지 않고 열작용이 크며 침투력이 강하다. 이러한 특성을 살려서 식품, 의료 등 다양한 분야에 응용되고 있다.

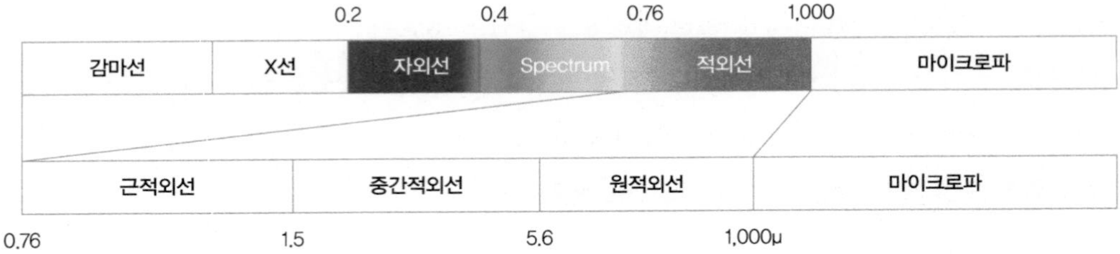

그림 3-39
적외선의 스펙트럼

(1) 원적외선의 범위와 이론

적외선은 전자파의 일종으로 가시광선보다 파장이 길고 전자레인지에 사용하는 마이크로파보다는 파장이 짧다. 일상적으로 어둠 속에서 열을 내는 물체를 가까이 하면 피부로 온도를 느낄 수 있는데 이것이 바로 적외선이다. 적외선에는 근적외선(0.76~1.5μm), 중적외선(1.5~3μm), 원적외선(3~1,000μm)이 있는데 원적외선은 인체에 가장 유익한 파장(6~14μm)을 갖고 있어 산업 분야에 활용하고 있다. 원적외선이나 근적외선의 가열은 모두 복사가열로서 일반 열풍가열보다 빠르며 특히 원적외선 가열은 20~30%의 에너지가 절약된다. 가열효율은 원적외선이 근적외선보다 월등히 좋고, 물체의 표면으로부터 내부에 침투되는 정도도 근적외선보다 원적외선이 더욱 깊이 침투된다.

(2) 원적외선의 식품에의 이용

적외선은 식품의 가열, 건조, 살균, 해동, 저장, 포장 재료의 성형, 인쇄 등에 이용된다. 식품에 이용되는 영역은 주로 2,500nm 이상의 원적외선 영역에서 발휘되며, 특히 2,500~20,000nm의 원적외선은 유기물질로의 흡수가 많고 식품에 대한 가열효과가 커서 널리 이용된다. 원적외선의 식품가공에의 이용은 가열 특성 때문인데 온·열풍가열과 같이 열 매체를 이용하지 않는 가열 방식이다.

원적외선의 방사체는 주로 세라믹으로, 전열히터에 의해 가열된 세라믹으로부터 원적외선이 방출된다. 원적외선은 공기에는 거의 흡수되지 않아 식품 표면에 직접 도달하여 흡수시켜 가열효과가 크게 나타난다. 다만, 식품의 내부 깊이까지는 침투하지 못하며 식품 표면에서 가열효과가 나며, 두껍고 큰 대형 식품의 경우 표면살균은 가능하다.

한편, 원적외선의 에너지 수준은 낮기 때문에 식품 성분의 화학 변화가 거의 없으며, 가열에 의한 색택이나 텍스처의 변화가 적고 균일한 가열이 가능하다. 원적외선 가열은 잘 보이지 않으므로 가열 상태를 알 수 있는 장치가 필요하다.

식품 중에서 비스킷과 크래커와 같은 비교적 두껍지 않은 식품의 가열가공, 수산 연제품이나 어류 등의 구이, 생선, 채소, 표고버섯, 해조류 등의 건조, 식품의 해동 등에 이용된다.

6) 자외선 살균법

자외선의 살균은 파장 253.7nm의 자외선을 이용하여 미생물을 살균하는 것으로서, 일반적으로 식품 공장의 기구, 원료 및 표면 등의 살균에 이용된다.

(1) 자외선의 범위와 살균효과

자외선은 가시광선의 자색영역 이외로부터 X선파 사이에 위치하고, 파장범위는 100~380nm인 전자파의 일종이다. 빛의 스펙트럼을 기준으로 자색(보라색)의 밖에 있다 하여 '자외선'이라 이름 붙여졌다. 눈으로는 볼 수 없으나 태양광선에 존재하여 살균효과를 지닌다. 태양광선에 의한 일광소독이나 살균효과는 주로 이 자외선에 의해 세균 등 병원균이 사멸되기 때문이다. 자외선은 파장의 길이에 따라 UV-A, UV-B, UV-C로 분류하며, 그중 단파장인 UV-C 영역의 살균력이 강하다. 특히 250~260nm 부근에서 살균력이 가장 우수하며, 파

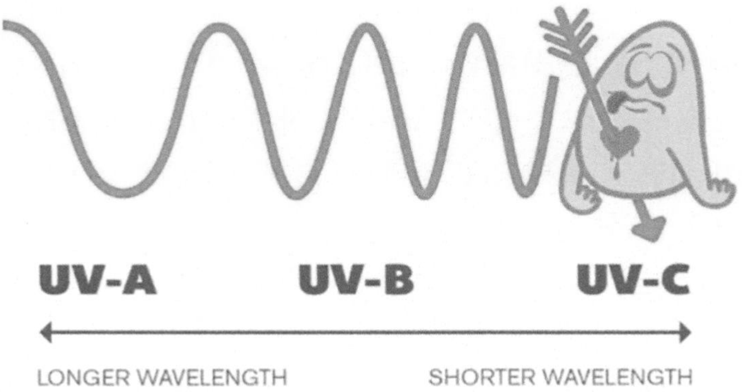

그림 3-40
자외선(UV)의 종류: UV-A는 장파장, UV-C는 단파장

장 280~320nm의 자외선은 체내에서 비타민 D를 생성하고, 파장 200~340nm의 자외선은 피부 표피 중의 아미노산에 변화를 일으켜 모세관을 확장시키는 홍반작용을 가지므로 장시간 노출은 삼가야 한다.

자외선 살균의 원리는 자외선이 지니는 광자에너지가 분자를 해리시켜 화학반응을 일으키거나 이온화시켜 반응성을 증대시킴으로써, 미생물 세포 내의 핵단백질이 변화하여 신진대사에 장애를 일으켜 사멸하는 것으로 추측되고 있다.

자외선의 살균작용은 파장, 조사 강도 및 시간, 거리 등과 관계가 있으며, 직사광선이 닿는 물체의 표면만 살균되므로 전체적으로 살균력이 못 미친다는 단점이 있다. 자외선에 의한 살균효과는 효모·세균·곰팡이에 따라 모두 다르고, 같은 세균이라도 균종, 균주 등에 따라 다르다. 대장균, 포도상구균 *Staphylococcus aureus* 등은 비교적 낮은 선량에서도 사멸되지만, 고초균*Bacillus subtilis*의 사멸에는 높은 선량이 필요하다. 일반적으로 '세균 → 효모류 → 곰팡이'의 순으로 자외선에 대한 저항성이 크다.

(2) 자외선 살균장치와 식품에의 이용

일반적으로 자외선 살균장치는 저압수은증기 램프 속에서 전기적으로 방전시키면 수은이 공명하여 에너지를 방사함으로써 살균작용을 한다. 최근에는 고성능 자외선 살균장치가 식품 포장의 살균용으로 개발되었으며, 에탄올과 자외선 살균을 병용하기도 한다. 가열살균보다 영양 손실이나 변질 및 변형을 주지 않는다는 장점이 있으나 지방질 식품에서는 산패취가 발생하기도 하고, 단백질이 함유된 식품에는 자외선이 흡수되어 살균효과가 현저히 떨어지기도 한다. 사람의 피부에 자외선을 많이 쏘이면 상처가 생기고, 직시하면 결막염과 각막염 등을 일으키므로 주의가 필요하다. 자외선 살균은 음료수, 공업용수, 각종 용기, 기구 및 포장은 물론, 실내공기 또는 조리장, 공장창고, 식품처리장 등의 살균과 소독에 유용하게 이용되고 있다.

7) 막분리법

막분리법은 막의 선택적 투과성을 이용하여 상변화 없이 물질을 분리하는 기술로 연속조작이 가능하며, 열이나 pH에 민감한 물질을 분리할 수 있으므로 열손상이 없고 휘발성 성분의 손실이 적다. 막분리를 이용한 살균은 1922년 막여과를 제균에 이용한 이후 역삼투막RO: reverse osmosis, 한외여과막UF: ultrafiltration 및 정밀여과막MF: microfiltration으로의 기술 발전으로 식품은 물론 의약품공업에서 제균 및 살균에 기여하고 있다.

(1) 분리공정

막을 이용한 분리공정은 막을 통과하는 '입자 크기'를 이용한 것과, 막을 통한 '확산 속도' 차이를 이용한 것으로 나눌 수 있다. 막을 통과하는 입자의 크기를 이용한 분리공정에는 미세여과, 한외여과, 역삼투 등이 있다.

미세여과는 분리막 중 미세다공이 가장 크며, 일반적으로 전량여과 방식이 이용된다. 여과필터를 통해 0.1~10μm의 미립자와 균을 제거할 수 있어 주로 생

표 3-17 **입자 크기를 이용한 분리공정**

구분	필요 구동력(ΔP)	분리대상물 크기	대상물
미세여과	0.5 ~ 5기압	0.1 ~ 10μm	균의 제거, 세포 분리
한외여과	2 ~ 10기압	1nm ~ 0.1μm	단백질, 효소, 다당류 등 고분자물질의 분리 농축
역삼투	10 ~ 100기압	10Å	배양액으로부터 염, 산 및 염기의 제거

그림 3-41
역삼투의 원리

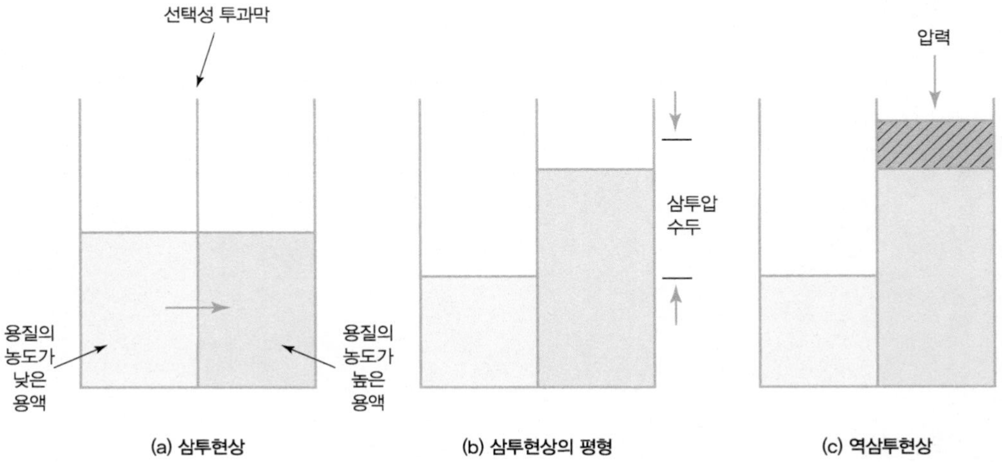

맥주의 여과 및 제균에 이용되고, 와인의 정밀여과에도 제균 및 투명성 등으로 상품성을 높이려는 목적에서 사용된다.

한외여과는 막의 구멍보다 작은 물질(예: 물, 유당 등)은 막을 투과하여 이동시키고, 큰 지름을 가진 물질(예: 단백질 등)은 막을 투과하지 못하고 남게 되어 용액 중의 물, 염류, 유당은 제거되나 용액은 농축되어 고농도 용액으로 변하는 원리를 이용한다. 따라서 분자량이 큰 용질을 물에서 분리하는 용도로 사용한다. 식품공업에서 가열살균하지 않는 청주나 생크림 등의 제조공정에 이용되며 살균 및 제균효과가 있는 것이 확인되었다.

역삼투막의 원리는 반투막을 중심으로 용질이 막을 통과할 수 없고 용매는 통과할 수 있어 용매가 진한 용액으로 들어가는 삼투현상을 역으로 적용한 것이다. 즉, 삼투압보다 큰 압력을 용액에 가함으로써 용질이 포함된 용액에서 용매를 분리시켜 내는 방법이다. 역삼투에서는 물만 투과시킬 뿐 저분자량의 염류는 거의 투과되지 못한다. 보통 제균의 목적으로 초산셀룰로오스를 사용하나 식품공업에의 사용은 제한적이고, 일부 무가열 농축과 살균을 위해 생과일주스의 농축이나 수돗물의 정수에 이용된다.

단원정리

1. 비열가공은 식품이 상온에 가까운 온도에서 가공되기 때문에 식품 내 영양적 손실이 거의 없으며, 미생물 부하 감소 및 우수한 질감 유지의 장점이 있다.
2. 식품용 조사에 사용되는 방사선 핵종은 Co^{60}이 대부분으로, 국내에서는 Co^{60}의 감마선(γ선)이 이용되고 있다.
3. 방사선이 식품에 대한 저장효과를 갖는 원리는 동식물의 세포 내 핵이나 DNA 분자 등에 전리를 일으켜 기능을 상실하게 함으로써 사멸 또는 불활성화를 가져오는 것이다.
4. 마이크로파는 식품 자체 내에서 직접적으로 열을 발생시키며, 열전달은 변수로 작용하지 않는다. 또한 열효율이 높고, 가열속도가 빨라 짧은 시간 내에 가열할 수 있다.
5. 초고압기술은 초고압 살균, 초고압 효소반응, 식품발효의 제어 및 정지, 식품소재의 물성 변화, 저장, 추출 등에 응용된다.
6. 초음파에 의한 살균효과는 유체 내에 처리하였을 때 발생하는 공동현상(cavitation)이 원인으로, 공동현상은 안전형(stable)과 천이형(transient)으로 분류할 수 있다.
7. 원적외선은 식품의 가열, 살균, 건조 등에 이용하며, 식품 표면에서 가열효과가 나며 식품 내부 깊이까지 침투하지 않는다.
8. 자외선 살균은 단파장인 UV-C 영역의 살균력이 강하며, 특히 250~260nm 부근에서 살균력이 가장 우수하다.
9. 막을 이용한 분리공정은 막을 통과하는 '입자 크기'를 이용한 것과 막을 통한 '확산속도' 차이를 이용한 것으로 나눌 수 있다. 그리고 막을 통과하는 입자의 크기를 이용한 분리공정에는 미세여과, 한외여과, 역삼투 등이 있다.

연습문제

1. 식품의 살충, 살균 등을 목적으로 사용되는 방사선 중 조사 기준이 되는 것은?

   ① 가시광선　② α선　③ β선　④ γ선

2. 식품 자체 내에서 열이 발생하는 가열공정이 아닌 것은?

   ① 저항가열　② 고주파가열
   ③ 적외선가열　④ 마이크로파가열

3. 초고압하에서 일어날 수 있는 식품의 화학적 변화에 대해 바르게 설명한 것은?

   ① 수소결합의 파괴
   ② 공유결합의 파괴
   ③ 소수성결합의 생성
   ④ 단백질 변성 등에 의한 고차원 구조의 파괴

4. 자외선 살균에 대한 설명으로 가장 알맞은 것은?

   ① 가장 유효한 살균 대상은 공기와 물이다.
   ② 살균작용은 250~260nm에서 가장 약하다.
   ③ 균종에 따른 저항력의 차이가 거의 없다.
   ④ 조사 후 잔류효과가 오래 지속된다.

5. 현재 식품 산업에서 가장 광범위하게 사용하는 막분리는 미세여과(정밀여과), 한외여과, 역삼투 등이다. 이들을 세공막 크기 순서대로 정렬하면?

   ① 한외여과 > 미세여과 > 역삼투
   ② 미세여과 > 한외여과 > 역삼투
   ③ 역삼투 > 미세여과 > 한외여과
   ④ 미세여과 > 역삼투 > 한외여과

6. 전자레인지에서 사용할 수 있는 마이크로파의 주파수로 옳은 것은?

① 1,250MHz　② 1,950MHz　③ 2,450MHz　④ 2,750MHz

정답

1.④ 2.③ 3.④ 4.① 5.② 6.③

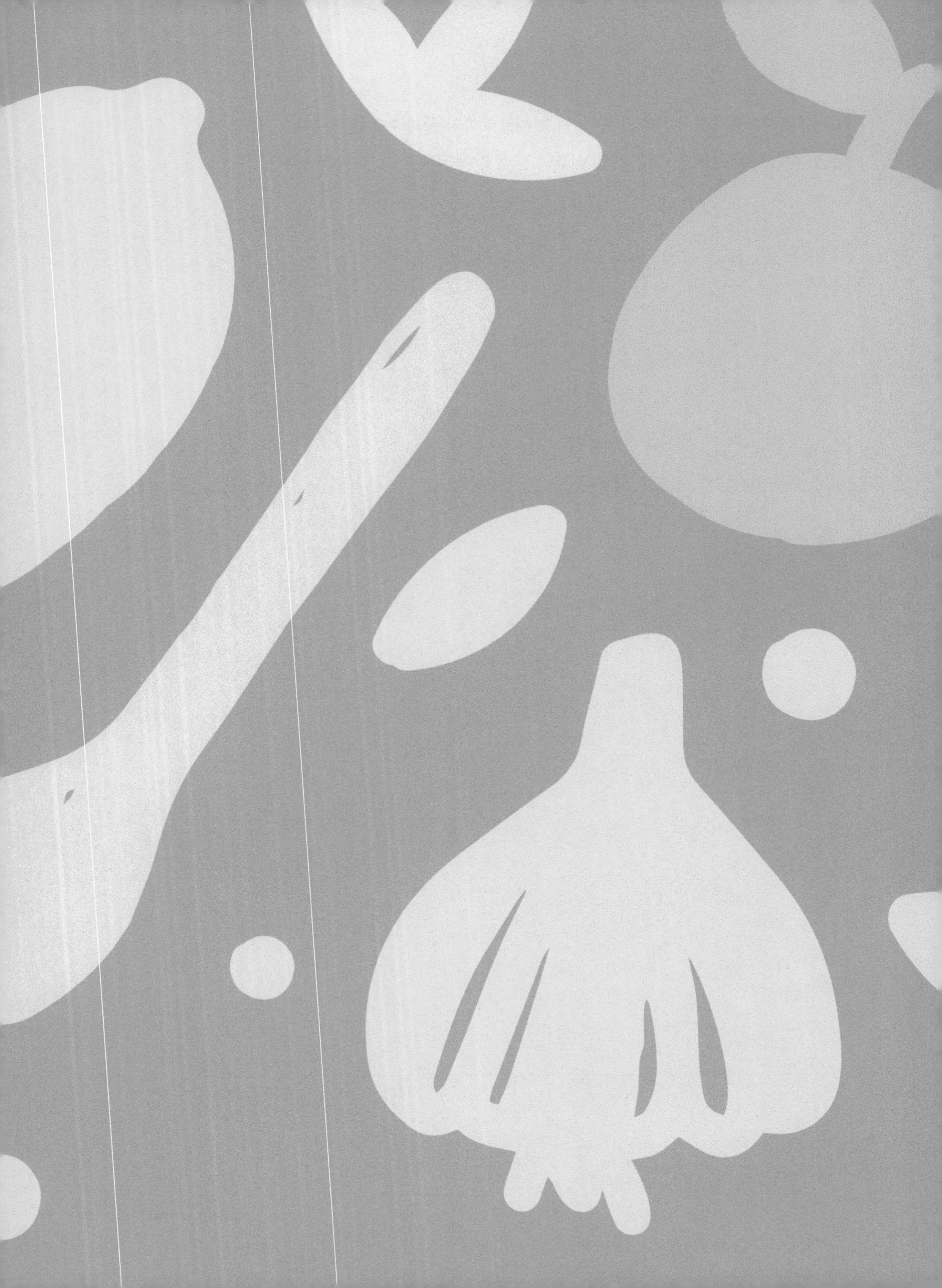

CHAPTER 4

곡류 가공
Grain Processing

1. 쌀의 가공 | 2. 보리의 가공 | 3. 밀의 가공 | 4. 곡류 저장법

CHAPTER 4

곡류 가공

개요

포괄적 의미의 곡류(cereals)는 종실을 이용하기 위해 재배되는 식물성 식품 재료이다. 협의의 곡류란 계통분류학적으로 식물의 화본과(禾本科, 벼과, Gramineae) 식물군을 지칭한다. 이 중 상당수의 곡류에 속한 식물종은 재배가 가능한 식물군으로 식품 재료와 식품가공에 이용되는 재배식물을 뜻한다. 우리나라는 1980년대 이후 국내 영농 기술과 지속적인 품종 개발 등의 농업 정책이 효과를 거두면서 농지의 단위면적당 미곡 수확량이 크게 증가하였다. 경제 발전과 국민소득 증대에 따라 1970년 140kg, 1995년 106.5kg, 2000년 69.8kg, 2010년 72.8kg, 2014년 65.1kg으로 1인당 쌀 소비량은 유의적으로 큰 감소세가 지속되고 있다. 우리나라에서 쌀은 미곡(米穀), 보리 · 밀 · 호밀 · 귀리 등은 맥류(麥類), 조 · 피 · 기장 · 수수 · 옥수수 등은 잡곡류(雜穀類)로 분류한다. 현재 우리나라에서 오곡(五穀)은 보편적으로 벼(쌀), 보리, 조, 기장, 콩을 지칭한다. 모든 곡류는 탄수화물인 전분 함량이 가장 높고 저장 방식의 발달과 개선에 의한 장기간 저장이 가능한 식재료이다. 곡류는 수송과 취급이 비교적 용이하기 때문에 대부분의 나라에서 탄수화물 급원의 주식으로 식용된다. 곡류 저장 과정에서 곡물 성분의 변패 혹은 변질을 일으키는 요인에는 무기적 요인과 유기적 요인이 있다(표 4-1). 무기적 요인은 저장 환경에서 발생 가능한 물리적 · 화학적 · 생리적 요인 등이며, 유기적 요인은 저장 환경의 유기생명체, 즉 미생물이나 동물 등에 의한 포괄적 곡류 품질의 열화를 뜻한다. 여기에서는 크게 두 가지로, 곡류의 종류에 따른 전반적인 가공 형태 및 저장 과정과 특징에 대해 살펴본다.

표 4-1 **곡류의 저장 과정에서의 변질 요인**

무기적 요인	물리적: 온도, 습도
	화학적: 산화작용, 훈증제의 영향
	생리적: 호흡작용
유기적 요인	동물: 해충류, 서류
	미생물: 곰팡이류, 세균류

1. 쌀의 가공

1) 쌀의 가공 특성

쌀은 외떡잎식물 벼목 화본과의 한해살이풀에 속하는 1년생 초로 벼의 열매를 말한다. 벼는 강수량이 풍부한 열대 지방과 지표수 등의 물 공급이 용이한 온대와 아열대 지역에서 광범위하게 재배된다. 쌀은 밀, 옥수수와 함께 세계 3대 작물로, 열대에서 온대 지역까지 재배되고 있다. 한반도에서는 약 5,500~3,200년 전에 쌀의 이용이 일반화된 것으로 보인다. 최근 1998년 충청북도 옥산면 소로리 구석기 유적에서는 15,000년 전의 볍씨가 발견되기도 하여 현재까지 알려진 한반도에서 쌀의 이용 역사에 대한 학설이 재조명되고 있다. 전 세계적으로 재배되는 쌀은 쌀, 볍쌀, 대미 등인데 벼의 낟알에서 껍질을 벗겨낸 알곡이다. 쌀은 품종에 따라 다양한데, 아시아가 벼의 원산지인 *Oryza sativa*와 서아프리카 일부에서 재배하는 아프리카 벼인 *Oryza glaberrima*의 두 개 종으로 분류한다. 현재 우리나라에는 100품종 이상의 쌀이 유통되고 있다. 우리나라, 아시아, 아프리카, 중남미 국가 등 세계 인구의 약 40%가 쌀을 주식으로 하고 있다.

쌀의 종류는 수확시기, 재배 지역, 쌀알의 형태, 아밀로오스amylose나 아밀로펙틴amylopectin 함량, 도정의 정도, 재배 목적, 종피의 색, 파종 방법 등에 따라 다양하게 구분한다**표 4-2**. 주로 재배되는 쌀 품종은 녹말 입자에서 물에 녹지 않는 부분을 구성하는 다당류의 하나인 아밀로펙틴 함량이 높은 자포니카쌀Japonica type과 아밀로펙틴과 함께 전분의 주성분을 이루는 물질로 아밀로오스 함량이 높은 인디카쌀Indica type, 자포니카쌀과 인디카쌀의 중간 크기를 가지는 자바니카쌀Javanica type이 있다. 대부분 벼의 품종에서 키는 1m 내외이지만 이보다 짧거나 더 긴 벼 품종도 있으며 자포니카벼가 인디카벼보다 키가 작다**그림 4-1**.

자포니카쌀은 소위 말하는 일반쌀로 생산되어 우리나라와 일본 등에서 주식으로 사용되며, 인디카쌀은 동남아시아 등 기온이 높은 지역에서 주로 소비된다. 미국에서는 쌀을 분류할 때 형태에 따라 낟알 길이가 6mm 이상인 장립종長粒種, long grain rice, 5~6mm 정도인 중립종中粒種, medium grain rice, 4~5mm 정도인 단립종短粒種, short grain rice, round grain rice으로 구분한다. 미국은 전체 쌀 생산

표 4-2 **쌀의 종류**

구분	예
수확시기	조생종, 중생종, 중만생종
재배 지역	동아시아(자포니카형), 인도, 동남아시아(인디카형), 논벼, 밭벼, 산벼
쌀알의 형태	초장립형, 장립형, 중립형, 단립형
아밀로오스 함량	찹쌀, 반찰, 일반 멥쌀, 고아밀로오스쌀
도정 정도	현미, 5분도미, 7분도미, 10분도미, 12분도미
재배 목적	일반미, 특수미, 가공미
종피의 색	현미, 흑미, 적미, 홍미, 적토미, 녹미
파종 방법	육묘, 직파

(a) 인디카형 (b) 자포니카형

그림 4-1
인디카쌀과 자포니카쌀의 형태

표 4-3 **쌀의 종류에 따른 특성**

구분	인디카형	자포니카형
벼의 키	키가 큼	키가 작음
형태	쌀알이 길고 부스러지기 쉬움(long grain)	쌀알이 둥글고 굵으며 단단함(short grain)
점성	세포막이 두꺼워 파괴되지 않아 전분립이 세포막 내에서 호화(점성이 약함)	세포막이 얇아 쉽게 파괴되어 전분립이 세포 외부로 호화(점성이 강함)
아밀로오스 함량(%)	27~31	17~27
호화 온도(℃)	70~75	65~67

량의 약 4/5 정도가 장립종인 인디카쌀이며, 나머지는 중립종의 자포니카쌀로 캘리포니아 지역에서 생산된다. 인디카쌀과 자포니카쌀의 특징은 **표 4-3**과 같다.

2) 쌀의 일반적 구조

벼의 구조는 바깥쪽으로부터 왕겨층husk, hull, 쌀겨층(미강층, rice bran), 배유, 배아로 구성된다. 이 중에서 미강층은 과피, 종피, 호분층의 층상 구조이다. 쌀 품종에 따라 벼의 각 부분의 무게 비율이 차이가 있지만 왕겨층 16~26%, 쌀겨층 3.8~6.7%, 배아 1.5~2.5%, 배유 64.8~79.7% 정도로 나타난다**그림 4-2**. 벼의 수확 후 탈곡 과정에서 왕겨층을 제거하여 벼 전체 무게 중 80%를 차지한 쌀이 현미玄米, unpolished rice이며 부피가 50%로 줄어들어 저장이 매우 용이하기 때문에 쌀은 대체로 현미 형태로 저장한다.

현미의 중량을 100이라고 가정했을 때 이에 비례하여 쌀겨층, 배유, 배아의 비는 대략 5 : 92 : 3 정도로 관찰되는데 이 중 거의 전분으로 구성된 배유가 현미의 대부분을 차지한다. 쌀겨층은 배유부와는 달리 단백질, 지질, 비타민 등이 다량 함유되어 있으나 호분층의 섬유질과 조직이 단단하므로 조리가 어렵고 소화가 잘 되지 않는 단점이 있어서 이 부분을 제거하여 소화율을 높이고 기호에 적합한 식품 품질을 확보하기 위하여 가공 공정으로 도정搗精, rice milling을 실시한다. 쌀겨층에 있는 식이섬유와 영양 성분 등의 기능성이 대두되면서 쌀을 현미의 형태로 이용하는 비율이 점차 증가하고 있다.

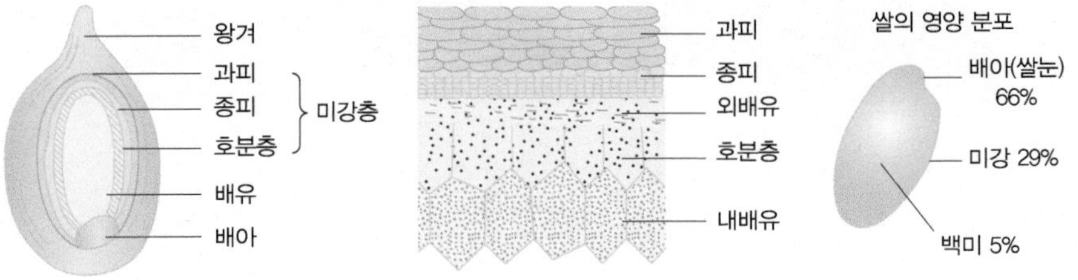

* 좋은 쌀은 외관상으로 윤기가 나고 백색, 반투명이며, 낟알이 약간 작으면서 둥글고, 싸라기나 금이 간 쌀이 적으면서, 쌀알의 중심부나 겉면에 백색부가 없어야 한다.
* 소비자들은 밥을 했을 때 찰기가 있고 윤택이 나는 쌀을 좋아한다.
* 쌀의 품질은 품종만이 아니라 수확, 건조, 저장, 도정 등에 의해서도 좌우된다.

그림 4-2
쌀의 구조와 단면

3) 쌀의 도정 과정

수확된 쌀은 도정 과정 전에 미곡종합처리장에서 일정 기간 동안 저장 과정을 거친다**그림 4-3**. 미곡종합처리장에서 이후 쌀의 도정을 위한 건조 과정을 마치게 되면 최적의 습도와 온도를 유지하여 도정 공정을 실시하게 된다**그림 4-4**. 도정이란 정미精米 과정을 말하는데 우리나라의 정미 공정은 벼로 저장한 후에 이루어지지만, 수입하는 쌀의 경우 현미 형태로 들어오기 때문에 현미를 정미 재료로 하여 정미 공정이 시작된다.

(1) 정선과 탈각

벼의 수확, 건조, 저장 과정을 거치게 되면 이물질 혼입과 곡류 부패 등이 발생할 수 있으므로 이러한 변패 요소에 의한 변질을 방지하기 위한 조치를 해야 한다. 벼의 도정 전 농산물 가공 과정에서는 정선cleaning selection과 탈각(제현, dehulling) 과정을 거친다. 원료 이외의 먼지, 잔돌, 쇠붙이 등의 이물질을 제거하는 공정이 정선이며, 벼에서 현미로 가공하기 위하여 왕겨를 제거하는 공정이 탈각이다. 또한 현미에서 다시 백미로 만드는 공정을 현백 과정이라 하며**그**

그림 4-3
미곡종합처리장

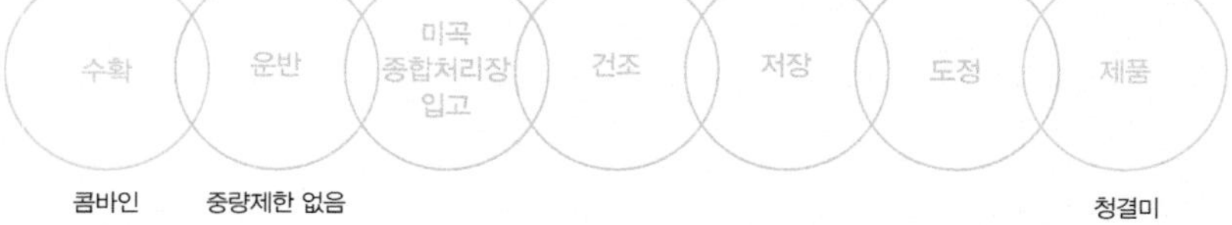

그림 4-4
수확된 쌀의 미곡처리 공정

림 4-5, 현백비율玄白比率, milled/brown rice ratio을 사용하여 현미 무게에 대한 백미의 무게 비율을 산출한다. 정선 과정은 자석의 특성을 이용하여 금속 물질을 자석 분리기로 분리하고 돌과 먼지 등의 비중 차이를 이용한 흡입기aspirator 혹은 좌우로 진동을 가하면서 비중 차를 이용해 곡물을 선별하는 비중선별기比重選別機, gravity separator, gravity sorter를 이용하여 분리하게 된다. 또한 비중이 비슷

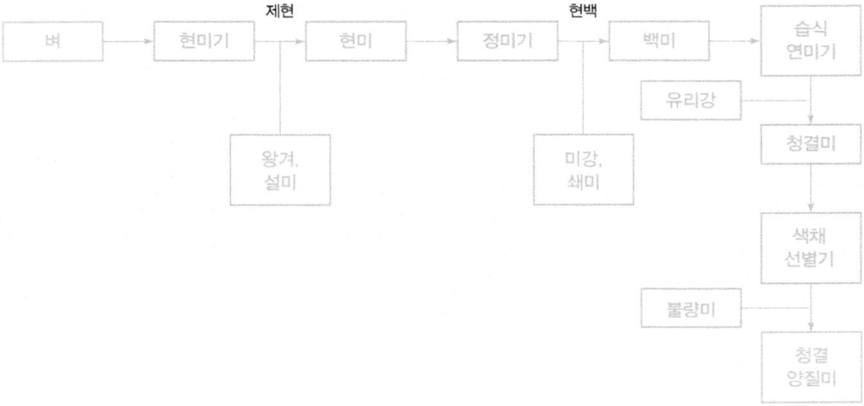

그림 4-5
정미 가공 공정

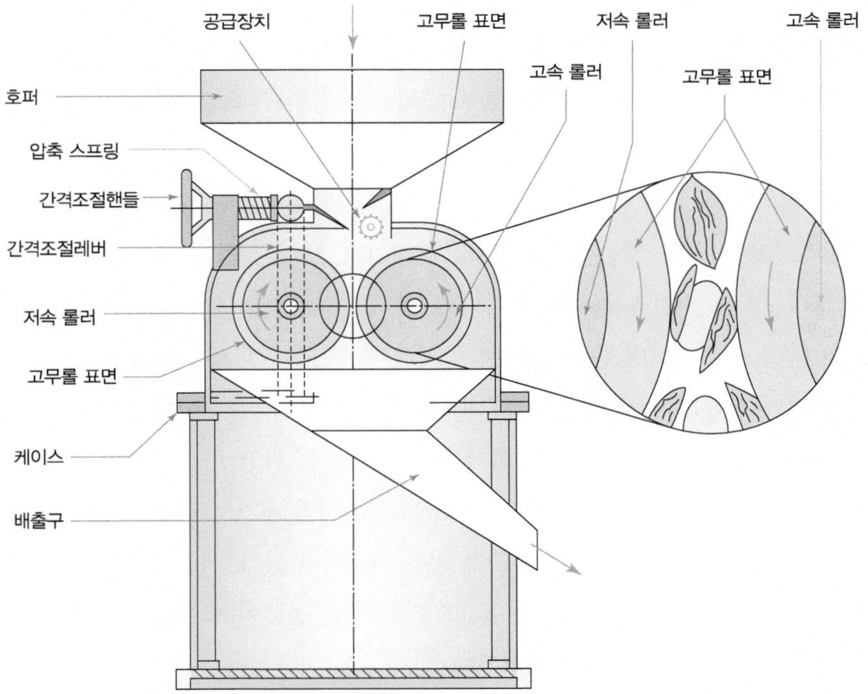

그림 4-6
정미 가공 공정에서 사용하는 탈각기

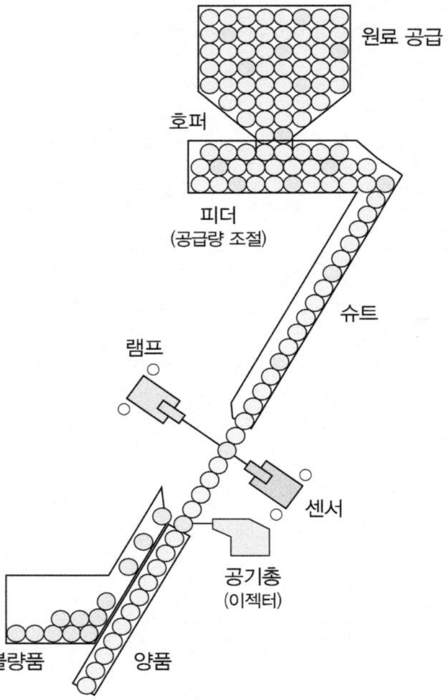

그림 4-7
색채선별기의 구조와 기능

한 경우의 분리 방법으로 원판분리기를 이용하기도 한다.

탈각 과정은 대체로 고무 롤러를 이용하여 왕겨의 제거 효율을 높이면서 싸라기broken rice가 생기지 않도록 한다**그림 4-6**. 착색된 쌀알은 색채선별기color sorter의 광 센서를 활용한 공정을 통해 분리가 가능하다**그림 4-7**.

(2) 도정의 원리

일반적으로 곡식을 찧는 과정이 도정 과정이며, 도정에 의해 나온 곡류 제품을 정미精米 혹은 정맥精麥이라고 한다. 도정 공정 과정에서 미질의 정도는 원재료의 특성, 도정시설의 종류, 도정법 등의 영향을 크게 받는다**그림 4-8**. 곡류 도정은 쌀겨 부분까지 제거함으로써 배유부를 얻는 것이 목적이다. 도정 과정에서 배아 부분을 남기고 정백精白한 쌀을 배아미胚芽米라고 하는데 영양적 측면에서 비타민 B_1 함량이 풍부하여 널리 권장되었지만 저가로 생산이 가능한 비타민 B_1의 유기합성에 의하여 수요가 점차 감소하고 있다. 씨눈 부위인 배아는 식물체를 새로 만들 아체芽體로 18% 정도의 지질 성분이 함유되어 있는데 도정 과정 중 배아의 대부분이 제거된다.

그림 4-8
도정 공정별 미질에 관여하는 요인
출처: 국립식량과학원

도정 공정에서 벼나 보리 등의 낟알의 강층을 제거하는 기계를 도정기라고 한다그림 4-9. 도정기는 벼의 왕겨 부분을 제거하는 현미기玄米機와 현미에 남아 있는 강층을 제거하여 쌀겨층을 제거하는 정백 기계인 정미기精米機가 있다. 또한 보리를 도정하는 기계는 정맥기라고 한다. 도정기에서 도정의 원리는 곡류의 알갱이(곡립) 간의 마찰 작용으로 곡립의 면을 전체적으로 매끈하고 윤이 나도록 하는 것이다. 그러므로 도정의 기작은 알맹이가 고르게 되는 물리적 작용인 마찰friction, 마찰력으로 곡립면의 표면을 제거하는 과정인 찰리resultant tearing, 곡립의 단단하거나 모난 부분을 깎는 절삭shaving, tearing 등이다. 도정 과정은 곡립 자체에 큰 물리적 힘으로 다른 물체와 충돌하게 하여 쌀겨층을 효율적으로 제거하는 충격impact의 기계적 작용에 의한 것이다. 이러한 물리적 작용이 각각 독립적으로 작용하지만 마찰, 찰리, 절삭이 도정에 직접적으로 공동 작용하게 함으로써 공정이 진행된다. 도정 시 가장 많이 공급되는 흡입마찰식 도정기는 이러한 마찰, 찰리, 절삭의 세 가지 물리적 충격의 원리를 이용한 것이다그림 4-9.

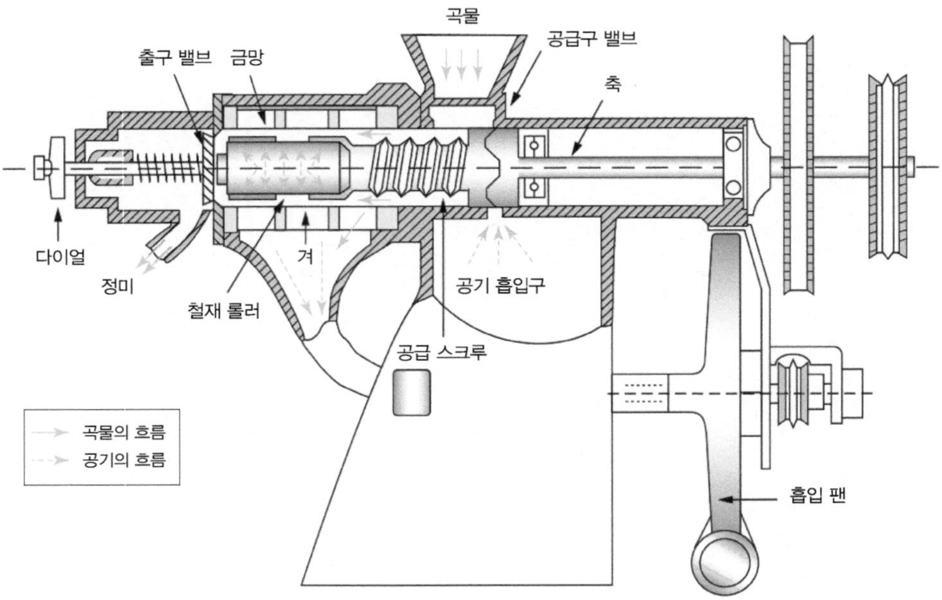

그림 4-9
흡입마찰식 도정기의 구조

(3) 도정도에 따른 쌀의 품질

도정기를 이용한 곡립의 도정 정도를 나타내는 방법은 크게 세 가지가 있다표 4-4. 첫 번째로 도정 정도를 이해하는 방법으로 곡식의 겨층과 배아의 박리 정도를 나타내는 도정도搗精度, degree of milling가 있다. 겨층이 완전히 제거된 10분도分搗, 50%가 제거된 5분도, 70%가 제거된 7분도로 구분한다. 두 번째 방법은

표 4-4 **쌀의 도정률, 도감률, 소화흡수율 및 성분 함량 간의 관계**

쌀의 종류	도정률 (%)	도감률 (%)	소화흡수율 (%)	탄수화물 (%)	비타민 B_1 (mg%)
현미	100	0	90	75.7	0.45
5분도미	96	4	94	76.6	0.30
배아미	94	6	–	–	–
7분도미	94	6	95.5	–	0.25
10분도미(백미)	92	8	98.0	77.1	0.1
주조미	75 이하	25 이상	–	–	–

표 4-5 **쌀 100g당 영양 성분 함유량**

Rice	Calorie (kcal)	Protein (g)	Lipid (g)	Sugar (g)	Fiber (g)	Ash (g)	Ca (mg)	Fe (mg)	Sodium (mg)	Thiamine (mg)	Riboflavin (mg)
현미	354	7.4	2.7	75.0	2.75	1.3	10	1.1	2	0.34	0.07
7분도미	368	6.9	1.1	78.8	0.9	0.8	7	0.7	2	0.19	0.05
백미	353	6.0	0.7	79.6	0.83	0.5	5	0.5	2	0.12	0.03
배아미	354	7.0	2.0	74.4	1.3	0.7	7	0.5	1	0.30	0.05

도정된 정미의 중량 비율이 현미 기준 중량의 몇 %에 해당되는지에 따라 표시하며, 도정률(搗精率, milling recovery, 정백률)을 사용하여 표시한다. 예를 들어, 도정을 거쳐서 얻어진 현미에서 쌀겨의 비율은 8%를 차지하고 쌀겨가 100% 완전히 제거된 백미인 10분도미는 도정률을 92%로 정의한다. 그러므로 쌀겨층의 전체인 8%에서 70%가 제거된 쌀인 7분도미는 94%, 같은 방식으로 쌀겨층 8%의 50%가 제거된 5분도미는 96%의 도정률을 의미한다. 우리가 주식으로 사용하는 쌀은 보통 7분도미가 대부분이다. 그러나 건강 관련 기능성 식품에 대한 연구와 개발로 영양 성분은 물론 식이섬유를 섭취할 수 있는 현미에 대한 수요와 관심이 증가하고 있다. 세 번째는 도정 공정을 거쳐서 쌀겨·쇄미碎米·배아의 제거에 의하여 감소하는 양을 나타낸 도감률搗減率, milling ratio을 이용하기도 한다. 도정도가 증가할수록 단백질, 지질, 미네랄, 비타민 등의 영양 성분이 감소하지만 소화율은 반대로 더 좋아진다표 4-5. 요컨대, 도정도는 쌀겨층의 제거 정도를, 도정률은 현미에 대한 백미량의 백분율을 나타내는 것이며 도정률과 도감률을 합하면 100%가 된다.

> 도감률(%) = [현미 무게 − (쌀겨 무게 + 쇄미 무게)] ÷ 현미 무게 × 100
> 도정률(정백률, %) = (쌀겨 무게 + 쇄미 무게) ÷ 현미 무게 × 100

4) 쌀의 이용과 쌀 가공품

우리나라 전체 쌀 생산량에서 90% 이상이 주식인 쌀밥 용도로 소비되고 있고, 생산량의 5% 정도가 가공식품의 원재료로 이용되고 있다. 취반용으로는 적합하지 않은 고미(묵은쌀)는 막걸리와 청주 등 주류 발효의 원료로 이용되거나 쌀을 이용한 과자류, 라면 제조공정에서의 쌀가루와 밀가루를 섞어 혼합한 제품 등에 이용된다.

나라마다 차이가 있으나, 우리나라의 쌀 가공품 종류로는 떡·면류, 쌀과자, 쌀가루, 주류, 조미식품 등이 있다**표 4-6**. 최근 가공되는 여러 형태의 가공밥 제조공정은 주로 가공 제법에 따라 분류되는데, 조리된 형태의 레토르트밥, 취반 형태의 동결건조미, 냉동밥, 무균포장밥, 증기를 이용하여 가공한 알파미, 팽화미 등이 있다**그림 4-10**. 이 중에서 무균포장은 취반 용기에 충진하여 무균포장한 제품이고**그림 4-11**, 인스턴트 죽 제품은 드럼건조, 충전포장, 무균충전포장 등의 공정을 거쳐 분말제품이나 액상제품으로 가공한 제품이다**그림 4-12**.

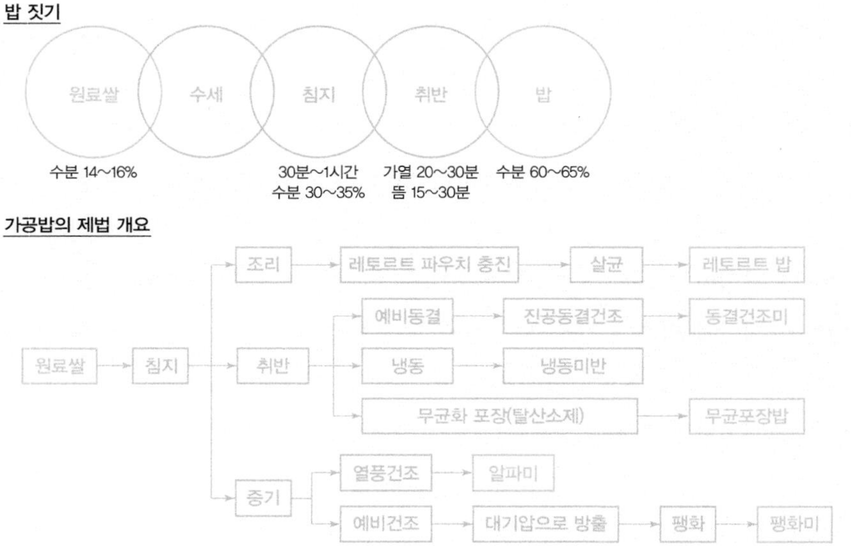

그림 4-10
습식 형태 가공밥류의 제조 방법

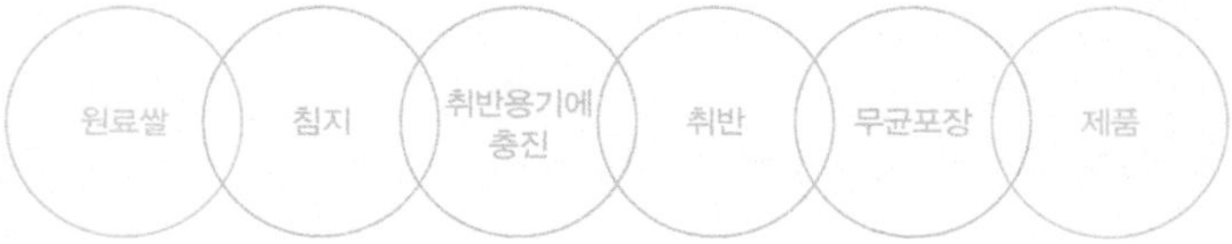

그림 4-11
무균포장밥의 제조공정

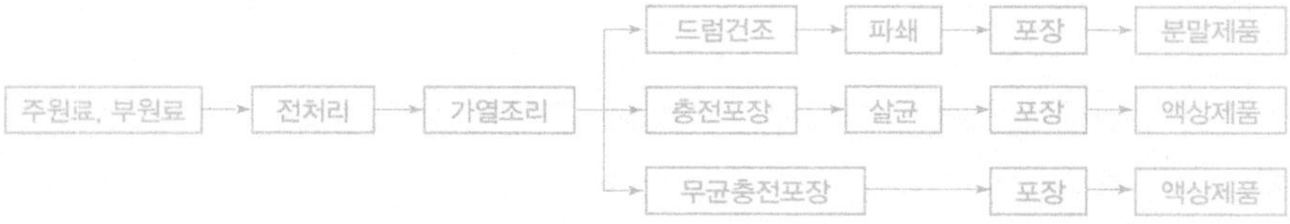

그림 4-12
인스턴트 죽 제품의 제조공정

표 4-6 **쌀을 가공한 국내 제품 현황**

생산품목		분류 기준
대분류	소분류	
떡 · 면류	즉석 떡 · 면류	즉석으로 조리가 가능한 떡국떡, 떡볶이떡, 국수, 라면 등의 즉석식품
	떡 · 면류	떡류, 국수, 생면 등
	전통떡류	인절미, 절편 등 전통떡
쌀과자	쌀과자	비스킷, 건빵, 스낵 등의 쌀과자
	한과류	쌀강정, 유과 등의 한과류 제품
	쌀튀밥	쌀을 단순 퍼핑한 상태의 쌀과자
	누룽지	누룽지 및 누룽지 형태의 과자
쌀가루	생미분	쌀을 건식으로 단순 분쇄한 쌀가루 제품
	알파미분	알파미분, 활곡, 익스트루더 미분, 볶은 쌀가루 등의 제품으로 쌀의 성분이 호화된 형태의 쌀가루
	습식미분	침지공정 등의 공정 과정을 거쳐 습식으로 분쇄한 제품
주류	약 · 탁주	약주와 탁주 제품
	소주	소주 제품
	맥주	맥주 제품
	청주	청주 제품
조미식품	엿류	엿 및 조청류 제품
	장류	고추장, 된장, 간장 제품
	식초	식초 제품
기타	죽류	죽류 제품
	식혜	식혜류 제품
	스낵 부원료	스낵류 과자 부원료
	꼬치류	꼬치에 끼운 쌀 제품
	선식류	미숫가루 등 선식 제품
	쌀음료	쌀음료 제품
	쌀빵	빵류 제품
	가공쌀밥	무균화 포장쌀밥, 레토르트 포장쌀밥, 냉동쌀밥, 건조쌀밥, 컵라이스
	쌀라면	라면류

또한 무세미는 쌀알 표면의 불순물을 미리 제거하도록 전처리한 쌀 가공 제품인데 현미의 정미 공정 후 생산된 백미가 무세미 가공으로 생산된다**그림 4-13**. 무세미 가공은 정미 과정에서 쌀 표면에 형성되는 요철부의 잔류하는 쌀겨를 완전히 제거하여 밥맛을 향상시킨다. 무세미는 밥을 짓기 전 쌀의 세척 과정이 필요 없고 쌀과 밥의 백도를 향상시켜 쌀을 세척하는 과정에서 손실될 수 있는 영양분 손실 방지의 장점이 있다. 무세미 제조공정은 무세미 제조기를 이용하여 백미가 본기를 거치는 과정에서 쌀이 공정에 따라 이동하는 것을 이용하여 제조하는 방법이다**그림 4-14**.

이 밖에도 쌀을 식품가공학적 방법을 이용하여 영양을 강화할 목적으로 가공한 쌀 제품도 다양하다**표 4-7**. 쌀 제품의 용도에 따라 ① 기능성 쌀인 키토산쌀, 동충하초쌀, 인삼쌀, ② 상기의 여러 가공 제법에 따라 생산하는 가공밥류, ③ 영양강화 쌀 제품으로서 파보일드미, 코팅미, 영양강화미, 알파미, 팽화미, 쌀가루, 알코올성 음료 등이 있다.

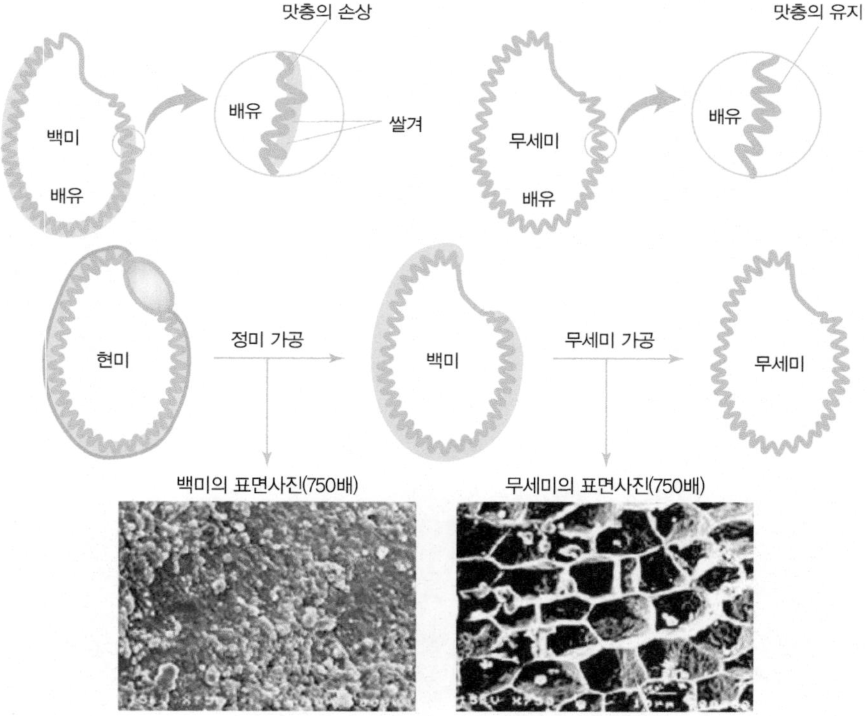

그림 4-13
무세미의 표면과 특징

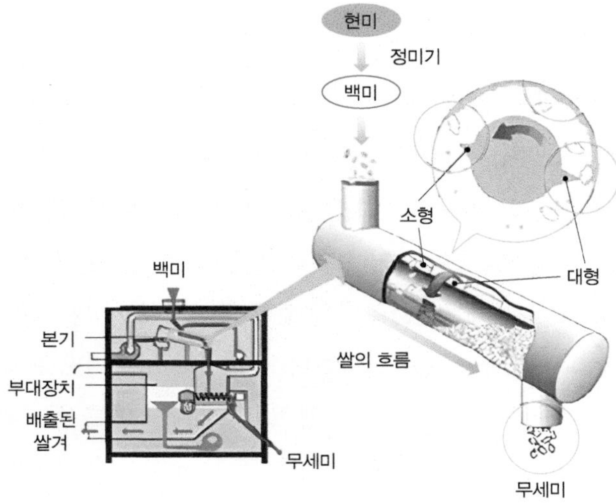

그림 4-14
무세미 제조기의 단면도와 구조

표 4-7 **영양강화 쌀의 가공 방법과 특징**

종류	방법	특징
파보일드미 (parboiled rice)	벼를 냉수에서 1일 동안 또는 온수(60~70℃)에서 10~15시간 침지한다. 물을 제거한 후 품온을 100℃에서 30분간 유지하고 중지된 벼를 건조한 다음에 정백한다.	• 배아나 미강유의 비타민 B_1이 대부분 배유로 이동한다. • 쌀표면이 호화되어 경도가 높아져서 쇄미가 적다. • 해충의 피해가 적어 저장성이 향상된다. • 맛이 저하된다.
피복미 (premixed rice)	15%의 젤라틴(gelatin)액에 비타민 B_1 150mg, 비타민 B_2 35mg, 피로인산철 572mg을 용해하여 쌀 100g에 피막을 형성시켜 건조한다.	• 70℃ 이상의 더운물에만 녹게 한다. • 씻을 때 비타민의 유출을 방지한다. • 쌀의 가열로 비타민이 내부로 이동한다. • 1일 필요한 비타민의 섭취가 가능하다.
코팅미 (coated rice)	백미에 부족한 영양소를 백미 외부에 코팅처리한 것이다.	• 외관, 풍미 개선, 방출 및 저장성이 향상된다.
영양강화미 (enriched rice)	비타민 B_1, B_2, 아미노산 등을 강화한 것으로 침지 후 가열처리하여 표면을 호화시킨다.	• 비타민 B_1 등의 영양 성분이 강화된다.
팽화미 (puffed rice)	쌀을 고압으로 가열해서 급히 분출시킨 것이다.	• 팽창 중 상당량이 호정화되어 소화가 잘된다.
알파미 (alpha rice)	생전분을 80~120℃에서 알파화시킨 후 급속 탈수 건조시킨 것이다.	• 먹기 전에 같은 부피의 끓는 물에 가열하면 원래의 밥맛과 같다. • 인스턴트 식품으로 편리하다.

2. 보리의 가공

1) 보리의 일반적 구조

보리barley는 인류의 주요 재배식물 중 하나로 높이가 약 1m 정도인 외떡잎식물 벼목 화본과의 두해살이풀이다. 보리는 왕겨와 겨층 부분인 껍질 부분이 안쪽 조직과 밀착되어 강하게 붙어 있어 보리의 가공 공정 과정에서 쉽게 분리되지 않는 겉보리大麥, covered barley, hulled barley와 껍질 부분이 쉽게 박리되어 떨어지는 쌀보리裸麥, naked barley, hullless barley로 나눈다. 우리나라 남부지방은 쌀보리를, 중부 및 북부지방은 주로 겉보리를 재배해 왔다. 보리는 다른 곡류와 비슷하게 왕겨(부피), 겨층(기울), 배유, 배아의 여러 조직으로 구성된다그림 4-15.

겉보리와 쌀보리의 겨층은 각각 25%와 15% 비율로, 쌀과 마찬가지로 보리도 도정 과정을 거쳐야 이용이 가능하다. 도정 과정에서 겉보리는 왕겨와 겨층을, 쌀보리는 겨층을 제거하게 되면 정맥(精麥, pearl barley, 보리쌀)이 되며 이때 겉보리는 최대 75%, 쌀보리는 85% 정도의 도정률을 보인다. 보리 겨층은 대부분 호분층으로 구성되는데, 단백질, 지질, 비타민, 효소, 식물 종자에 다량으로 포함된 인산의 중요한 저장 형태인 피틴phytin, 항산화 물질인 페놀화합물 등이 함유되어 있다. 보리 겨층도 쌀 등의 곡류와 마찬가지로 과피, 종피, 호분층으로 구성된다.

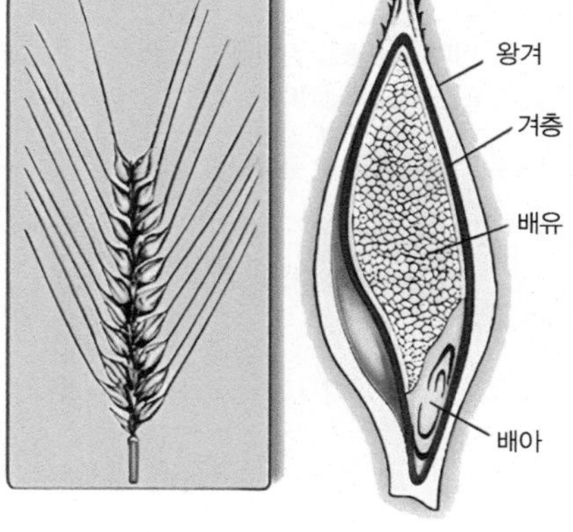

그림 4–15
보리의 구조

2) 보리의 도정 특성

보리도 다른 곡류처럼 조직에서 껍질 부분을 제거해 식용에 적합한 형태로 도정해야 한다. 보리 도정 공정은 정미와 매우 비슷하다**그림 4-16**. 보리의 도정을 정맥pearling이라고 하는데 대맥이나 나맥은 왕겨, 과피, 종피를 제거해야만 식용으로 이용이 가능하다. 보리의 도정 공정에서는 과피를 포함하여 호분층도 일부 제거된다. 정맥은 쌀과 함께 섞어서 지으면 쌀밥이 가지는 고유의 부드러운 식감이 사라져 찰진 텍스처가 되지 않으며 촉감도 투박하고 소화도 잘 되지 않으므로 압연기를 이용하여 압맥(壓麥, pressed barley, 납작보리)으로 1차 가공한다.

보리의 이러한 곡류 물성에 따른 기호도 혹은 선호도는 우리나라에서 생산되는 보리의 1인당 소비량에서 살펴볼 수 있다. 1인당 소비량이 1970년 40kg, 2007년 1.1kg, 2012년 13.3kg, 2014년 1.3kg 정도의 순으로 급격히 낮아지는 추세이다. 1인당 보리 소비의 감소는 보리의 취반 과정에서의 낮은 퍼짐성, 보리 종실에서 배쪽까지 있는 골인 종구縱溝, groove에서 관찰되는 검은 외관이 주는 거부감, 섭식 과정에서 보리 특유의 이질감, 쌀알보다 낟알이 굵어 씹는 과정에서의 부담 등이 반영된 것으로 보인다. 또한 보리쌀은 밥을 지을 때 일반 미곡에 비해 수분이 상대적으로 많이 필요하므로 미리 물에 침지하여 불리거나 삶아야 하는 단점이 있다.

따라서 보리의 퍼짐성을 개선하기 위하여 보리를 정맥으로 가공하고 압연기를 거쳐서 압맥으로 가공하는 방법이 개발된 것이다. 압맥으로 가공하게 되면 배유 부분이 노출되어 퍼짐성은 정맥에 비해 유의적으로 향상되지만 압연 과정에서 종구의 팽창으로 검은색 외관은 개선되지 않는다. 이러한 해결되지 않은 보리의 자연형태 그대로의 원료에 대한 가공 적성은 압맥의 외관, 기호도, 품질 등을 개선시키지 못하고 있다. 압맥과 달리 보리를 세로로 이등분한 뒤 쌀처럼 다듬어 정제한 보리쌀을 할맥(割麥, cut polished hulled barley, 절단보

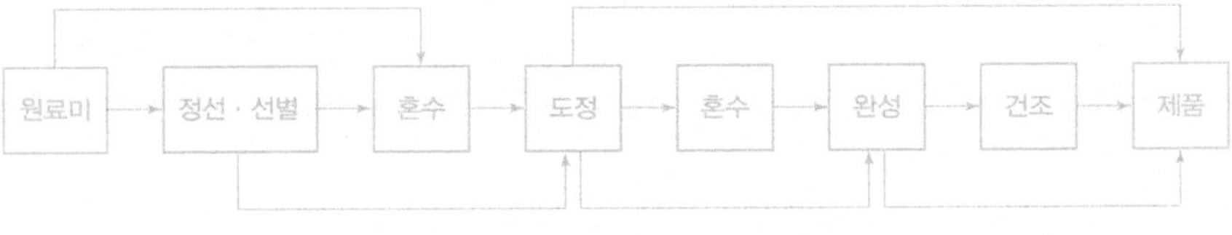

그림 4-16
정맥 제조 과정

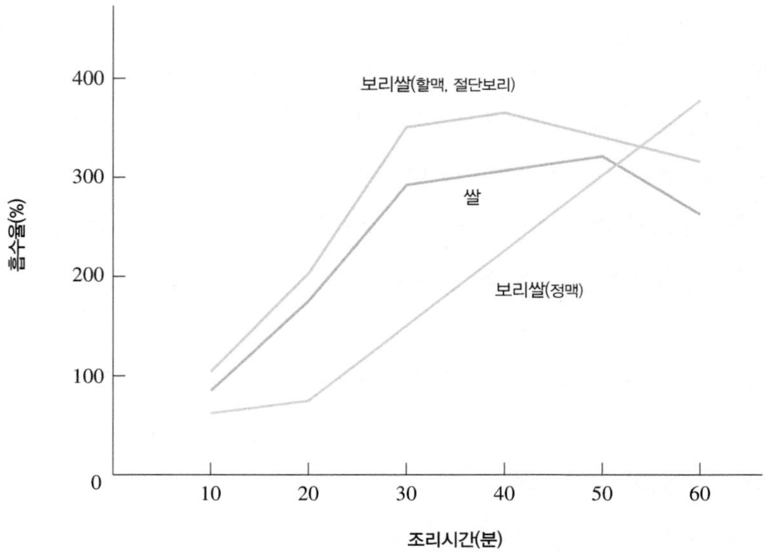

그림 4-17
할맥, 정맥, 쌀의 체내 흡수율 비교

리)이라고 한다. 할맥은 보리쌀의 단점을 보완하기 위하여 보리 원맥을 할맥기를 이용하여 1차 가공하여 도정 과정을 거치고 낟알을 세로로 둘로 쪼개고 다듬어서 수증기에 찌고 건조시킨 후 2차 도정 공정 과정을 거친 것이다. 정맥을 세로로 절단하여 배유를 노출시키고 종구를 이등분하거나 제거하여 퍼짐성과 보리밥의 백도whiteness를 개선하기 위해 할맥 형태로 가공하여 취반성과 기호성을 동시에 향상시킨다**그림 4-17**.

할맥은 정맥에 비하여 수분 흡수율이 높아 미리 삶거나 불릴 필요가 없기 때문에 쌀과 함께 혼합하여 밥 짓기를 할 수 있다는 장점이 있다. 할맥은 압맥보다 크기가 작고 빛깔도 희기 때문에 밥을 짓기에 적당하고, 압맥은 가공 공정을 거쳐 곡류 가공식품을 제조하기에 적합하다. 할맥은 쌀을 주식으로 하는 경우에 부족하기 쉬운 영양 성분인 비타민류, 무기질류, 필수아미노산 등이 풍부하다. 할맥 가공의 단점은 가공 비용 측면에서 일반 보리와 압맥보다 고가인 점이다. 또한 할맥과 압맥에 비타민 B_1과 B_2를 추가적으로 첨가한 것이 강화맥이다. 이 밖에도 다당류의 일종인 가용성 식이섬유소로 면역증강작용을 보인다. 가용성 식이섬유소는 고혈압, 동맥경화, 심장병, 당뇨병 등 성인병 예방의 생리적 활성을 가지며, 효모 세포벽, 버섯류, 곡류 등에 풍부한 베타글루칸β-glucan 함량도 4.4~16.6%로 높은 편이다.

3) 보리의 식품영양학적 특성

우리가 이용하는 보리는 식용, 사료용, 양조용 원재료로 이용되는 곡류이다. 식용 및 가공용 보리는 용도별로 정맥, 볶은 보리, 엿기름, 제국 원료, 국수 원료용 복합분 제조용 등으로 다양하게 활용된다. 보리의 또 다른 중요한 용도는 쌀, 보리, 콩(대두), 밀기울, 다른 잡곡 등을 찐 후 *Aspergillus* 속 곰팡이인 코지균을 배양하여 효소를 생산하는 것이다. 이렇게 제조한 국(麴, koji, 코지)을 장류 및 주류 제조 시 제국koji making 원료로 이용하는 것이다.

보리는 영양학적으로도 우수한 특성이 있어 탄수화물이 풍부하고 단백질, 지질, 비타민류, 무기질류 등의 다양한 영양소를 함유하고 있다. 우리나라의 경우 국내 보리 총생산량 중 상당량은 소주 제조에 필요한 전분 공급원으로 이용되어 왔다. 서양에서 보리는 매우 다양한 용도로 이용되는데, 튀김과 정맥 형태의 조반식breakfast cereal, 수프, 스튜, 귀리가루나 오트밀 플레이크에 물이나 우유를 혼합하여 끓인 죽의 일종인 포리지porridge, 제빵 원료baking blends, 유아식, 껍질과 배아를 제거하고 거칠게 빻은 그리츠grits, 플레이크, 맥아 분말 등으로 활용되고 있다표 4-8.

보리 섭취가 중요한 이유는 쌀을 주식으로 하는 우리나라와 같은 식문화 환경에서 결핍되기 쉬운 영양소를 일부 보충할 수 있는 곡류이기 때문이다. 보리에는 비타민 B_1, 비타민 B_2, 나이아신, 엽산, 칼슘, 철분 등 여러 종류의 비타민류와 무기질이 풍부하게 함유되어 있다. 보리는 팔과 다리의 신경염으로 인한 통증과 부종 등의 증세가 나타나는 질환으로서 티아민 결핍이 원인인 각기병, 니코틴산 결핍에 의한 펠라그라pellagra, 철분 결핍으로 인한 빈혈 등을 예방할 수 있는 우수한 식품이다. 보리는 식이섬유 함량도 높으므로 장의 연동운

표 4-8 **보리를 이용한 주요 가공식품**

가공 형태	1차 가공제품	2차 가공제품
도정, 기타 가공	정맥, 압맥, 할맥	보리밥
제분	보릿가루, 복합분	장류 제품, 면류 등 분식 제품, 빵
맥아	장류, 맥아	맥주, 주정, 물엿, 감주
로스팅	볶은 보리, 볶은 보릿가루	보리차, 미숫가루

표 4-9 **보리의 총식이섬유 함량**

형질	TDF 평균량(% dry)
겉보리	20.2
쌀보리	13.0
찰성 겉보리	20.7
찰성 쌀보리	15.8
고단백 찰성 쌀보리	33.7
고아밀로오스 쌀보리	17.6

동과 소화 과정에 도움을 주고 변비를 완화하며 유익한 장내세균총을 유지시키는 역할도 한다. 예를 들면, 찰성waxy 쌀보리는 총식이섬유TDF: total dietary fiber와 가용성 식이섬유SDF: soluble dietary fiber가 유의적으로 높은 함량을 보인다**표 4-9**. 찰성 보리의 전분은 냉동-해동freeze-thaw 과정에서의 안정성이 우수하며 비교적 낮은 온도인 70℃ 이하에서 호화糊化, gelatinization 현상이 일어나는 특징이 있어 단백질 변성이 수반되지 않더라도 단백질, 지질, 탄수화물 성분 간의 분리가 가능하다. 그 밖에 분상질 배유fractured endosperm나 고농도 아밀로오스 보리high amylose barley는 특별한 전분 유형이 요구되는 식품 산업에서 잠재적 응용 가치를 가진다.

3. 밀의 가공

1) 밀의 식품가공학적 특성

밀*Triticum aestivum(vulgare)*은 외떡잎식물 벼목 화본과의 한해살이풀, 혹은 벼과 Gramineae 밀속-屬, Triticum의 풀을 말하며 흔히 소맥小麥이라고도 한다. 밀의 원산지는 주로 아프가니스탄과 캅카스 지역으로 알려졌으며 온대 지방의 밭에서 재배되어 왔다. 밀은 식품 원재료의 특성으로 주로 제분 과정을 거쳐 밀가루의 분말 형태로 제조한 후 이용한다. 따라서 밀은 주로 빵, 면류, 과자류 등의 밀

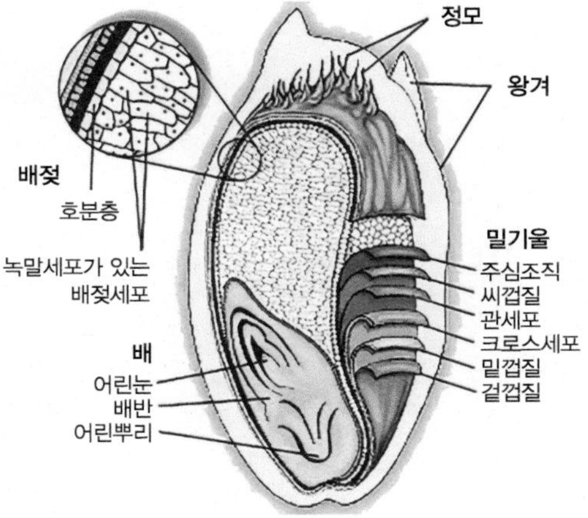

그림 4-18
밀의 구조

가공 제품을 제조하는 2차 가공 공정을 거쳐서 이용한다. 밀의 일반적인 구조는 다른 곡류 종자와 유사하다그림 4-18.

밀 또한 다른 곡류와 마찬가지로 배아germ, 배유endosperm, 겨층(밀기울, bran)의 전형적인 곡류 구조의 특징을 가진다. 배아는 밀 종실의 약 2~3%, 배유는 약 83%, 겨층은 약 14% 정도로 여기서 배유가 밀가루의 대부분을 구성한다. 쌀과 보리처럼 도정 과정을 거치지 않고 밀의 가루 형태로 만드는 이유는 다음과 같다.

- 도정 과정에서 밀알wheat kernel의 종실부터 배쪽까지의 골인 종구가 효과적으로 제거되지 않는다.
- 밀알 외피가 배유부에 비해 단단하지만 배유가 상대적으로 유연하여 부스러지기 쉽다.
- 밀 성분에는 곡류에 존재하는 불용성 단백질로 몇 가지 종류의 단백질이 혼합되어 존재하는 글루텐gluten 단백질이 다량 함유되어 있다.
- 물을 혼합하고 반죽면 힘을 가했을 때 고체와 액체의 성질이 동시에 나타나는 현상인 특유의 점탄성이 관찰된다.
- 일반 도정 과정으로 가공하게 되면 소화율은 90% 정도이지만 밀가루 형태로 제분하여 가공하는 경우 98%로 상승한다.

표 4-10 **밀의 조직에 따른 성분 비교**

구분	구성비율	수분	단백질	지방	탄수화물		회분
					당질	섬유	
전체	100.0	12.6	11.3	3.8	1.5	2.7	1.6
외피	13.5	11.6	15.6	3.7	4.6	11.3	5.0
배아	2.5	7.5	23.5	11.4	14.5	1.4	4.7
배유	83.0	12.5	10.3	1.3	0.3	0.2	0.4

밀이 함유하고 있는 각 조직의 화학적 조성은 다른 곡류와 유사하게 외피, 배아, 배유로 구분한다**표 4-10**.

2) 밀의 종류와 특성

밀의 종류는 파종시기, 경도, 색깔 등에 따라 분류할 수 있다**표 4-11**. 밀의 생육 특성에 따라 겨울에 파종하여 봄에 수확하는 겨울밀winter wheat과 봄에 파종하여 초가을에 수확하는 봄밀spring wheat로 구분한다. 밀 조직의 강도에 의해서 초자질로 강력분의 원료가 되는 경질밀hard wheat, 박력분의 원료가 되는 연질밀soft wheat, 중간질밀로 중력분의 원료로 구분하기도 한다. 또한 밀의 색깔에 따라 붉은 밀(red, 적맥)과 흰 밀(white, 백맥)로 분류하기도 한다**그림 4-19**.

대부분의 국가에서 재배하고 생산하는 밀 품종은 보통밀*Triticum aestivum*, 클럽

표 4-11 **밀의 종류**

파종시기에 따른 분류	겨울밀: 가을에 파종하여 초여름에 수확
	봄밀: 봄에 파종하여 늦여름, 초가을에 수확
경도에 따른 분류	경질(초자질)밀: 낟알의 단면이 투명하고 단단한 초자질 부분이 70~100%인 것으로 강력분의 원료
	연질밀: 낟알의 단면에 투명한 부분이 적고 전체적으로 흰 것으로 박력분의 원료
	중간질밀: 경질밀과 연질밀의 중간에 해당하는 것으로 중력분의 원료
색깔에 따른 분류	백맥: 밀 색깔이 흰 것
	적맥: 밀 색깔이 짙은 것

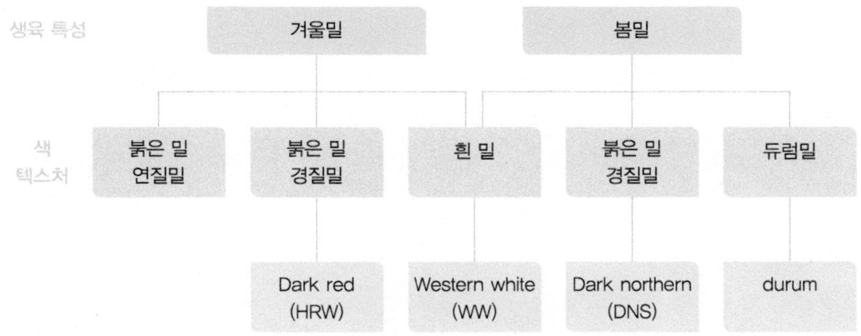

그림 4-19
밀의 특성에 따른 종류(1)

밀*Triticum compactum*, club wheat, 듀럼밀*Triticum durum*, durum wheat 등이다. 보통밀은 가장 많이 재배되는 밀 속의 종으로 흔히 빵밀이라고도 한다. 보통밀은 제과 및 제빵 적성이 우수한 특징이 있기 때문에 재배되는 전체 밀 수확량 중에서 90% 이상을 차지한다. 클럽밀은 흰색의 둥글고 작은 밀로 단백질 함량이 낮고 조직의 질이 연하기 때문에 제과용 밀가루로 이용한다. 클럽밀은 보통밀에 비해 생산량은 상대적으로 매우 적은 종으로 미국의 태평양만, 즉 캘리포니아주, 워싱턴주, 아이다호주, 오리건주 등에서 주로 생산되는 품종이다. 클럽밀은 보통밀과 달리 제빵용으로 적합하지 않지만 특유의 저단백 함유량과 박력weak 글루텐의 물성이 가진 특성으로 특정 케이크 제조 시 우수한 제품 품질을 가진다. 듀럼밀은 다양한 종류의 파스타 원료로 활용되는 식재료로 이탈리아에서는 '딱딱한 밀'을 뜻하는 그라노 듀로grano duro라 불린다.

보통밀은 뜨겁고 건조한 극한 기후 조건에 대해 저항성과 적응력이 크지 않으므로 주로 선선하고 비가 많이 내리는 지역에서 잘 재배되지만, 듀럼밀은 지중해성 기후에 적합한 재배 특성을 가진다. 보통밀과 듀럼밀의 가장 큰 식품가공학적 차이는 밀단백질인 글루텐 특성에 따라 구분된다. 듀럼밀은 접착성과 탄력성을 가지는 글루텐이 다량 함유되어 있으므로 끈기가 있는 독특한 질감과 다양한 형태의 파스타로 이용하기에 적합하다. 반면에 보통밀은 발효시켜 오븐에서 구워내는 빵을 만들기에 좋은 제빵 특성의 가공 적성을 가진다**그림 4-20**. 듀럼밀은 높은 글루텐 함량으로 경질밀에 속하며 보통밀과 구분하여 분류하는데, 보통밀과 듀럼밀은 형태는 유사하지만 곡류의 물성이나 재배환경이 서로 다르다. 듀럼밀은 단백질 함량이 높아 종실이 단단하기 때문에 파스타 제

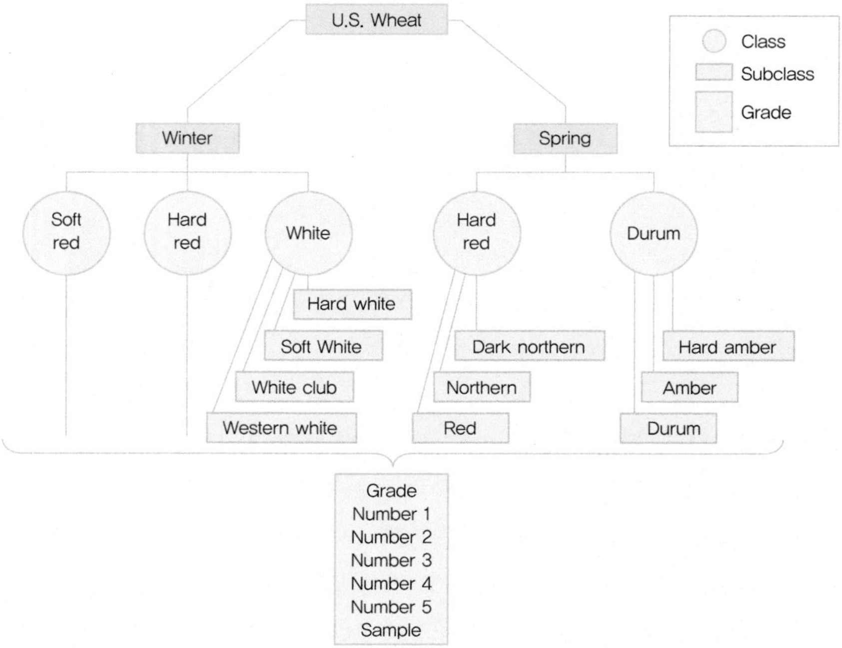

그림 4-20
밀의 특성에 따른 종류(2)

조에 주로 이용되며 제빵용으로는 적합하지 않다. 듀럼밀은 당근 등에 들어 있는 카로티노이드 색소가 다량 함유되어 있기 때문에 듀럼밀로 제조한 파스타는 밝은 노란색을 띠게 된다. 건조 파스타는 듀럼밀로 제조하며 듀럼밀 배아를 분쇄한 가루가 세몰라semola이다. 건조 파스타 제조는 세몰라에 따뜻한 물을 혼합하여 반죽한다.

3) 밀의 제분 과정과 특성

곡류 분말의 제조 과정에서 밀을 이용하여 가루로 빻아 만드는 과정을 밀의 제분 공정milling이라고 한다. 다른 곡류의 제분과는 달리 밀가루 제조 공업에서 차지하는 가공량이 월등히 많으며 오랜 전통으로 기술적으로도 월등하다. 밀의 제분 공정은 배유, 배아, 밀에서 가루를 빼고 남은 찌꺼기인 밀기울을 분리하고 미세하게 가공하는 과정이다. 제분 공정은 배유의 겨층과 배아를 완전히 제거하여 분리하고 배유를 최대한 높은 수율로 분리하는 과정이기도 하다. 일반적인 밀의 제분 과정은 크게 정선精選, cleaning, 조질調質, tempering and conditioning, 제분製粉, flour milling 공정 등으로 구분한다**그림 4-21**.

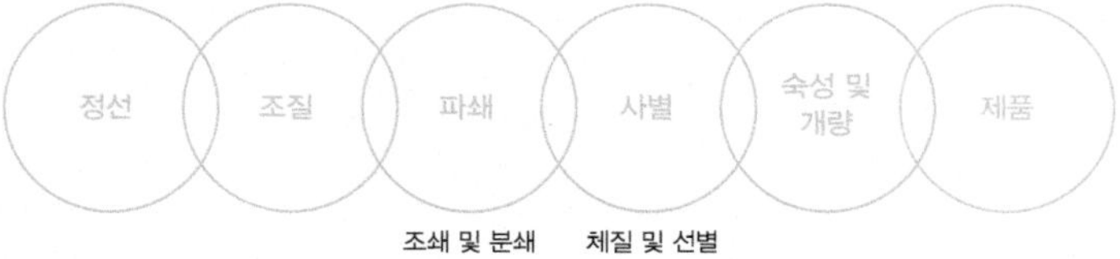

그림 4-21
밀 제분 공정의 개략도

(1) 원료의 전처리

밀 원재료 수확 후에 선박, 기차, 트럭 등을 이용한 운송 수단으로 옮겨지게 되고 곡물 저장용 원탑 형태의 저장고인 사일로(silo, 곡물 엘리베이터) 등에 저장하게 된다. 밀의 제분 공정에 들어가기 전에는 정선과 가수加水의 조질 공정 과정을 거치게 된다. 정선 공정에서는 순수한 밀 원재료만 제분 공정에 투입되도록 한다. 정선 공정의 목적은 곡류 수확과 운송 등 일련의 과정에서 발생하는 이물질 혼입과 저장 시 부패나 변패 등을 방지하기 위하여 주원료 이외의 이물질을 제거하는 것이다. 정선 공정 과정은 곡류와 이물질이 혼합된 원재료의 물리적 특성인 크기, 형태, 비중, 길이, 금속성 등의 물성을 이용하여 다양한 종류의 정선기를 사용하게 된다**그림 4-22**.

정선 공정에서 사용하는 정선기의 종류는 다음과 같다. 사별기(篩別機, milling separator, 선별기, 분리기)로 유입된 곡류는 왕복운동reciprocating을 하는 스크린이 돌, 나뭇가지, 불량 밀알 등을 제거한다. 흡입기吸入器, aspirator는 공기압을 이용하여 먼지처럼 가벼운 이물질을 분리하고, 드럼정선기drum selector 혹은 원판식 선별기disc separator는 비중이 같고 모양이 같은 것만 분리하는데 잡초 등이 제거된다. 연마기研磨機, scourer는 밀 정선 과정에서 곡류와 곡류 간, 밀알 표면, 밀기울에 묻어 있는 흙, 먼지, 털 등을 제거하기 위하여 금속의 연마작용을 이용하여 불순물을 제거한다. 자석식 분리기 혹은 자석분리기磁石式分離機, magnetic separator는 석발기石拔機, stoner에 의해 철 등의 금속 물질과 곡물에 섞여 있는 돌 등을 진동체와 팬 등을 이용하여 골라내 제거한다**그림 4-23**.

정선 과정이 완료되면 제분 과정에서 밀기울이 조그만 조각으로 부서지지 않도록 하고, 이와 동시에 배유부가 용이하게 분리되도록 물을 첨가하여 일정 시간 침지시키는 조질 공정을 거친다. 제분 공정에서 조질의 목적은 성질이 다른 배유, 배아, 겨층을 조직의 조성별로 물리적·화학적 성질의 차이를 이용하

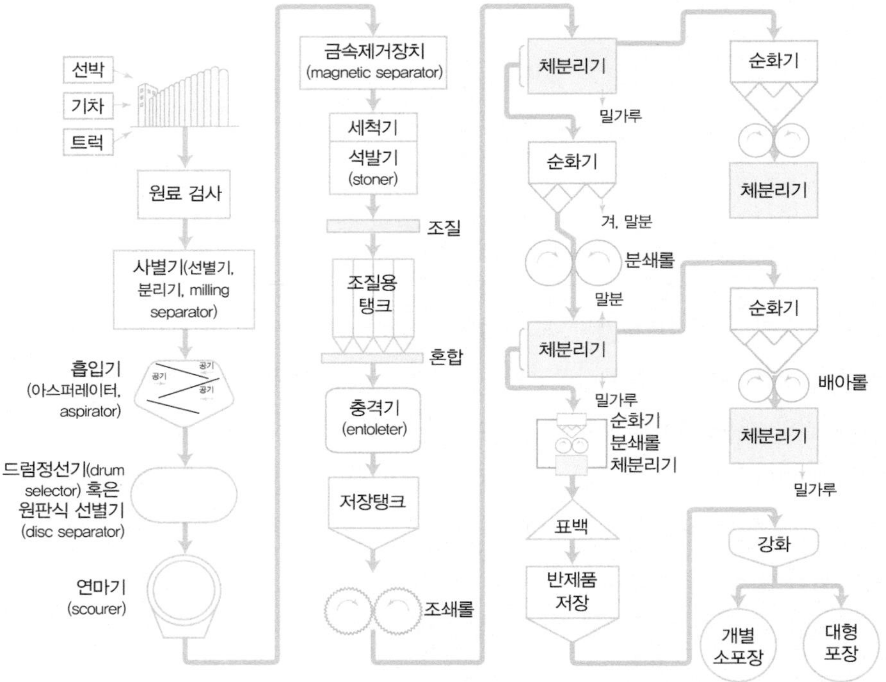

*체분리기(시프터, sifter): 제분에서 밀가루의 고운 입자에서 굵은 입자 분리 시 체질에 사용되는 스테인리스강 혹은 플라스틱 메시로 만든 체

*순화기(정제기, purifier): 상승기류를 이용하여 순도가 높은 배유입자(胚乳粒子)를 분리하고 수집하는 평면 진동장치

그림 4-22
밀 제분 공정

그림 4-23
밀의 제분 공정에 이용되는 정선기

아스피레이터(aspirator)

리시빙 세파레이터
(receiving separator)

밀링 세파레이터
(milling separator)

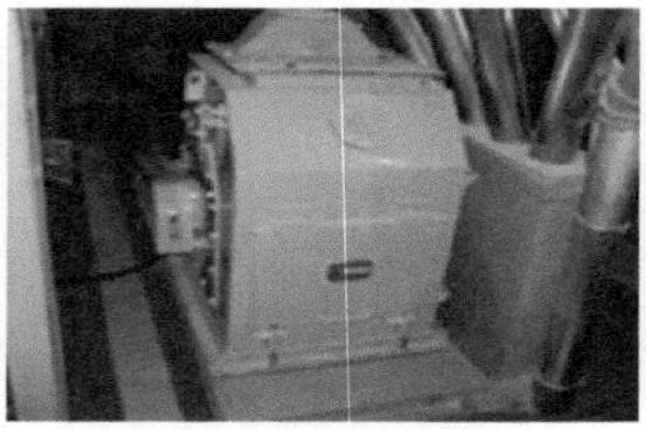
마그네틱 세파레이터

석발기(dry-stoner)

스카라 머신(scourer machine)

여 각각 분리하기 쉽도록 하는 것이다. 숙성 과정으로 정의하기도 하는 조질 공정은 일반적인 제분 공정에서의 필수 과정으로서 곡립을 최적의 물리적·화학적 상태로 만들어 최대한 균일한 가공 결과물을 생산하기 위한 전처리 공정이다. 조질 공정에서의 주요한 조절 인자는 수분(물의 양), 온도, 시간 등이며 이들의 조절 정도에 따라 개량 효과가 결정된다. 가수 공정은 밀 표피에 물리적 성상을 부여하여 단단하게 하여 제분성을 향상시킨다. 이때 가해 주는 물의 양은 연질밀은 15~15.5%, 경질밀은 16~17%, 듀럼밀은 17.5% 정도가 적당하며 2~3회에 나누어 평균 20~48시간 정도의 재우기(침지)를 진행한다. 흔히 단순한 가수처리를 조질이라고도 하지만 광의의 조질 기작의 원리는 템퍼링 tempering과 더불어 가열을 수반하는 컨디셔닝conditioning까지를 포함한다.

가수 공정인 조질과 함께 핵심 공정인 템퍼링 중에는 가열처리는 밀 원재료를 적당하고 일정한 온도로 오랜 시간 두어 화학 변화를 일으키게 하는 과정을 병행하는 것이 일반적이며, 이러한 조질의 후공정을 컨디셔닝이라고 한다. 조질 공정의 컨디셔닝은 수분의 흡수를 촉진하기 위해 온도를 조절하여 40~60℃로 가열하고 이후 온도를 낮추어 냉각시킨다. 이때 온도 변화에 의해 밀의 팽창과 수축 작용이 발생하게 되고 밀기울과 배유부의 분리가 용이하게 된다. 이 공정은 밀 자체 효소 활성에 의한 글루텐의 품질 향상을 유도하며 가공 용도에 적합한 형태로 물성이 변하므로 2차 가공에 최적의 상태가 된다.

이후에 충격기entoleter를 이용하여 충격기 내부의 벽에 물리적인 마찰을 발생시킨다. 이때 사용되는 충격기는 곡류와 식품의 살충에 쓰이는 기계로, 밀과 같은 식품을 고속으로 회전하는 디스크 중앙에 넣은 다음 디스크에 고정된 볼트가 식품 재료에 충격을 주게 되고 이에 따른 물리적 충격 방식에 의해 벌레 등에 오염된 밀을 파괴하여 제거하게 된다. 보통 밀의 정선 과정에서 벌레의 피해를 받은 밀을 제거할 때 사용된다.

(2) 파쇄와 체질

분쇄 공정은 밀에서 배유와 밀기울을 분리하는 과정이다. 정선 공정을 거치면서 수분 침투 공정까지 거친 밀은 롤 분쇄롤粉碎, grinding mill을 이용한 분쇄기로 분쇄한다**그림 4-22**. 분쇄 공정은 조쇄롤break roller과 활면롤smooth roller을 이용하게 된다. 분쇄 공정의 주요 목적은 밀의 외피를 작은 조각이 되지 않도록 부수어 배유부와 밀기울로 분리하고 나서 각 입자 크기에 맞게 체를 이용하여 체분리기sifter에서 체질sifting하며 분쇄breaking하는 공정을 거치는 것이다. 조쇄 공정은 거친 롤을 통과시켜 밀을 파쇄하여 배유 가루와 밀기울을 각각 분리하는 파쇄 공정을 말하며, 외피부에 남아 있는 배유를 완전히 제거하고 외피는 손상되지 않도록 하는 것이 그 목적이다.

첫 분쇄 공정에서 사용되는 조쇄롤은 압착, 절단, 비틀기의 세 가지 작용 기작으로 밀을 분쇄한다. 압착은 파쇄롤 사이의 간격을 서서히 좁혀 가는 기작의 원리로 공정이 이루어진다. 절단은 조쇄롤 표면에 있는 치선이 서로 맞물려서 작용하는 공정이고, 비틀기는 두 개의 조쇄롤이 동일 방향으로 서로 다른 속도를 가져 하나는 고속으로 다른 하나는 저속으로 회전시켜 압착과 절단 작용을 수행하는 공정이다. 조쇄롤에 의한 파쇄 공정은 파쇄분, 배유, 중간 크기 입자, 세럽편 등이 있는데 각 롤에 연결된 진동체인 체분리기를 이용해서 분리한다. 전체적으로는 약 4~5개의 분쇄롤을 통과시켜 배유를 분리하게 되는데, 첫 번째 분쇄롤은 first break roll, 두 번째 분쇄롤은 second break roll이라고 하며, 이 단계를 각각 first break(1B)와 second break(2B)라고 한다.

조쇄롤의 압착, 절단, 비틀림의 작용으로 분쇄할 때의 분쇄롤 회전비는 보통 1 : 2.5(1B : 2B)로 설정하게 된다. 체분리기 체의 좌우 진동과 밑부분의 풍속에 의해 입자 크기별로 정선이 이루어진다. 이때 조쇄롤 공정에서 분쇄되어 나오는 밀가루를 미들링분middling flour이라 하고, 순화 공정에서 정선기를 거쳐 나온 밀가루를 페이턴트분patent flour으로 구분하며 상급품으로 취급한다. 각 분쇄롤을 거쳐 분쇄된 밀의 가루분은 각 롤에 연결된 체분리기로 분리되고, 밑으로 갈수록 고운 체를 사용하게 된다. 밀 제분 과정에서 생산되는 전체적인 가공 과정에서 체분리에 따른 밀가루의 종류를 요약하면 다음과 같다.

- 스루through, thus: 체분리기를 사용하여 얻어진 모든 밀가루의 형태
- 오버테일over tails: 체분리기를 통과하지 못한 나머지 물질
- 세몰리나semolina: 스루에 속하며 조쇄된 배유의 입자 크기가 가장 큰 밀가루로 40mesh 정도의 크기. 즉, 밀기울과 배유 입자가 가장 큰 밀가루

- 미들링middlings: 스루에 속하며 세몰리나 입자 크기 다음으로 고운 배유 파쇄 입자로 40~84mesh를 통과하여 밀기울이 부착된 제품
- 더스트dust: 스루에 속하며 배유 입자가 가장 작은 것으로 84~106mesh로 밀기울이 많은 밀가루
- 플로어flour: 스루에 속하며 94~156mesh의 배유 분립자로서 세몰리나, 미들링, 더스트 등을 분쇄하여 얻은 밀가루

(3) 순화 공정

순화 공정purification이란 순화기purifier를 이용하여 미들링에 존재하는 배유부에서 공기 흐름과 교반 작용을 이용하여 밀기울을 제거하고 순수한 배유를 얻는 과정이다. 순화 공정은 배유 입자와 함께 혼입된 같은 모양의 껍질 조각 등은 체분리기로 분리가 되지 않기 때문에 순화기로 보내어 풍력을 이용함으로써 껍질 조각인 밀기울을 제거하고 미들링의 순도를 높이는 것이다. 입자 크기에 따라 분리되어 순화된 미들링은 두 개의 활면롤 사이에서 더 미세하게 분쇄된다. 네 가지 공정, 즉 파쇄, 체분리, 순화, 분쇄 등의 일련의 공정은 실제 제분공장에서 수십 회 반복하여 단계적으로 제분한다.

(4) 분쇄 공정

체분리기를 사용하여 정선된 조립물은 순화 공정을 거칠 때 표면이 매끄러운 활면롤에 의해 미세분말 형태의 제분된 밀가루가 된다. 활면롤에 의하여 가루로 분쇄되는 공정에서는 절단 작용은 없고 주로 압력에 의한 비틀기 작용만으로 작은 입자가 만들어진다. 미세분말의 밀가루로 만드는 과정에서 활면롤의 역할은 100~120mesh 규격의 체분리기를 이용하여 제분율을 60~70%로, 97mesh 규격의 체분리기를 이용하는 경우 80%의 제분율을 목표로 하여 조절하게 된다. 따라서 활면롤을 이용한 분쇄 공정은 크기를 잘 조정한 세몰리나 혹은 미들링을 활면롤로 미세하게 분쇄하여 더 고운 입자의 밀가루로 만드는 과정이다. 소량 남는 껍질 부분이 박편flake 형태가 될 수 있으므로 체분리기로 분리하게 되면 밀기울의 작은 조각과 껍질 부분은 체 상단에서 제거될 수 있고 입자가 고운 배유는 체 아래로 빠져나오게 된다.

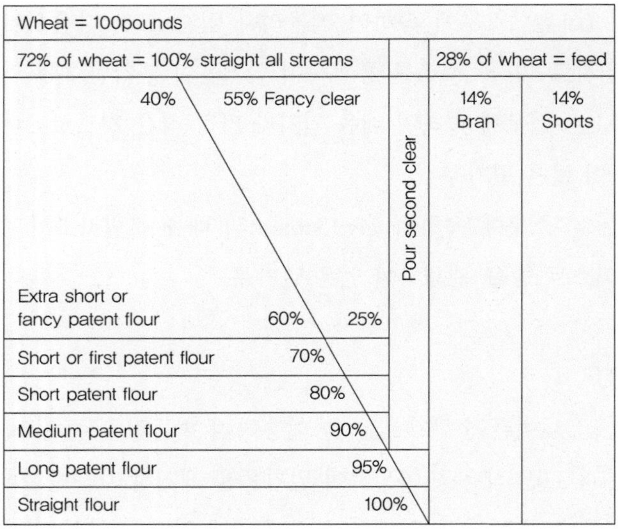

그림 4-24
제분 수율에 따른 밀가루의 명칭

충분히 분쇄되지 않은 중간 체는 사별하여 비슷한 크기의 입자들을 합해서 다음 활면롤에서의 분쇄 과정에서 얇은 박편 형태가 되어 체분리기로 분리된다. 마지막에 나오는 형태는 가는 밀기울과 배아로 된 혼합물로 short bran 또는 shorts라고 한다. 밀가루 생산량을 뜻하는 제분율flour extraction은 보통 72%이며, 28%는 밀기울, 배아, shorts가 나오게 된다. 각 공정별 생산된 밀가루의 명칭은 페이턴트분, 클리어분, 스트레이트분, 말분 등이다그림 4-24. 즉, 각각의 롤러에서 얻은 각 종류의 밀가루는 용도에 따라 조합 및 혼합되어 제품화된다.

- 파쇄분break flour: 조쇄 공정을 거쳐 나온 거친 가루
- 미들링분middling flour: 분쇄 공정을 거쳐 나온 고운 밀가루
- 페이턴트분patent flour: 분쇄 과정과 순화 과정을 거쳐 나온 상급의 밀가루로 밀기울과 껍질이 혼합되지 않은 상급품인 밀가루
- 클리어분clear flour: 순화 공정을 거치지 않아서 껍질 부분과 배아가 약간 많은 채취구에서 얻은 밀가루
- 스트레이트분straight flour: 페이턴트분과 클리어분의 밀가루를 혼합해 만든 밀가루 제품
- 말분tail flour or red dog: 공정의 마지막에서 얻는 밀기울에 가까운 가루

이러한 파쇄와 체질, 순화, 분쇄 공정에 의해 밀기울bran, 쇼츠shorts, 클리어분, 배아germ, 페이턴트분으로 분리하기도 한다.

(5) 완성 공정

순화 과정 이후 다시 사별 공정을 거치며 각 공정별로 수득된 밀가루들은 균일하게 혼합flour blending하여 표백한다. 이후 숙성 기간을 거친 밀가루는 소분하여 포장한다. 밀가루 표백과 숙성 과정은 밀가루 성질의 안정화에 크게 기여하여 밀가루의 품질 변화를 최소화한다. 또한 빵의 부피와 품질 향상이 이루어져 제빵 적성baking quality이 향상되며, 비타민과 무기질 첨가 등을 통한 영양 강화도 할 수 있다. 특히 제분 직후 생산된 밀가루 제품은 밀의 색소나 환원성 물질을 공기 중의 산소로 산화시켜야 해서 품질이 불안정하기 때문에 일정 기간 동안 숙성시켜야 한다. 밀가루로 제분 후 숙성 과정을 거치게 되면 공기 중 산소에 의한 산화작용으로 탈색이 일어나면서 제빵 적성이 향상된다.

가정에서 사용하는 밀가루는 표백 과정이 따로 필요하지 않지만 대량으로 제분 공정이 이루어지는 공장에서는 밀가루 품질과 외관을 개선하기 위하여 표백 과정을 거친다. 표백의 기작으로는 식물의 녹색부에 풍부하게 함유된 카로티노이드계carotenoid의 옥시카로티노이드 색소인 잔토필xanthophyll을 산화시킴으로써 밀가루 탈색이 이루어진다. 밀가루 산화에 이용되는 대표적인 산화제는 과산화질소nitrogen dioxide이며, 그 외에 밀가루의 제빵 적성에 영향을 주지 않고 밀가루 숙성을 위한 과산화벤조일(benzoyl peroxide, $C_{14}H_{10}O_4$), 이산화염소(chlorine dioxide, ClO_2), 표백과 함께 pH 감소 효과를 위한 염소 가스(Cl_2) 등이 이용된다**그림 4-25**. 숙성 과정에서는 단백질 중의 –SH기sulfhydryl group가 -S-S 결합(disulfide linkage, 이황화결합)을 이루어 제빵성이 향상된다. 숙성 과정은 자연 숙성에는 많은 시간과 공간이 필요하기 때문에 품질개량제로 인위적 숙성

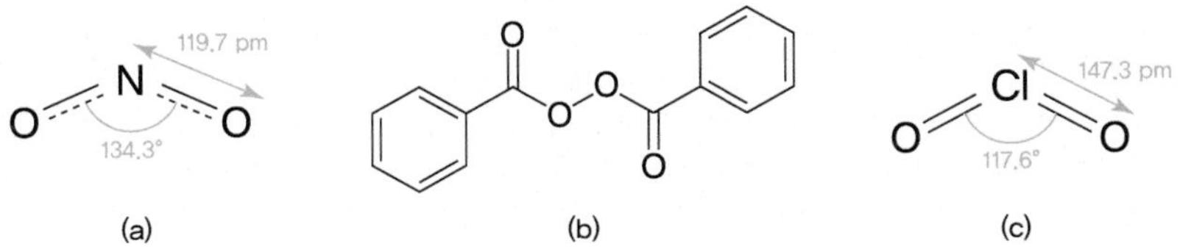

그림 4-25
밀가루 표백에 사용되는 (a) 과산화질소(이산화질소, NO_2), (b) 이산화염소(ClO_2), (c) 과산화벤조일

을 이용하고 있다.

4) 밀가루의 품질

식품가공에서 제분을 통해 얻어진 밀가루의 품질과 성분은 매우 중요하다. 밀가루의 품질 규격을 결정하는 주요 구성 요소로는 성상, 수분, 회분, 사분, 납, 카드뮴 등이 있다**표 4-12**. 또한 밀단백질의 함량도 밀가루 품질과 규격 결정에 이용되는데 밀단백질의 구조와 성질은 밀이 함유한 글리아딘gliadin과 글루테닌glutenin 단백질의 혼합 단백질체인 글루텐 단백질 함량에 따라 차이가 있다**그림 4-26**. 글루텐은 단백질 구조 내에 -SH기를 가지고 있고 반죽 과정에서 단백질 분자 간의 S-S결합이 생성되면 특유의 점탄성을 가지게 된다**그림 4-27**. 따라서 밀가루는 글루텐 단백질의 함량에 따라 강력분strong flour, bread flour, 준準강력분semistrong flour, 중력분medium flour, all-purpose flour, plain flour, 박력분soft flour, weak flour으로 구별한다. 정확한 규칙은 없으나 보편적으로 밀가루의 글루텐 함량이 11% 이상이면 강력분 혹은 준강력분, 10~13%이면 중력분, 그 이하는 박력분이다**표 4-13**.

경질의 밀에서 얻는 밀가루로서 주로 빵을 만드는 데 사용하는 강력분은 함유된 단백질, 그중에서도 특히 글루텐 함유량이 많은 밀가루로 총단백질

표 4-12 **밀가루의 규격**

구분	밀가루			영양강화 밀가루	기타 밀가루
	1등급	2등급	3등급		
(1) 성상	고유의 색택을 가진 분말로 이미·이취가 없어야 한다.			고유의 색택을 가진 분말로 이미·이취가 없어야 한다.	고유의 색택을 가진 분말 및 굵은 입자로 이미·이취가 없어야 한다.
(2) 수분(%)	15.5 이하				
(3) 회분(%)	0.6 이하	0.9 이하	1.6 이하	2.0 이하	2.0 이하
(4) 사분(%)	0.03 이하				
(5) 납(mg/kg)	0.2 이하				
(6) 카드뮴(mg/kg)	0.2 이하				

출처: 식품공전(밀가루류 기준 및 규격)

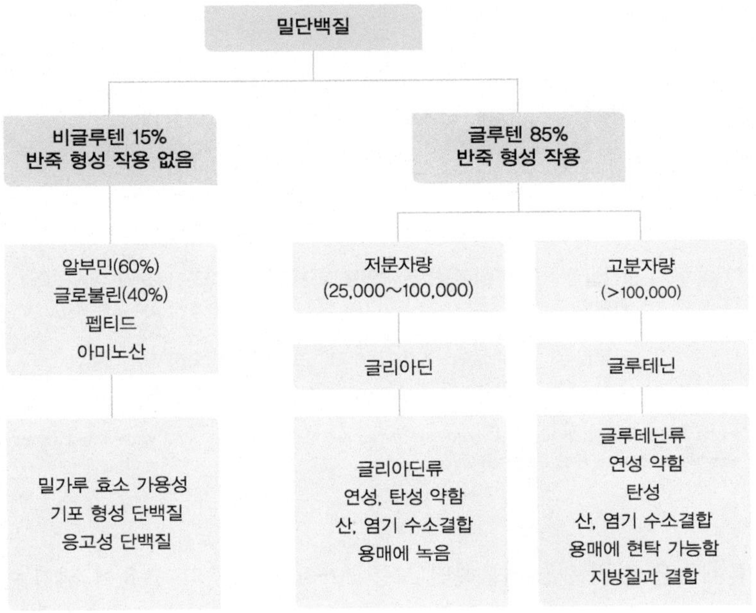

그림 4-26
밀단백질의 구조와 성질

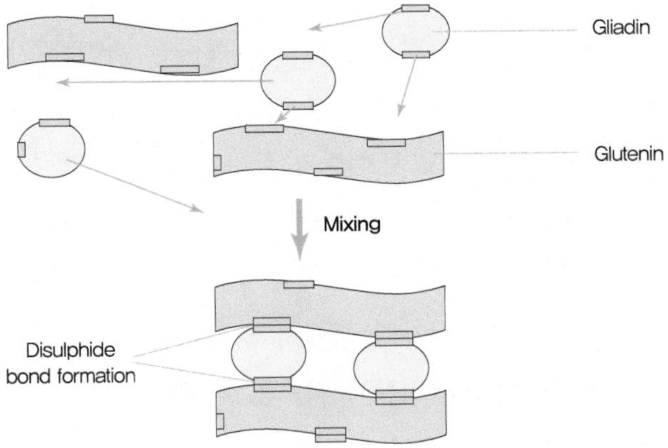

그림 4-27
글루텐 단백질의 구조적 특징

은 약 12~16% 정도이고 총단백질 중 글루텐 함량은 40% 정도이다. 강력분을 물과 반죽하면 탄력성, 점성, 수분 흡착력이 강해진다. 강력분보다 단백질 함량이 상대적으로 적은 준강력분의 경우 미국에서 생산되는 준강력밀인 hard, red, winter 등으로부터 제분되는 것이 많다. 준강력분은 주로 중국국수용으로 이용되고 있지만 생중국국수용의 경우는 생국수의 보존 과정에서 발생할 수 있는 갈변을 방지하기 위하여 효소 활성이 유의적으로 낮은 밀가루여야 한다.

표 4-13 **밀가루의 종류**

구분	단백질(%)	밀의 종류	용도	산지
강력분	12~16	경질밀	식빵, 바게트, 피자, 마카로니, 고급국수	미국산 DNS 캐나다산 CWRS
준강력분	10.5~12.5	중간질밀	중화국수, 빵	미국산 HRW 호주산 AH
중력분	10~13	중간질밀 연질밀	면류(우동) 등 제면용, 과자류	미국산 HRW, WW, SRW 호주산 AH, AS, ASW
박력분	8~11	연질밀	비스킷, 쿠키, 케이크, 크래커, 튀김	미국산 WW, SRW 호주산 AS, ASW

* DNS: Dark Northern Spring, CWRS: Canadian Western Red Spring, HRW: Hard Red Winter, AH: Australian Hard, WW: White Wheat, SRW: Soft Red Winter, AS: Australian Soft, ASW: Australian Standard White, HRS: Hard Red Spring

따라서 제빵용 강력분을 제분하면 보통 20~30% 정도의 수율이 생기는데 이 중 단백질 함량이 적은 것을 중국국수용 준강력분으로 하는 것이 흔하다. 준강력분은 중국국수, 과자빵, 소면, 냉면 등에 주로 사용된다.

준강력분과 박력분의 중간 정도의 단백질 함량을 가진 밀가루는 중력분인데, 우리나라 밀을 이용하여 제분되는 가루가 거의 중력분이다. 중력분은 밀 껍질 부분과 회분灰分이 많고 단백질과 글루텐 성분이 강력분과 준강력분보다 적어서 밀가루의 끈기가 상대적으로 떨어진다. 중력분은 글루텐의 탄력성, 점성, 수분 흡착력이 중간 정도이기 때문에 다목적 밀가루로 주로 사용되지만 제빵 적성은 좋지 않다. 밀가루 중에서 글루텐 함량이 가장 낮은 밀가루는 박력분으로 강력분이나 준강력분과 비교해 볼 때 총단백질 함량도 적고 비중도 작다. 연질소맥(박력소맥)으로부터 제분하는 박력분은 미국산 웨스턴화이트종에서 양질의 박력분을 얻게 된다. 우리나라의 경우, 전국의 밀에서 박력분에 가까운 것이 생산된다. 이때 고급 밀가루일수록 배유부 중심에서 취하였으므로 단백질과 회분 함량이 상대적으로 적다. 파리노그래프farinograph를 이용하여 밀가루의 반죽 특성인 반죽 시간과 안정도를 나타내는 도형인 파리노그램farinogram으로 보면 박력분은 강력분과는 달리 반죽 형성 시간이 상대적으로 짧고 반죽의 정도도 약하다.

(1) 회분 함량

밀가루의 회분 함량이 높으면 밀기울이 많이 섞여 있음을 의미하므로 회분 함량은 밀가루 등급 구분의 중요한 기준이 된다. 밀의 회분 함량은 종합적인 품질 지표 및 제분 능력의 척도로, 배유부에 상대적으로 적은 양이 함유되어 있고 밀기울에서 함량이 높으므로 밀 회분량 측정은 제분율을 알 수 있는 기준이 된다. 회분 함량이 0.5% 이하이면 밀기울이 들어가지 않은 밀가루, 0.7~1.5%이면 저급 밀가루로 간주하게 된다.

(2) 글루텐 함량

밀단백질의 글루텐 함량은 밀가루의 가공 특성을 부여하므로 여러 용도의 가공 적성에서 가장 중요한 요소라 할 수 있다. 상기한 바와 같이 글루텐 함량에 따라 강력분, 준강력분, 중력분, 박력분으로 구분하며 각 밀가루의 종류에 따라 용도도 차이가 있다.

(3) 밀가루의 가공 적성

여러 종류의 밀가루 품질에 의한 밀가루의 가공 적성은 밀가루 반죽이 가지는 특징에 의해 결정된다. 밀가루 반죽의 물리적 성질을 측정하는 방법으로 파리노그래프, 엑스텐소그래프extensograph, 아밀로그래프amylograph가 있다.

① 파리노그래프 일정한 온도에서 밀가루 반죽을 교반했을 때 반죽이 지닌 가소성plasticity과 이동성mobility을 동시에 측정하는 기기이다. 파리노그램은 반죽의 굳기에 도달하는 데 요구되는 수분함량(즉 흡수율) 및 반죽의 점탄성을 측정하여 관찰되는 형태이다그림 4-28. 파리노그래프는 50g 혹은 300g 규격의 믹싱볼mixing bowl을 이용하여 반죽의 굳기 정도가 500BUBrabender Units에 도달하도록 물을 첨가하고 관찰한다. 예를 들면, 섭씨 30°C의 믹싱볼과 밀가루 300g 정도를 혼합하여 반죽할 때 점성이 500BU에 도달할 수 있게 가수하며 반죽을 하는 것이다. 이 과정에서 첨가해 준 물의 양에 대하여 원료 밀가루 비율(%)이 수분 흡수율이 된다. 반죽의 물 흡수율이 정해지면 다시 반죽을 하면서 점조도 변화 패턴을 관찰하고 최종적으로 반죽의 물성을 평가하게 된다.

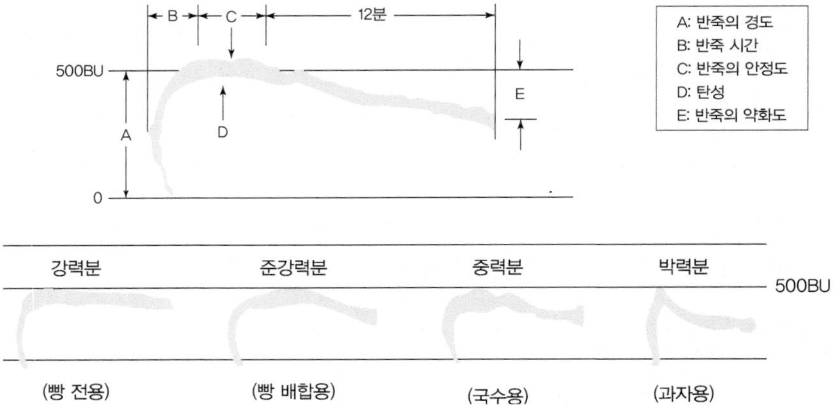

그림 4-28
파리노그래프

② **엑스텐소그래프** 밀가루의 반죽이 일정한 속도를 유지하면서 늘어나게 물리적 힘을 가하게 되면 특유의 저항력이 관찰되는데 이렇게 저항력을 측정하는 시험기기를 엑스텐소그래프라 한다. 엑스텐소그래프는 독일 Brabender사에서 제작하였는데 밀의 2차 가공 적성을 판단하기 위한 장치이다. 엑스텐소그래프는 늘어난 거리에 대한 반죽의 저항 간 관계를 평가할 수 있다. 따라서 밀가루 반죽을 형성하고 반죽의 종류에 따라 서로 다르게 나타날 수 있는 숙성 정도에 의해서 저항 정도가 물리적으로 변화하는 특성을 관찰한다. 즉, 엑스텐소그래프에서 엑스텐소그램extensogram을 관찰할 때는 밀가루 반죽이 끊어지는 시점까지 반죽의 길이를 늘려줌으로써 반죽의 신장도와 인장항력을 측정한다. 따라서 엑스텐소그래프는 밀가루의 효소나 산화환원의 영향을 받는 발효 단계에서 반죽의 성질과 특징을 판정할 수 있다는 장점이 있다**그림 4-29**. 예를 들면, 밀가루 300g에 소금 6g(2% NaCl)을 혼합하고 파리노그래프의 믹싱볼을 이용하여 500BU의 반죽을 원주상으로 성형한다. 이때 150g씩 두 개의 반죽으로 분할하여 기계에 부착되어 있는 성형기를 사용하여 원주상으로 성형한 반죽을 30°C에서 45분, 90분, 135분, 180분까지 반복하는데 각 시간마다 반죽의 신장력(extensibility, E), 신장저항(resistance, R), 에너지(A) 등을 엑스텐소그램의 도형으로 관찰한다.

③ **아밀로그래프** 소맥분이나 녹말 점도를 측정하는 기기로 전분이 호화되는 과정에서 점도 변화를 연속적으로 관찰할 수 있는 회전점도계이다. 아밀로그래

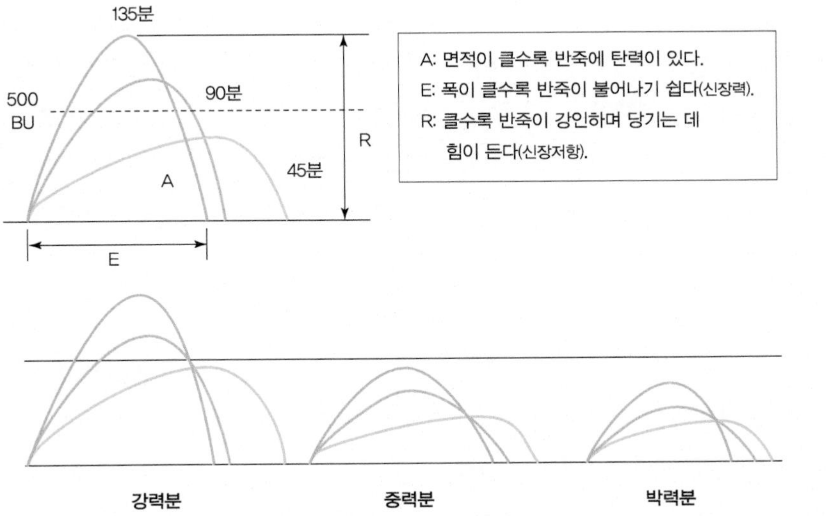

그림 4-29
엑스텐소그래프

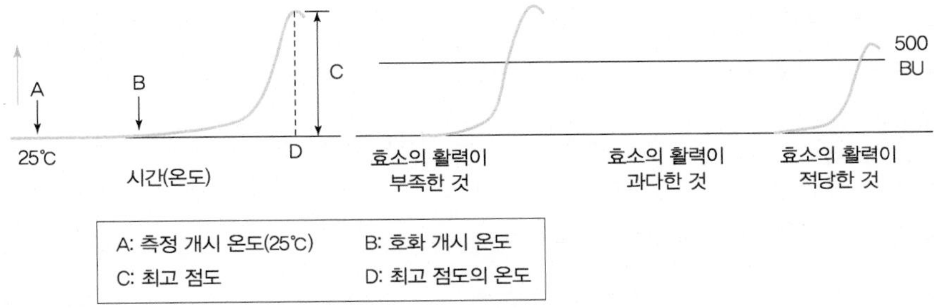

그림 4-30
아밀로그래프

프는 실린더 내부에 전분을 수용액 상태로 넣고 일정한 속도로 가열 혹은 냉각시키며 점도 변화를 아밀로그램amylogram의 도형으로 기록한다. 아밀로그램을 관찰하면 전분 수용액의 변화 과정마다 점도의 변화 등 전분의 특징을 알 수 있다. 예를 들면, 밀가루 65g과 물 450mL를 섞어서 25℃부터 95℃까지 온도를 상승시킨다. 이때 1.5℃/min의 속도로 가열하면서 전분의 호화 과정이 진행되는 동안 변화하는 점도를 관찰한다**그림 4-30**. 아밀로그래프를 이용한 관찰법은 전분 수용액의 α-아밀라아제 활성이 부족하면 빵이 건조한 상태로 되고 활성이 너무 높은 경우 질퍽한 빵으로 변하게 된다.

5) 밀가루 가공품의 종류와 특징

빵류는 곡물의 가루와 여러 가지 다른 부원료를 혼합하고 배합하여 가공한 반죽의 덩어리를 효모*Saccharomyces cerevisiae*가 생성하는 이산화탄소로 부피를 부풀리고 오븐에 구워 만든 제품 형태이다. 케이크는 주로 박력분을 이용하여 달걀 단백질의 특성인 기포성과 함기성을 이용하여 스펀지 조직을 형성해서 만든다.

(1) 제빵

빵의 종류는 크게 식빵류, 하스 브레드hearth bread, 조리빵류, 과자빵류, 특수빵 등이 있다표 4-14. 밀가루의 원료 특성에 따라 밀가루빵, 보리빵, 옥수수빵 등이 있고 발효 유무에 의해서 식빵, 롤빵, 번즈, 과자빵 등으로 구분할 수 있다. 빵의 제조방식에 의한 분류로는 단백질이 많은 밀가루를 이용하고 여러 종류의 조미료를 넣어 조미하여 제조한 미국식 빵과 단백질이 적은 밀가루를 이용하고 조미료는 될 수 있는 한 사용하지 않아 밀가루가 가진 특수한 맛 특성에 초점을 둔 프랑스식 빵 등이 있다. 발효 기작의 유무에 의한 빵의 분류로 효모 발효로 생긴 탄산가스를 이용하여 만든 식빵, 롤빵 등의 발효빵과 화학적 팽창제 등에 의해 생긴 가스를 이용하여 만드는 무발효빵이 있다. 주로 이용되는 팽창제로는 화학적 팽창제 혹은 달걀 흰자의 거품 등이 있고, 이와는 달리 부피를 팽창시키지 않은 케이크, 비스킷, 카스텔라 등의 무발효빵이 있다. 또한 굽는 방식에 의한 빵의 분류로 빵틀에 반죽을 일정하게 넣고 굽는 식빵 등의

표 4-14 **빵의 종류에 따른 분류**

구분	종류	설명
식빵류	옥수수식빵, 건포도식빵, 호밀빵, 풀만형식빵, 산형식빵, 우유식빵	• 가장 일반적인 빵으로 영국풍으로 구분됨 • 팬(pan)을 이용한 제품
하스 브레드	바게트, 하드롤, 비엔나 브레등 등	• 팬(pan) 없이 굽는 프랑스풍 • 저배합률(달걀, 유지, 설탕 등)
조리빵류	샌드위치, 햄버거, 피자, 소프트롤(soft roll)	• 빵 속에 야채, 햄 등 조미된 재료를 넣어 만든 제품
과자빵류	단팥빵, 크림빵, 스위트롤, 데니시 페이스트리, 크루아상 등	• 고배합률로 만든 빵으로 속에 충전물을 넣은 것 또는 모양으로 구분됨
특수빵	도넛(튀김류), 찐빵(찜), 브라운 & 서브롤(두 번 구움)	• 베이킹 방법이 다르거나 제조공정이 약간 특이한 것

팬 브레드pan bread와 반죽을 빵틀에 넣지 않고 굽는 크림빵, 팥빵 등의 하스 브레드 등이 있다.

일반적으로 제빵의 주원료인 밀가루, 효모, 소금, 물 등과 부원료인 설탕, 유지, 달걀, 우유(수분), 반죽개량제 등으로 세분하여 구분하기도 한다. 물은 반죽의 필수요소로 반죽 과정에서 글루텐 형성에 기여한다. 물의 사용은 밀가루 반죽의 농도, 온도 조절, 부재료의 혼합과 분산, 전분의 수화와 팽윤, 효소의 활성 제공 등 다양한 기능성이 있다. 제빵에 이용되는 효모는 빵 효모baker's yeast인 *S. cerevisiae*를 주로 사용한다. *S. cerevisiae*는 대사 과정에서 포도당을 효율적으로 이용하여 발효가 일어나고 발효 과정에서 생성된 이산화탄소가 반죽을 부풀게 하여 빵의 조직을 다공질로 변화시킨다. 제빵 과정에서 효모 사용량은 대체로 발효 속도와 빵 부피의 변화 정도에 관여한다표 4-15.

제빵 과정에서 효모에 의한 발효는 2차 대사산물인 에탄올ethyl alcohol, 알데히드aldehyde, 케톤ketone, 유기산organic acids 등을 생성하는데 빵의 독특한 향미를

표 4-15 **효모 사용량에 따른 발효 및 빵 부피의 변화**

압착효모 사용량(%)	굽는 시간(상대치)	빵의 부피(상대치)
1.75	105	97
2.00	100	100
2.25	97	100
2.50	94	100
2.75	87	102

표 4-16 **효모 먹이의 성분**

성분	함량(%)
$CaSO_4$	24.9
NH_3Cl	9.4
$KBrO_3$	0.7
NaCl	24.9
전분	40.5

표 4-17 **설탕 농도에 따른 효모의 발효능 비교**

설탕 농도(%)	이산화탄소 발생량(상대치)	
	효모 A	효모 B
4	100	100
10	92	96
15	76	87
20	61	75

부여하는 역할을 한다. 효모 먹이yeast food는 발효를 자극하여 촉진시키고 반죽 개량에 필요한 반죽 개량제의 기능성도 있다표 4-16. 설탕은 발효의 주원료가 되며 단맛, 색상, 점탄성 등 빵의 성질을 결정하기도 한다. 설탕은 첨가하는 농도에 따라서 효모의 이산화탄소 가스 발생량이 변화하기 때문에 고농도의 설탕 농도 첨가는 기질 농도의 과잉으로 인한 효모의 이산화탄소 발생량을 크게 감소시킨다표 4-17. 단백질분해효소protease의 활성을 억제하여 반죽 개량에 관여하는 소금은 주로 반죽의 점탄성을 높이고 부패미생물의 생육을 억제하며 밀가루 반죽의 미생물 특성을 조절한다. 쇼트닝은 밀가루 입자 사이에서 조직의 윤활작용을 하여 반죽이 잘 늘어날 수 있도록 물성을 부여하고, 반죽이 형성되었을 때 글루텐 막을 얇고 부드럽게 만드는 역할을 하여 이산화탄소에 의한 팽창이 용이하도록 돕는다. 쇼트닝과 같은 지방 성분은 반죽 구조를 안정화시킬 뿐 아니라, 식미, 영양가 향상, 저장성과도 관계가 깊다.

이 외에도 색깔, 향기, 맛, 저장성, 탄력성, 가스 보유력 등의 증가로 인하여 부피 증가 효과, 부드러운 조직감, 영양 성분 강화 등의 품질 향상을 목적으로 다른 부원료가 사용될 수 있으므로 사용하는 원료는 빵의 종류 및 제빵 방법 등에 따라 크게 달라진다표 4-18. 제빵 과정의 기본적인 방법으로 스트레이트법 혹은 직날법 등의 직접반죽법과 중종법 등의 스펀지도우법이 대표적이다.

제빵 과정에서 직접반죽법은 가장 기본이 되는 제빵법으로 원재료와 부재료를 모두 혼합하여 반죽하여 제조하는 방식이다그림 4-31. 직접반죽법의 장점은 공정 시간, 노동력, 전력, 장비 요구도가 상대적으로 낮고 발효에 의한 손실

표 4-18 **빵 원료의 배합(%)**

원료	식빵			과자빵		
	스펀지법		직접 반죽법	스펀지법		직접 반죽법
	스펀지반죽	본반죽		스펀지반죽	본반죽	
밀가루	70(%)	30(%)	100(%)	70(%)	30(%)	100(%)
효모	2	–	2	3	–	3
소금	–	2	2	–	1	1
설탕	–	5	5	–	25	25
쇼트닝	–	4	4	–	4	4
탈지분유	–	2	2	–	2	2
효소 먹이	0.2	–	0.1	0.2	–	0.2
레시틴	–	–	–	–	0.5	0.5
맥아추출물 (Malt extract)	–	–	–	–	0.5	0.5
물	42	20	62	42	12	54

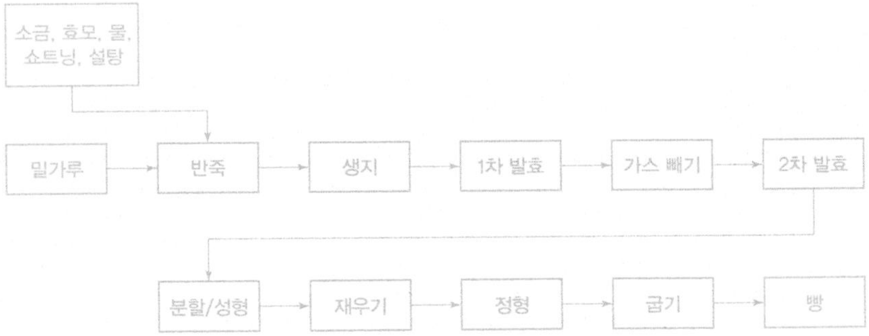

그림 4-31 **직접반죽법의 제조공정**

도 적다는 것이다. 한편, 직접반죽법의 단점은 발효 시간과 전체 공정이 진행될 때 오류를 점검할 여유가 없다는 것이다**표 4-19**.

스펀지법이라고도 하는 스펀지도우법은 반죽 과정을 두 번에 걸쳐 수행하는 반죽 방법이다**그림 4-32**. 스펀지법의 제빵 공정은 스펀지 제조, 2~5시간 정도의 발효, 도우dough 제조 등으로 구성된다. 스펀지법의 장점은 직접반죽법에 비해 효모 사용량이 적고 빵 부피와 텍스처가 좋으며 공정상 오류가 발생하는

표 4-19 **직접반죽법의 장점과 단점**

장점	단점
• 제조공정 시간이 단축된다. • 작업 시 제조장 및 설비가 간단하다. • 노동력이 절감된다. • 짧은 발효 시간으로 발효 손실이 감소한다.	• 발효 내구성이 약하다. • 반죽이 잘못되었을 때 반죽 수정이 불가능하다. • 노화가 빠르다.

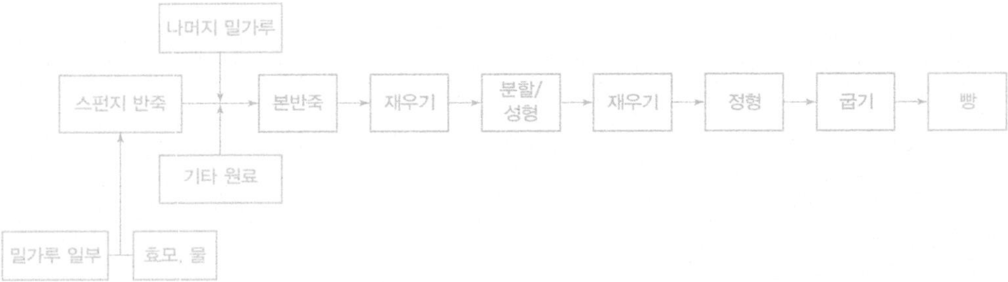

그림 4-32
스펀지법의 제조공정

경우에 즉시 편리하게 수정할 수 있다는 점이다. 단점으로는 장비가 많이 들고 시간이 오래 걸리며 발효 손실이 크고 노동력과 장소가 많이 소모된다는 점이 있다표 4-20.

상기 기술된 제빵법 이외에도 ① 직접반죽법과 스펀지법의 변법, ② 연속식 제빵법continuous mixing dough system, ③ 액종법liquid sponge method, ④ 비상 반죽법emergency dough, ⑤ 오버나잇 스펀지법overnight sponge, ⑥ 노타임법no-time method, ⑦ 냉동생지법frozen dough, ⑧ 찰리우드법charleywood method 등이 있다.

표 4-20 **스펀지법의 장점과 단점**

장점	단점
• 잘못된 공정을 수정할 기회가 있다. • 효모 사용량이 적다. • 빵의 조직과 속결, 부피가 좋다. • 저장성이 높다.	• 발효 손실이 크다. • 제조공정이 복잡하다. • 설비비와 노동력이 많이 든다.

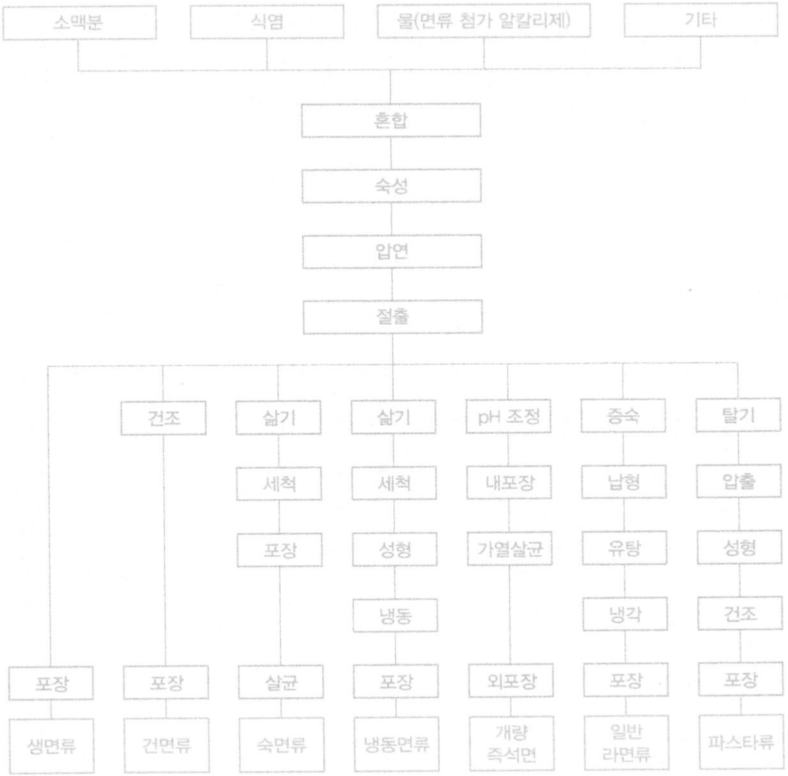

그림 4-33
면의 종류에 따른 제조공정

(2) 제면

국수류는 제조공정에 따라 원료에 물과 기타 원료를 넣고 반죽하여 면대를 형성한 후 절단하여 잘라 만드는 선절면, 압출기로 압출시켜 만드는 압출면, 길게 잡아당기고 빼서 만드는 신연면, 면을 만들어놓고 기름에 튀긴 즉석면 등이 있다. 또한 건조 방식에 따라 건조면과 생면으로 구분하기도 한다**그림 4-33**. 국수류 제조에 주로 쓰이는 원료는 밀가루이며 이 외에 전분, 메밀가루, 녹두가루, 쌀가루 등이 이용된다. 인스턴트 국수류는 밀가루나 기타 전분을 주원료로 하여 가공 후 다른 첨가물 등을 혼합하여 제면 공정을 거쳐 알파화(호화)한 것이다. 인스턴트 형식의 국수류로는 수프를 첨가한 것으로 유탕면, 냉면, 건면 등이 있다. 일반 국수류는 곡류 가루와 전분이 주원료가 되고 여기에 소금과 기타 첨가물 등이 혼합되어 제면한 것이거나 혹은 열처리와 건조 등의 방법으로 가공한 기계면, 수타면, 냉면, 당면 등이 있다.

(3) 기타

밀가루를 이용한 기타 제품으로 케이크, 크래커, 비스킷, 쿠키 등이 있고 스낵류snack의 경우 압연스낵과 압출스낵 등이 제조되고 있다.

4. 곡류 저장법

곡류는 수확부터 소비까지의 과정에서 제품의 품질이 변패될 수 있는 위험 요소와 오염 요인이 다양하게 존재한다. 쥐, 해충, 미생물 등에 의해 경제적 손실이 발생하는 곡류의 양은 전체 곡류량의 대략 10% 수준으로 높게 나타나므로 곡류의 저장법을 철저히 준수하여 사회적 손실을 최소화해야 한다. 곡물의 저장은 적당한 시설만 갖추면 저장 과정에서 곡류 성분의 변화와 함께 손실도 최소로 줄일 수 있으므로 곡류의 저장 초기 품질을 비교적 잘 보존할 수 있다.

1) 곡류 저장에서 고려해야 할 요인

수확 후에 저장된 곡류는 생리적 휴면상태에 있기 때문에 곡류 대사 과정의 이러한 특성을 이용하여 그 상태를 오랫동안 유지하는 것이 가장 좋은 저장 방법이다. 자연적인 환경조건에서는 저장 곡류에 변화가 수반될 수 있는 요인이 많고 해충과 미생물 등도 저장 곡류에 피해를 줄 수 있으며 여러 요인들 간 상호작용에 의한 곡류 제품의 변화도 발생할 수 있다. 곡류 저장에서 여러 가지 변패와 변질을 일으켜 피해를 주는 요인으로는 온도와 습도에 대한 영향이 우선적으로 가장 크다.

(1) 수분

수확 후 곡류가 일정 장소에 저장되면 저장소 환경에 따라 주변 공기의 습도와 저장 중인 곡류의 수분함량이 평형상태에 도달하여 상호 간 수분 평형상태가 된다. 대기 온도에 따라 습도가 달라지기 때문에 곡류 저장 시 대기 온도가 간접적으로 평형수분을 조절하는 중요한 인자이다표 4-21.

쌀은 도정 상태에 따라서도 평형수분함량에서 차이를 보일 수 있다. 현미

표 4-21 **현미와 보리의 평형수분함량 비교**

현미		보리	
상대습도(%)	수분함량(%)	상대습도(%)	수분함량(%)
10.1	5.2	15	6.1
20.8	7.0	30	8.5
39.4	9.7	45	10.1
61.1	13.1	60	12.1
71.0	14.5	75	14.4
75.4	15.0	90	19.5
92.1	20.3	100	26.8
97.3	24.5		

는 평형수분함량이 가장 높은 반면에 도정을 하지 않은 벼는 왕겨층을 포함하고 있어 수분 흡수가 어려워 평형수분함량이 가장 낮다. 현미는 왕겨층이 제거되고 쌀겨층이 남아 있으므로 단백질과 지질 등이 수분 흡수에 직접적으로 관여한다. 쌀은 이러한 이유로 벼 상태로 저장하였다가 필요한 경우에만 현미로 도정을 실시하게 된다. 현미의 저장 기간에 따른 평형수분함량은 품종에 따른 차이가 거의 없고 습도가 증가할수록 비례하여 높아지는 경향성을 가진다. 현미의 경우 저장 초기에는 변화가 심하지만, 5일 이후부터 변화가 유의적으로 감소하기 시작하여 약 3주가량 경과하게 되면 평형수분상태에 도달하게 된다**그림 4-34**. 따라서 현미의 저장 시 안전한 수분한계는 상대습도 76%와 평균수분 14.5%로 관찰된다. 이러한 수치는 항상 일정하지 않으며 온도, 습도, 저장 장소, 저장 지역, 저장 기간, 기타 발생 요인 등에 따라 다르다.

저장된 곡류의 호흡작용으로 곡류의 구성 성분인 영양 성분들이 소비되면서 이산화탄소가 발생하게 되는데, 현미는 수분함량 15% 이하에서는 저장 온도가 높다 하더라도 상대적으로 호흡량이 매우 낮다. 반면에 수분함량이 증가하면 비례적으로 호흡량이 증가하게 되는데, 상대습도 75%, 수분함량 17.5%에 각각 이르게 되면 호흡량이 유의적으로 증가하고 미생물 증식과 활동도 활발해진다**그림 4-35**. 또한 저장 시 곡물의 호흡이 급격하게 증가하는 현상은 곡물

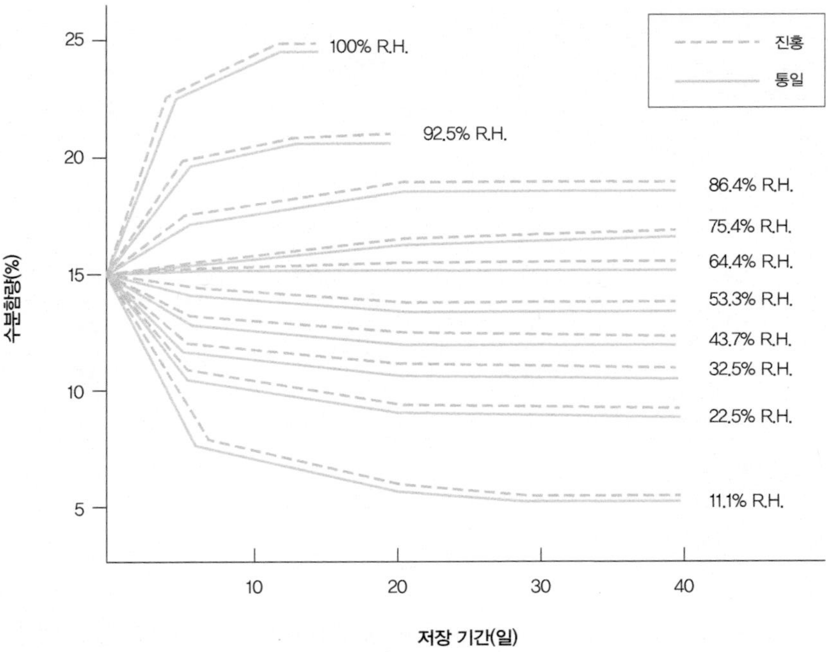

그림 4-34
상대습도에 따른 현미의 수분함량 변화

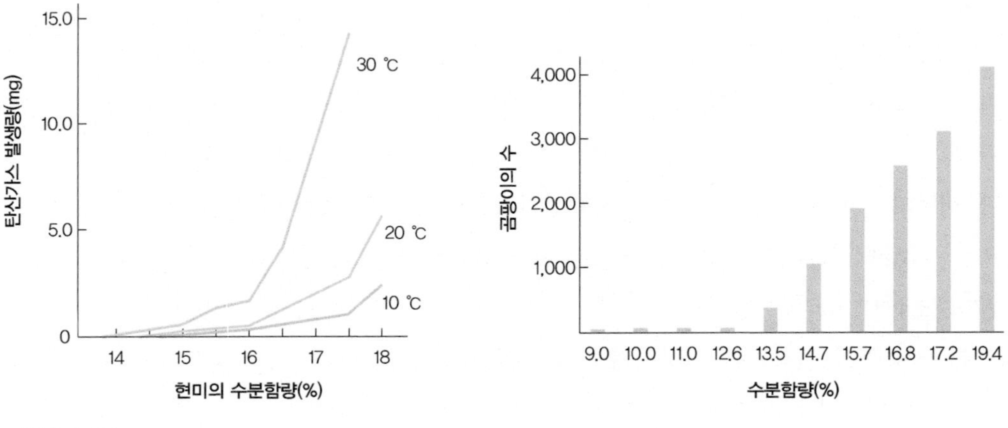

그림 4-35
현미의 수분함량과 호흡량(현미 100g/1일) 및 진균의 증식

의 호흡작용도 포함하지만 이보다는 저장소에서 곡물에 부착하는 주변 미생물에 의한 호흡량이 더 많으며 해충의 영향에 의한 호흡작용은 크지 않다. 예를 들어, 진균인 곰팡이의 증식은 수분함량 15% 이상에서 유의적으로 증가하므로 우리나라에서 벼의 수매 규격은 수분함량 15% 이하로 설정하고 있다.

표 4-22 **저장 온도와 바구미 번식 속도(마리, 수)**

온도(℃)	기간(월)					
	2개월	4개월	6개월	8개월	10개월	12개월
10	0	0	0	0	0	0
15	0	0	49	122	167	180
20	232	625	1,929	2,396	3,824	6,502
30	1,666	2,298	5,550	6,742	10,736	11,988

(2) 온도

곡류의 저장 중 곡물에서 측정되는 온도는 대체로 주변 저장 공간의 대기 온도와 같다. 저장 조건이 열악한 상황이라면 곡류의 자가호흡에 의한 발열 현상으로 곡류 품온이 주변 대기보다 더 높을 수 있다. 곡류 온도가 20℃ 정도에 이르게 되면 곡류 호흡에 의해 효소 활성도 활발해지며 해충 번식과 미생물 증식이 수반된다표 4-22.

즉, 곡류의 저장은 온도를 낮추는 저온에서의 저장법이 가장 중요한 조건이다. 이 밖에도 곡류 입자의 품질이 저장성에 많은 영향을 줄 수 있다. 품질이 좋지 않은 불건전한 곡류 입자는 유사한 조건의 수분 농도라 하더라도 좋은 품질의 곡류에 비해 주변의 여러 요인에서 유래하는 품질 변화를 피하기 어렵고, 미생물에 의한 오염도 일어나기 쉬우며, 이들의 증식과 대사 과정에서 호흡 증가에 의한 효소 활성도 증가하는 경향성을 보인다.

2) 곡류 저장 중의 변화

저장된 곡류는 저장 기간 중에 주변 환경의 조건에 의하여 여러 가지 변화를 보이는데 화학적·생리적 변화가 많이 관찰되며 곡류 성분의 변패에 의한 성분 변화와 품질 열화의 원인이 된다.

(1) 화학적 변화

곡류의 저장 과정에서 발생하는 화학적 변화는 지방 성분 분해에 의한 유리지방산 증가, 전분 성분 변화, 단백질 변성 등이 대표적이다. 지방 분해는 세균이나 곰팡이 등의 미생물 증식으로 발생한다. 미국의 경우, 벼와 현미의 저장성을 나타내는 지표로 지방산과 비환원당의 측정 방법을 이용한다. 곡류의 저장 조건이 불량하거나 장기간 저장하는 경우에 유리지방산의 증가와 비환원당의 감소가 수반된다.

이러한 화학적 변화는 환원당 분해도 증가시키지만 비환원당의 분해 속도가 상대적으로 더 빠르다. 현미를 저장하는 과정에서 염소(Cl)와 칼륨(K)은 곡립 바깥층으로부터 안쪽 배유부로 이동하기도 하고 비타민 B군도 유의적으로 감소하는 현상이 발생하는데, 특히 여름철에 그 정도가 더 심하다. 곡류는 저장 중 적정 산도가 증가하지만 pH 변화는 심하지 않다. 현미의 상온저장은 1년 정도가 경과하면 발아력을 거의 잃어버리지만, 저온저장을 하면 50~60%의 발아능이 남아 있어 생명 현상을 유지한다.

(2) 생리적 변화

① 호흡에 의한 변화 상기한 바와 같이, 곡류 저장 중에 곡류 자체의 호흡작용으로 곡류의 영양 성분이 감소하거나 변화하여 구성 성분의 성분비 변화가 관찰된다. 곡류의 호흡작용은 미생물과 해충의 대사작용이 서로 상호작용하므로 원인 요소 간의 밀접한 상관성이 있다. 곡류 수분함량과 온도는 호흡의 정도를 결정하는 주요 인자로, 낮은 수분함량과 저온의 저장 환경에서는 호흡량이 감소하여 저장성이 향상된다. 곡류의 수분함량이 증가하면 호흡량이 비례적으로 증가하고 미생물의 증식에 따른 대사활동도 활발해지므로 온도의 상승은 이와 같은 작용을 촉진하는 요인이 된다. 곡류는 호기적 호흡과 혐기적 호흡이 모두 가능하지만 혐기적 호흡이 지속될 경우 품질 저하가 빈번하게 발생할 수 있다. 곡류의 혐기호흡은 수분함량이 높게 유지되거나 불건전 곡류일 경우 많이 일어난다.

② 발열에 의한 변화 곡류의 저장 중 자연적으로 발열하는 경우는 곡류의 왕성한 호흡과 미생물의 번식이 함께 작용하여 발생한다. 곡류의 호흡만으로는 35℃ 이상의 발열이 일어나기가 어렵지만, 바구미나 곡식점부채좀나방 등의 해충이 부착하여 번식하게 되면 곡류 호흡에 의한 발열과 비교할 때 겨울에도

30~35℃를 유지하므로 해충이 계절과 상관없이 번식을 계속 되풀이하게 된다.

③ 생물에 의한 피해 곡류 저장에서의 다른 중요한 요소로, 해충, 미생물, 쥐 등의 생물에 의한 곡류 피해가 가장 크다. 전 세계 저장 곡류의 약 5% 정도는 해충에 의해 피해를 보고, 약 7% 정도가 쥐에 의해 손실되는 것으로 추정된다. 저장 중 곡류에 부착하여 기생하는 해충은 대략 수십 종이 알려졌는데 그중에서도 딱정벌레류, 나방류, 거미류 등이 가장 문제가 된다. 바구미와 같은 해충은 수분보다는 온도를 통해 어느 정도 방지할 수 있으므로 15℃ 이하로 유지하여 저장하는 것이 좋다. 특히, 쌀의 변질에 가장 관계가 깊은 미생물은 곰팡이로 알려져 있다. 곰팡이는 수분활성도 0.75 이하, 즉 수분함량 14.5% 이하에서는 생육하지 못하므로 수분함량을 감소시킴으로써 곰팡이의 번식을 억제할 수 있다.

미생물에 의한 피해는 해충에 의한 피해에 비해 향기의 변화와 착색 등의 품질 손실이라 할 수 있으며, 독소물질을 생성하는 것도 있다. 현재까지 알려진 곡류 저장 중의 유독 곰팡이로는 황변미병균yellow rice disease과 간암 유발균이 있다. 황변미병균은 수분함량이 14~15%로 비교적 높은 쌀에 *Penicillium islandicum* 등의 곰팡이가 생육할 수 있다. 이 곰팡이가 쌀에 생육하면서 적황색의 색소를 생산하며, 아이슬란디톡신islanditoxin이라는 독성분을 생성하여 간경변을 일으키므로 주의해야 한다. *Aspergillus flavus*는 저장 곡물에 번식해서 아플라톡신aflatoxin을 생성하며, 이것은 곰팡이독 중에서 가장 독성이 강한 물질로서 간암을 유발한다. 이 외에도 *P. rubrum*이 생성하는 루브라톡신rubratoxin B, *P. cyclopium*이 생성하는 사이클로피아존산cyclopiazonic acid이나 *Trichoderma viride*가 생성하는 트리코더민trichodermin 등이 알려져 있다.

(3) 물리적 변화

쌀의 저장 과정 중 시간이 어느 정도 경과하게 되면 흡수력과 흡수 팽창률이 서서히 낮아지고 강도는 점차 높아지게 된다. 쌀이 저장 과정에서 주변의 충해를 받거나 변질된 경우 쌀의 수분함량은 낮아지고 반대로 밀도는 증가하게 된다. 이러한 현상은 저장 시작 후 1~2년 동안은 큰 변화가 없지만 이 기간이 경과하게 되면 나타난다.

3) 곡류의 저장 방법

곡류의 저장법으로 일반적으로 사용되는 것은 상온저장, 저온저장, 사일로silo 저장, CA 저장 등이다. 상기한 바와 같이, 쌀의 경우는 벼의 형태로 저장하는 것이 저장성이 가장 우수하다. 외피를 제거하지 않은 벼와 보리는 저장 과정에서 단단한 표면으로 인하여 물리적 공격을 받기 어려우며 수분함량이 낮으면 미생물, 해충, 쥐 등 주변 환경에서 유래하는 생물체에 의한 피해도 줄어들게 된다. 벼의 부피는 현미의 거의 두 배에 이르기 때문에 창고의 용량이나 수송 등의 문제를 고려하면 대체로 단기 저장이 가능한 경우에는 현미로 저장하는 것이 적합하다.

(1) 상온저장법

일반적으로 사용하는 곡류의 저장 방식은 자연상태의 온도와 습도를 이용하여 곡물을 저장하는 것이 경제적이지만, 고온다습한 장소에서 보관하게 되는 경우에는 품질 열화가 비교적 빠르게 발생하므로 환기와 통풍을 조절해서 온도와 습도를 일정하게 유지시켜야 한다. 대표적으로 이용되는 상온저장 방법은 과거의 재래식 저장법을 개선한 것으로서 철재 또는 콘크리트로 운반시설, 적재시설, 통풍시설, 건조시설 등을 갖추어 사일로 형태로 저장하는 방법이다.

(2) 저온저장법

저장 중인 곡물의 해충 피해를 최대한 방지하기 위해서는 저장 공간의 온도가 15℃ 이하로 유지되는 것이 좋다. 여름철에는 저장 공간 창고를 15℃ 이하로 유지하고 상대습도는 70~80% 정도로 유지하는 것이 곡류의 일반적인 저온저장법이다. 곡류는 저온저장법을 통해 수분 감소에 의한 중량 감소, 호흡에 의한 품질 저하, 해충에 의한 피해, 발아율 저하, 비타민류 감소 등이 최소화될 수 있다. 곡류의 저온저장법은 곡물 품질이 유지되는 최적의 조건을 제공하므로 저온저장법을 사용하지 않은 경우와 비교해 볼 때 외관과 식미감도 상대적으로 우수하게 보존되고 개선된다. 저온저장 창고의 온도와 습도를 조절하는 방

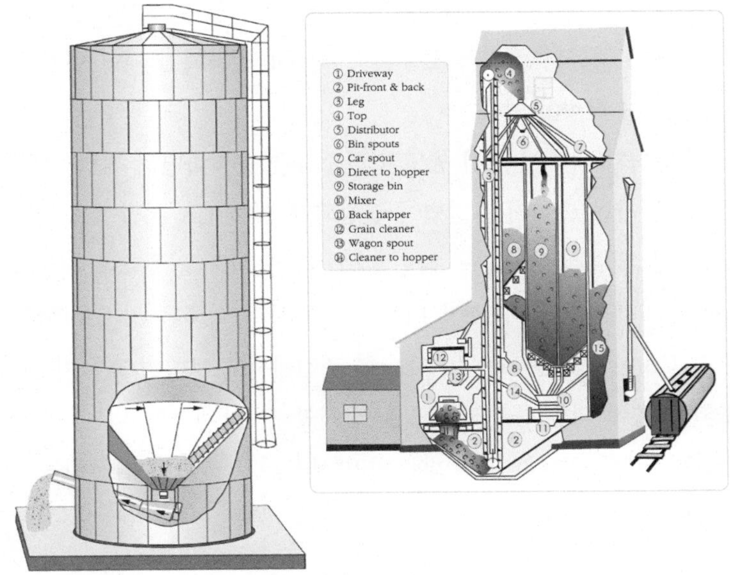

그림 4-36
사일로의 구조

법으로는 저온저장 장소의 바깥에 위치하는 냉동장치를 이용해 냉각된 공기를 만들어 제공함으로써 습도를 조절하고 강제 순환시키는 냉풍순환식과 창고 내에 냉각관을 설치하여 저장 공간 내의 공기를 직접 냉각하는 직접냉각식이 있다.

(3) 사일로 저장법

사일로silo는 곡물을 무포장 방식으로 저장 가능하도록 입체적 구조를 만든 저장탱크이다. 흔히 곡물 엘리베이터grain elevator라고도 하며 구조적으로 철근 콘크리트 등의 견고한 구조물로 되어 있다**그림 4-36**. 사일로의 곡물 저장 수용 능력은 최대 3만 톤까지 가능하며 일부 사일로에는 건조장치가 설치되어 있기 때문에 효율적인 저장이 가능하다.

(4) CA 저장법

무포장 곡물을 통기가 제대로 되지 않는 밀폐된 조건에서 저장하면 호흡에 의해서 저장 공간의 산소 농도는 점차 감소하게 되고 이산화탄소 농도는 증가한다. 이러한 조건이 형성되면 해충과 미생물의 증식과 생육이 효과적으로 억제되고 곡물 호흡 자체도 억제되므로 곡류의 성분 변화를 어느 정도 최소화할 수 있다. 그러나 곡물의 호기적 호흡을 지나치게 억제하게 되면 혐기적 호흡이 오히려 지속되는 단점이 있다.

이를 보완하기 위하여 최저 농도의 산소량을 유지하면서 적정 농도의 이산화탄소를 유지하는 CA 저장 방법이 권장되고 있다. CA 저장법은 가스저장법 controlled atmosphere storage이라고도 하며 식품 혹은 식품 원재료를 저장할 때 기체상으로 존재하는 가스의 조성 비율을 변화시켜 식품을 장기보존하는 방법을 말한다. CA 저장법은 고온 및 다습한 조건에서도 보존의 효율이 높기 때문에 건조와 저온에 의한 품질의 변질을 방지할 수 있다. 사용되는 기체상은 주로 이산화탄소(CO_2)로 CA 저장법에 널리 사용되고 있으며 최근에는 오존(O_3)도 시험적으로 이용되고 있다.

단원정리

1. 쌀 품종은 녹말 입자에서 아밀로펙틴 함량이 높은 자포니카쌀, 아밀로스 함량이 높은 인디카쌀, 이들의 중간 크기인 자바니카쌀이 있다.
2. 쌀은 곡류 원료 이외의 이물질을 제거하는 정선, 현미로 가공하기 위하여 왕겨를 제거하는 탈각, 현미에서 다시 백미로 만드는 현백 과정을 거친다.
3. 현백비율은 현미 무게에 대한 백미의 무게 비율이다.
4. 도정기는 벼의 왕겨를 제거하는 현미기, 현미에 잔존하는 쌀겨층을 제거하는 정미기(精米機), 보리를 도정하는 정맥기 등이 있다.
5. 도정 과정은 마찰, 찰리, 절삭의 원리를 이용한다.
6. 도정도에 따라 쌀은 겨층이 완전히 제거된 10분도, 50%가 제거된 5분도, 70%가 제거된 7분도로 구분한다.
7. 도정률은 도정된 정미의 중량 비율이 현미 기준 중량의 백분율이다.
8. 도감률은 도정으로 쌀겨 · 쇄미 · 배아 제거로 감소된 양을 나타낸 것이다.
9. 쌀 제품은 가공법에 따라 레토르트밥, 동결건조미, 냉동밥, 무균포장밥, 알파미, 팽화미 등이 있다.
10. 무세미는 쌀 표면의 요철부에 잔류하는 쌀겨를 완전히 제거하여 쌀의 세척 과정이 필요 없고 세척하는 과정에서 손실될 수 있는 영양분 손실을 방지하며 쌀과 밥의 백도를 향상시킨다.
11. 기능성 쌀은 키토기코산쌀, 동충하초쌀, 인삼쌀 등이 있으며, 영양강화 제품은 파보일드미, 코팅미, 영양강화미, 알파미, 팽화미, 쌀가루, 알콜성 음료 등이 있다.
12. 보리의 퍼짐성을 개선하기 위하여 정맥으로 가공하고 압연기를 사용하여 압맥으로 가공한다.
13. 할맥은 압맥과 달리, 보리를 세로로 이등분하고 다듬어 정제한 보리쌀인데, 취반성과 기호성을 향상시킨 것으로 미리 삶거나 불릴 필요가 없어 쌀과 함께 밥 짓기를 할 수 있고 압맥보다 크기가 작고 빛깔도 희다.
14. 보리는 쌀, 콩, 밀기울, 다른 잡곡 등으로 코지균을 배양하여 효소를 생산하므로 장류와 주류 제조에서 제국 원료로 이용한다.
15. 밀은 도정 과정에서 종구가 제거되지 않고, 외피가 단단하지만 배유가 부스러지기 쉬우며, 가루로 가공하면 소화율이 좋아져서 일반적으로 제분하여 이용한다.
16. 밀은 조직 강도에 의하여 강력분의 원료인 경질밀, 박력분의 원료인 연질밀, 중력분의 원료인 중간질밀로 구분한다.
17. 보통밀은 가장 많이 재배되는 밀 품종으로 제과와 제빵 적성이 우수하며, 클럽밀은 단백질 함량이 적고 조직이 연하여 제과용으로 이용하며, 듀럼밀은 파스타 원료로 이용하기에 적합하다.

18. 밀의 제분 과정은 정선, 조질, 제분 공정으로 구분한다.

19. 밀 가공에서 조질은 가수공정인 '템퍼링(tempering)'과 가열 과정인 '컨디셔닝(conditioning)'을 포함한다.

20. 밀 제분 공정의 분쇄 공정에서 조쇄롤은 압착, 절단, 비틀기의 세 가지 기작으로 분쇄한다.

21. 체분리에 따른 밀가루의 종류는 스루(through), 오버테일(over tails), 세몰리나(semolina), 미들링(middling), 더스트(dust), 플로어(flour)로 구분한다.

22. 분쇄공정에서 각각의 롤러에서 얻어진 밀가루는 파쇄분(break flour), 미들링분(middling flour), 페이턴트분(patent flour), 클리어분(clear flour), 스트레이트분(straight flour), 말분(tail flour or red dog) 등이 있다.

23. 밀 제분은 파쇄와 체질, 순화, 분쇄 공정에 의해 밀기울(bran), 쇼츠(shorts), 클리어분(clear flour), 배아(germ), 페이턴트분(patent flour)으로 구분하기도 한다.

24. 제분된 밀가루의 표백에는 옥시카로티노이드 색소인 잔토필, 과산화질소, 과산화벤조일, 이산화염소 등이 사용된다.

25. 밀가루 품질 규격의 결정 인자는 성상, 수분(%), 회분(%), 사분(%), 납(mg/kg), 카드뮴(mg/kg) 등이다. 또한 밀 단백질 함량도 품질과 규격을 결정하는 데 중요하다.

26. 밀가루의 가공 적성은 밀가루 반죽의 물리적 특징에 의하여 결정되며 파리노그래프, 엑스텐소그래프, 아밀로그래프를 이용한다.

27. 제빵 과정에는 직접반죽법과 스펀지도우법이 널리 이용되며, 이 외에 직접반죽법과 스펀지법의 변법, 연속식 제빵법, 액종법, 비상 반죽법, 오버나잇 스펀지법, 노 타임법, 냉동생지법, 찰리우드법 등이 있다.

28. 현미 저장 시 안전한 수분 한계는 상대습도 76%와 평균수분 14.5%이다. 상대습도 75%, 수분함량 17.5%에 이르면 호흡량이 증가하고 미생물 증식도 활발해진다.

29. 곡류 온도가 20℃에 이르면 곡류 호흡으로 효소활성이 활발해지고 미생물 증식도 증가한다.

30. 곡류 저장 과정에서의 화학적 변화는 유리지방산 증가, 전분 성분의 변화, 단백질 변성 등이다.

31. 곡류 저장법으로는 상온저장, 저온저장, 사일로 저장, CA 저장 등이 있다.

연습문제

1. 다음 중 곡류의 도정 과정에서 도정기의 원리가 아닌 것은?

① 연삭작용 ② 분쇄작용

③ 충격작용 ④ 마찰작용

2. 백미의 여러 가지 성분 중에서 도정에 따른 도정률에 의한 변화가 다른 하나는?

① 단백질 ② 지방

③ 탄수화물 ④ 수분

3. 현미를 백미로 도정하는 과정에서 쌀겨층에 해당하지 않는 부분은?

① 과피 ② 종피

③ 왕겨 ④ 호분층

4. 쌀의 도정 정도를 나타내는 지표인 도정률에 대한 옳은 설명은?

① 미곡의 왕겨층이 제거된 정도로 표시하는 방법이다.

② 도정된 정미의 무게가 편미 무게의 몇 %인지를 나타내는 방법이다.

③ 도정된 미곡이 파괴된 정도를 비율로 표시하는 방법이다.

④ 도정 과정 중에 손실된 영양소를 비율로 나타내는 방법이다.

5. 밀의 제분 과정을 공정 순서대로 옳게 나타낸 것은?

① 정선-순화-조질-조분쇄-사별-미분쇄

② 정선-순화-조분쇄-사별-조질-미분쇄

③ 정선-조질-순화-조분쇄-사별-미분쇄

④ 정선-조질-조분쇄-사별-순화-미분쇄

6. 밀의 제분 공정에서 템퍼링(tempering)의 목적이 아닌 것은?

① 배유의 분쇄 및 포장

② 외피와 배유의 분리조장

③ 외피의 분쇄에 용이하도록 조절

④ 외피를 단단하게 하도록 조절

7. 다음 중 파리노그래프(farinograph)에 대한 구성 요소가 아닌 것은?

① 밀가루의 아밀라아제 활성 관찰

② 밀가루의 색도 관찰

③ 밀가루의 입도 관찰

④ 밀가루의 점탄성 관찰

8. 밀가루를 이용하는 제빵 과정에서 제빵의 특성에 가장 큰 영향을 주는 요인은?

① 회분 함량　　② 색깔

③ 단백질 함량　　④ 당 함량

9. 저장 곡물에 번식해서 아플라톡신(aflatoxin)을 생성하며 곰팡이독 중에서 가장 독성이 강한 물질로 간암을 유발하는 균주는?

10. 곡류의 저장 방법으로 가장 널리 사용되고 있는 네 가지 저장 방법을 서술하시오.

정답

1. ② 2. ③ 3. ③ 4. ② 5. ① 6. ④ 7. ④ 8. ③ 9. *Aspergillus flavus* 10. 상온저장법, 저온저장법, 사일로 저장법, CA 저장법

CHAPTER 5

두류 가공

Soybean Processing

CHAPTER 5

두류 가공

개요

두류는 콩과의 식물 또는 식물의 씨를 일컫는 말로, 미국에서는 'legumes', 영국에서는 'pulse'로도 부른다. 흔히 콩으로도 부르는데, 우리나라에서 생산되는 콩은 대두(soybean), 팥(small red bean), 녹두(mung bean), 강낭콩(kidney bean), 완두(green peas), 땅콩(peanut) 등이 알려져 있다. 우리 식생활에서 콩은 부족한 단백질과 지방질을 제공하는 우수한 영양 공급원이지만, 견고한 조직, 독특한 풋내, 그리고 난소화성 탄수화물(indigestible carbohydrate), 트립신 저해제(trypsin inhibitor) 등의 생리적인 저해물질을 가지고 있어 소화와 흡수가 어렵다. 이에 콩은 콩나물, 두부, 된장, 간장 등 소화흡수율이 좋은 식품 형태로 가공되어 이용되고 있다. 여기에서는 두유, 두부, 콩나물, 콩기름, 장류를 다루고자 한다.

1. 콩의 성분

콩에는 단백질, 지방질, 탄수화물, 회분과 같은 일반 성분과 함께 트립신 저해제, 헤마글루티닌 등의 영양저해물질과 아이소플라본, 사포닌과 같은 기능 성분 등이 다양하게 함유되어 있다.

1) 일반 성분

콩은 일반적으로 단백질 20~45%, 지방질 18~22%, 탄수화물 22~29%, 회분 4~5% 정도의 일반 성분을 함유하고 있다. 콩 단백질은 약 90%가 수용성 단백질로 존재하며, 대부분이 글로불린globulin계에 속하는 글리시닌glycinin이다. 지방질은 대부분이 중성지방으로서, 구성 지방산은 리놀레산linoleic acid 52~57%, 올레산oleic acid 32~36%, 팔미트산palmitic acid 등의 포화지방산이 7~14% 함유되어 있다. 또한 인지방질로서 레시틴lecithin이 1~3% 정도 함유되어 있다. 일반적으로 레시틴은 식품가공에서 다른 지방질을 물과 잘 섞이도록 해주는 유화제로 사용되며, 체내에 들어가면 지방질의 소화·흡수를 도와주는 역할을 한다. 탄수화물로는 셀룰로스, 펙틴, 펜토산, 갈락탄 등의 다당류가 존재하고, 자당(약 5%) 이외에 특이적으로 비소화성 올리고당류로서 3당류인 라피노스raffinose 1~2%와 4당류인 스타키오스stachyose 3~8%가 존재한다. 그 밖에 비타민, 무기질

그림 5–1
콩의 종류

이 소량 함유되어 있다. 기타 배당체 성분으로는 적혈구 용혈작용이 있는 사포닌saponin과 황색 색소의 일종으로 에스트로겐 호르몬 유사작용을 하는 아이소플라본isoflavone이 대표적이다.

2) 영양저해물질

영양저해물질로는 트립신 단백질 분해효소의 작용을 억제하는 물질인 트립신 저해제trypsin inhibitor, 적혈구응집소인 헤마글루티닌hemagglutinin 등이 존재하나, 가열처리를 통하여 쉽게 불활성화된다. 비타민 C는 없고, 리폭시제네이스lipoxygenase 활성에 의하여 콩 특유의 풋내가 나타나게 된다. 콩 올리고당류인 라피노스와 스타키오스가 대장 내에서 혐기성 세균에 의해 분해되면 N_2, CO_2, CH_4 등의 가스가 발생하기도 한다.

3) 기능 성분

최근 콩으로 만든 식품을 장기간 섭취하면 각종 성인병 예방 효과가 있다는 연구 결과가 속출하고 있다. 이 같은 기능성을 나타내는 콩 속의 생리활성 성분으로는 대표적으로 식이섬유소, 올리고당, 아이소플라본, 사포닌, 레시틴, 펩타이드, 비타민 E 등을 들 수 있다.

2. 콩 가공식품

콩은 부족한 단백질과 지방질을 제공하는 우수한 영양 공급원이며, 여러 생리활성 성분을 포함하고 있지만, 조직이 단단하여 그대로 조리한 것을 식용하면 소화·흡수가 잘되지 않는다. 가열처리를 하지 않은 콩의 소화율은 82%인 데 반하여 익힌 콩은 90%, 두부는 95%이며, 간장은 98%, 된장은 85%이다. 이와 같이 착유, 마쇄, 발효, 발아 등의 과정을 거쳐 생산된 두유, 두부, 간장, 된장 등과 같은 가공식품을 통해 콩의 이용률을 높일 수 있다. 콩 가공식품은 크게 두부, 두유, 콩나물, 콩기름, 콩단백 등의 비발효식품과 된장, 고추장, 청국장 등의 발효식품으로 분류할 수 있다.

1) 두유

두유는 콩의 수용성분을 추출하거나 콩 단백질을 물에 분산시켜 만든 우유와 비슷한 음료이다. 두유는 물에 불린 콩을 갈아 여과하고 끓여서 만들거나 분리대두단백을 물속에서 다른 성분들과 같이 안정화시켜 만들기도 한다. 중국과 일본에서는 수백 년 전부터 이용되었고, 우리나라에서도 두유를 콩국이라 하여 예로부터 여름에 음료나 국수를 말아 먹는 데 이용하였다.

두유는 단백질, 지질, 탄수화물, 무기질, 비타민과 같은 필수영양소를 함유하고 있고 소화율도 높다. 우유에 비해 단백질 함량은 높으면서 열량은 더 낮을 뿐만 아니라, 유당이 함유되어 있지 않아 유당불내증lactose intolerance이나 알레르기를 가진 유아 및 성인도 섭취가 가능하다는 장점이 있다. 단, 콩 속에 존재하는 리폭시제네이스는 콩을 마쇄하는 과정에서 불포화지방산을 산화시켜 두유의 콩비린내를 유발한다. 이 리폭시제네이스는 80℃에서 10분 이상 가열하면 불활성화된다.

2) 두부

두부는 콩을 물에 충분히 침지하여 물과 함께 마쇄하여 끓인 다음, 여과 또는 압착하여 얻어진 두유에 응고제를 첨가하여 응고시켜 그중의 단백질 성분을 응고 침전시킨 후 압착 성형한 것이다. 수분함량 및 지방산의 불포화도가 높아 지방질의 산패 및 미생물에 의한 변질이 용이하여 저장성에 유의해야 한다.

(1) 두부의 제조원리

대두에서 추출한 두유액에는 대두의 수용성 단백질인 글리시닌이 존재한다.

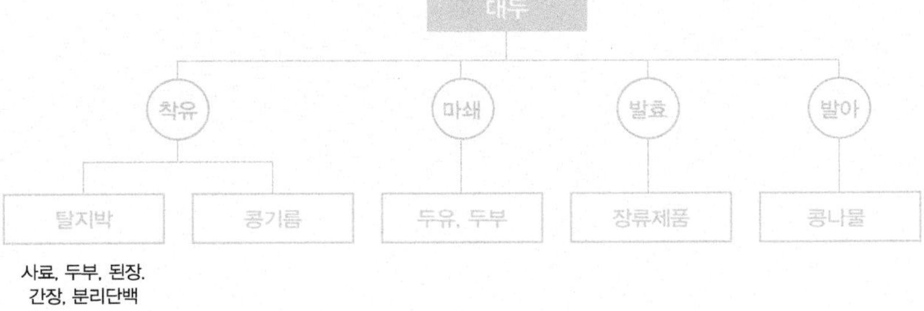

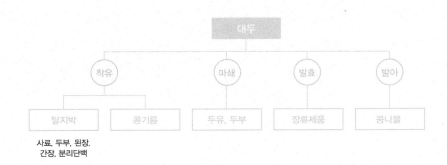

그림 5-2
콩을 이용한 가공식품
출처: 남궁성 외(2000).

음전하를 띠는 이 단백질에 칼슘 이온과 같은 양전하를 띠는 응고제를 첨가하면, 글리시닌 분자 사이에 가교를 만들고 단백질 분자와 반응하여 침전, 응고물을 만든다. 이같이 침전되어 응고된 겔상의 식품을 두부라고 한다.

(2) 두부의 종류

「식품공전」을 보면 두부류는 "두류를 주원료로 하여 얻은 우유액을 응고시켜 제조·가공한 것으로 두부, 유바, 가공두부를 말하며, 묵류라 함은 전분질이나 다당류를 주원료로 하여 제조한 것을 말한다."라고 정의되어 있다. 각각의 두부 유형별 규격은 **표 5-1**과 같다.

두부는 제조 과정 중 가열 시간과 응고제, 굳히는 방법에 따라 여러 종류로 나뉜다. 대표적인 두부 제품의 종류는 **표 5-2**와 같다.

(3) 두부의 제조 과정

일반적으로 두부의 제조 과정은 **그림 5-3**과 같이 기본적으로 콩에서 두유를 만드는 공정과 두유에서 두부를 만드는 공정으로 나눌 수 있으며, 제품의 종류에 따라 압착 여부나 응고 시 사용하는 용기와 응고 방식이 다르다. 보통 두부의 제조 과정을 중심으로 알아보면 다음과 같다.

표 5-1 **두부의 유형**

구분	규격
두부	대두(대두분 포함, 100%, 단 식염 제외)를 원료로 하여 얻은 대두액에 응고제를 가하여 응고시킨 것을 말한다.
전두부	대두(대두분 포함, 100%, 단 식염 제외)를 미세화하여 얻은 전두유액에 응고제를 가하여 응고시킨 것을 말한다.
유바	대두액을 일정한 온도로 가열 시 형성되는 피막을 채취하거나 이를 가공한 것을 말한다.
가공두부	두부 또는 전두부 제조 시 다른 식품을 첨가하거나 두부 또는 전두부에 다른 식품이나 식품첨가물을 가하여 가공한 것을 말한다(다만, 두부 또는 전두부 30% 이상이어야 한다).
묵류	전분질원료, 해조류 또는 곤약을 주원료로 하여 가공한 것을 말한다.

출처: 식품공전.

표 5-2 **두부의 종류 및 특징**

구분	특징
일반두부	대두 고형분이 7~10%인 두유를 응고하고 파쇄, 성형하여 만든 것으로 수분이 85% 내외인 것
생두부	대두 고형분이 11~13% 내외인 두유를 그대로 응고하여 굳혀 내부가 매끈한 두부로, 수분이 87% 내외인 것
연두부	고형분이 10% 내외인 두유를 냉각 후 가열 응고시킨 것
순두부	고형분이 8~9% 내외인 두유를 냉각 후 가열 응고시킨 것
경두부	일반두부를 압착 시에 수분을 78% 이하로 압착한 것
유부	3~5%의 두유를 단시간 가열하여 응고시킨 후 2단계에 걸쳐 튀긴 것

출처: 한국식품과학회 대두가공이용분과(soynet.org).

① **선별 및 세척** 두부 제조 시에는 오래 저장된 콩보다는 저장 기간이 짧고 물의 흡수속도가 빠른 콩을 사용하는 것이 좋다. 흙이나 먼지 내부에 미생물이 혼재되어 추후 두부 제조 중 혼입되면 두부 부패의 원인이 될 수 있다. 따라서 체 등으로 이물질을 걸러낸 뒤 충분한 세척을 실시해야 한다.

② **침지** 침지를 통해 콩에 충분히 물이 흡수되면 마쇄가 비교적 용이해진다. 기온이 높으면 물의 흡수가 빠르고 기온이 낮으면 흡수가 늦어지므로 온도에 따라 침지 시간을 다르게 해야 한다. 콩 본래 중량의 2.2~2.3배가 되면 충분하

그림 5-3
두부 제조 과정
출처: http://www.taejingns.com

며 과도하게 침지될 경우 콩 속 성분이 용해되어 손실될 뿐만 아니라 미생물 번식의 원인이 되므로 주의해야 한다.

③ 마쇄 마쇄는 침지시킨 대두를 충분히 미립자 상태로 만드는 것인데, 너무 미세하게 마쇄해 버리면 나중에 비지를 분리할 때 비지가 체의 그물눈을 막아 버릴 수 있으므로 주의해야 한다. 마쇄 과정에서도 물이 필요한데, 이는 마쇄 중에 열이 발생하는 것을 막고, 마쇄 중 물에 용해되는 콩 성분을 용출시키기 위해서이다. 마쇄 시 사용되는 물의 양과 콩 입자 크기에 따라 두유 추출 비율이 달라진다. 콩 입자가 작으면 추출수율은 좋아지지만 비지 분리가 어려워지며, 가수량이 많으면 추출수율이 좋아지나 농도가 낮아지는 경향이 있다.

④ 가열 가열의 목적은 콩의 고형분과 단백질의 추출수율을 높이고, 트립신 저해제와 여러 효소를 불활성화하며, 콩비린내를 없애고 살균하는 데 있다. 가열 온도는 100℃ 정도가 양호하다. 가열이 너무 지나치면 단백질 변성에 의한 불용성화로 수율이 감소하고 두부의 매끈한 촉감이 없어질 수 있다. 마쇄 시 섞여 들어간 공기가 가열되면 외부로 분출되면서 단백질이나 사포닌 때문에 거품을 형성하게 되고, 이로 인하여 열전달이 방해되어 설익는 부분이 생길 수 있다. 거품을 제거하기 위하여 규소수지, 글리세린 지방산 에스테르, 대두 인지질 등의 소포제를 소량 첨가하면 좋다. 가열한 마쇄 콩죽은 비지와 분리하여 두유를 얻는다.

⑤ 응고 응고는 두유에 응고제를 첨가하여 단백질을 지방과 함께 응고시키는 공정이다. 응고제의 종류, 첨가량, 두유의 농도, 응고제 첨가방법 등에 따라 두부의 맛, 촉감, 수율 등이 달라질 수 있다. 중요한 것은 두유와 응고제를 충분히 균일하게 혼합하는 것이다. 두유의 농도가 낮거나 응고제의 양이 많은 경우, 그리고 응고 온도가 높은 경우 생성되는 두부는 딱딱하고 수율도 저하된다. 따라서 응고제는 되도록 소량의 물에 용해하여 가하고 두유의 온도를 장시간 유지하는 것이 좋다.

두부 제조에서 콩 다음으로 중요한 원료는 응고제이다. 응고제는 화학물

표 5-3 **응고제의 종류 및 특징**

응고제의 종류	첨가온도	용해도	장점	단점
염화마그네슘 ($MgCl_2 \cdot 6H_2O$)	75~80℃	수용성	• 응고 시간이 빠르고 압착 시 물이 잘 빠짐 • 맛이 좋음	• 두부가 거침 • 수율이 낮음
황산칼슘 ($CaSO_4 \cdot 2H_2O$)	80~85℃	난용성	• 두부의 색택이 좋고 조직이 연함 • 수율이 좋음	• 물에 잘 녹지 않아 사용이 불편함 • 맛이 덜함
염화칼슘 ($CaCl_2 \cdot 2H_2O$)	75~80℃	수용성	• 응고 시간이 빠르고 압착 시 물이 잘 빠짐	• 두부가 거침 • 수율이 낮음
글루코노델타락톤 ($C_6H_{10}O_6$)	85~90℃	수용성	• 사용이 쉽고 응고력이 우수함 • 수율이 높음	• 약간 신맛이 있음 • 조직이 연함

질로서 식품첨가물급인 황산칼슘, 염화칼슘, 염화마그네슘, 글루코노델타락톤 GDL: glucono-δ-lactone 등 네 종류만이 사용할 수 있는 첨가물로 허용되어 있다. 각 응고제의 종류 및 특징은 **표 5-3**과 같다. 전통적으로는 천일염에서 흘러나오는 간수를 응고제로 사용하여 왔으나 해양오염 및 이물질의 혼입 등 위생상의 문제로 거의 사용하지 않고 있다.

염화마그네슘은 해수에서 소금을 채취한 후의 부산물인 간수의 주성분으로, 콩 본연의 맛을 가장 잘 나타내는 응고제이다. 염화마그네슘은 황산칼슘이나 글루코노델타락톤과는 달리 두유와 혼합하면 바로 반응하는 속효성 응고제이다. 따라서 두부 제조 시 작업 속도도 빠르고 응고 작업도 쉬우나, 보수성이 큰 두부를 제조할 때에는 빠른 반응성 때문에 균일하게 응고시키는 데 상당한 어려움이 있다.

황산칼슘은 보통 두부 제조 시 가장 널리 사용되는 응고제이다. 이는 반응속도가 느려 사용하기가 쉽고, 부드럽고 보수성이 좋은 두부가 되기 때문이며, 무엇보다 값이 저렴하다는 것이 큰 장점이다. 황산칼슘의 경우 가열 후 냉각하면 경도가 상당히 높아져 씹을 때 촉감이 부드럽지 않을 수 있다.

염화칼슘은 물에 잘 녹아 작업하기에 편리하고 응고가 신속히 일어나는 장점이 있으나, 두부를 만들었을 때 보수력이 낮아 수율이 떨어지며 두부의 조직감이 거칠고 단단한 것이 단점이다. 염화칼슘을 사용할 때에는 세 번에 나눠서 천천히 가하여 교반한다.

글루코노델타락톤은 유기물질 응고제로 냉각시킨 두유에 GDL을 용해시킨 후 열을 가하면 글루콘산gluconic acid으로 바뀌면서 단백질과 응고되는 원리를 이용하는 것이다. 두유는 이 산과 반응해서 보수력이 풍부하고, 응고된 단백질의 망상구조가 균일한 부드러운 조직의 응고물이 된다. 하지만 조직이 너무 연하고 약간의 신맛이 나는 단점이 있다.

3) 콩나물

콩나물은 재배법이 간단하고, 계절에 관계없이 짧은 기간 내에 생산할 수 있을 뿐 아니라 담백한 맛 때문에 우리의 식생활과 밀접한 관계를 맺게 되었으며, 비타민이 부족하기 쉬운 겨울철에 국이나 무침 등으로 많이 이용해 왔다. 콩에는 비타민 C가 거의 없으나 콩나물에는 발아에 의해 비타민 C가 생기며, 숙취해소에 좋다고 알려진 아스파라긴산을 다량 함유하고 있어 해장국의 재료로 많이 사용된다. 원료 콩을 물에 담가 수분을 충분히 흡수시킨 후 어두운 곳에서 발아시켜 자주 물을 주어 성장시킨다.

4) 콩기름

콩기름은 콩으로부터 채취하여 만든 것으로 전체 식용유 생산량의 1/3을 차지한다. 콩에는 20% 정도의 기름이 있는데, 그 기름 속에는 올레산, 리놀레산, 리놀렌산 같은 다량의 불포화지방산뿐만 아니라 천연 항산화제인 토코페롤이 함유되어 있다. 콩기름의 색은 담황색이며, 구수한 맛이 나고 향이 없는 것이 특징으로 튀김, 샐러드, 쇼트닝, 마가린의 원료로 사용된다. 인지질, 유리지방산, 색소, 냄새 등의 불순물이 들어 있으므로 정제 과정을 거쳐 최종제품을 얻게 된다. 콩을 정선 건조하여 탈피한 후, 50~60℃에서 가열하여 압편 롤러로 눌러서 납작하게 플레이크를 만든다. 이 박편을 유기용매인 헥산hexane으로 추출하여 기름을 얻고 용매와 기름의 끓는점의 차이를 이용하여 분별증류하여 회수한다. 이것을 탈검, 탈산, 탈색, 탈취 공정을 거쳐 정제하여 최종 콩기름을 얻게 된다그림 5-4.

그림 5-4
콩기름 제조 과정
출처: Soy Oil Master Guidebook(2020).

5) 장류

장류는 우리 식생활에 꼭 필요한 전통 조미식품으로 간장, 된장, 고추장, 청국장 등이 있다. 두류 및 곡물을 비교적 높은 소금 농도에서 분해 발효시켜 제조한다. 장류는 우리나라 사람들의 채식 위주의 식생활에서 중요한 조미료 및 부식으로서, 특히 부족하기 쉬운 단백질의 중요한 공급원 역할을 해오고 있다.

(1) 간장

간장은 콩을 주원료로 하여 밀, 쌀 등의 곡류를 삶아서 코지균을 배양하여 당화시키고 소금을 넣어 발효 숙성시켜 만든 액상의 조미료이다. 아미노산에 의한 구수한 맛, 당분에 의한 단맛, 소금에 의한 짠맛 그리고 여러 가지 유기성분에 의한 향기와 색이 조화된 이상적인 조미료로 다양한 식품에 적용되어 맛을 돋운다.

「식품공전」에 따르면 간장은 "단백질 및 탄수화물이 함유된 원료로 제국하거나 메주를 주원료로 하여 식염수 등을 섞어 발효한 것과 효소분해 또는 산분해법 등으로 가수분해하여 얻은 여액을 가공한 것"이라 정의되어 있다.

간장은 일반적으로 사용하는 원료의 종류와 제조방식에 따라 다음과 같이 분류된다(식품의약품안전처 고시 제2022-76호).

- 한식간장: 메주를 주원료로 하여 식염수 등을 섞어 발효 숙성시킨 후 그 여액을 가공한 것을 말한다.
- 양조간장: 대두, 탈지대두 또는 곡류 등에 누룩균 등을 배양하여 식염수 등을 섞어 발효 숙성시킨 후 그 여액을 가공한 것을 말한다.
- 산분해간장: 단백질을 함유한 원료를 산으로 가수분해한 후 그 여액을 가공한 것을 말한다.
- 효소분해간장: 단백질을 함유한 원료를 효소로 가수분해한 후 그 여액을 가공한 것을 말한다.
- 혼합간장: 한식간장 또는 양조간장에 산분해간장 또는 효소분해간장을 혼합하여 가공한 것이나 산분해간장 원액에 단백질 또는 탄수화물 원료를 가하여 발효 숙성시킨 여액을 가공한 것 또는 이 원액에 양조간장 원액이나 산분해간장 원액 등을 혼합하여 가공한 것을 말한다.

① 한식간장 한식간장은 재래식 간장 또는 조선간장이라고도 불리는데, 콩으로 메주를 만드는 과정과, 메주와 염수를 혼합하여 발효 숙성시키는 과정으로 이루어지고, 이후 메주덩어리를 분리하여 얻은 발효액을 열처리 살균하면 간장이 완성된다. 한식간장을 만들기 위해서는 우선 메주를 제조해야 한다. 콩을 삶아 식기 전에 으깨어 구형 또는 직육면체의 덩어리를 만들고 2~3일간 건조하여 균열이 생기면 짚을 이용하여 27~28℃에서 2주간 방치한다. 이때 미생물이 번식하여 내면에는 주로 *Bacillus subtilis*, *Bacillus pumilus* 등의 세균이 증식하고, 표면에는 *Aspergillus* 속, *Mucor* 속의 곰팡이가 자라며 단백분해효소와 전분분해효소 등 다양한 효소를 분비하여 발효를 일으키게 된다.

완성된 메주는 불순물을 제거하고 숯, 대추, 고추 등과 함께 소금물에 섞어서 담금 숙성 과정을 거치게 된다. 메주와 염수를 혼합한 것을 '간장덧'이라고 하는데, 간장덧의 숙성에 주요 역할을 하는 미생물 중 내염성 젖산균과 내염성 효모는 간장의 독특한 풍미에 크게 관여한다. 숙성기간은 40~50일이며 숙성이 끝나면 즙액을 분리해 장달이기를 하여 간장을 만든다. 장달이기를 통해 살균, 청징, 농축의 효과를 얻을 수 있다. 그러나 재래식 메주는 종균이 아닌 자연 유래 미생물이 자라기 때문에 지역이나 시기 등에 따라 균종이 균일하지

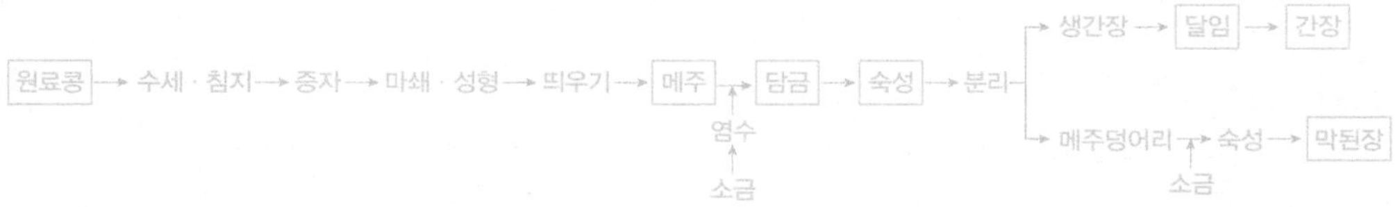

그림 5-5
양조간장 제조 방법

않고 잡균의 오염 가능성이 있으며 숙성기간이 길다는 단점이 있다.

② 양조간장 양조간장은 개량식 간장이다. 탈지대두와 볶아서 분쇄한 소맥을 동량으로 혼합하고 종국(*A.sp. oryzae*)을 접종하여 제국실에서 적절한 온도를 유지하면서 국균이 잘 생육할 수 있도록 온도와 습도를 조절한 후 원료를 염수와 혼합하여 탱크에 삽입하고 품온을 유지시키면서 6개월간 발효 숙성시켜 압착기로 압착하여 박과 액으로 분리하여 얻은 간장을 생간장이라 하고, 이 생간장에 당류 등 식품첨가물을 넣은 후 살균하여 여과한 제품을 양조간장이라 한다.

③ 산분해간장 산분해간장은 아미노산 간장이고도 불리는데, 탈지대두나 소맥 전분의 부산물인 글루텐gluten에 일정량의 염산을 가하여 가열하고 가수분해하여 아미노산을 생성시키고 중화제인 탄산소다(Na_2CO_3)로 pH 4.8~5.2로 중화시킨 후 여과하여 박과 액으로 분리시켜 제조한다. 여기에 양조간장과 혼합하거나 첨가물을 넣어 색과 맛을 조절하여 제품화한다. 산분해간장은 양조간장에 비하여 제조기간이 짧고 시설 및 비용 소요가 적다는 장점이 있으나 제조과정에서 DCP1,3-dichloro-2-propanol, MCPD3-Monochloropropane-1,2-diol 등의 유해물질이 생성되는 문제점이 있다.

④ 효소분해간장 탈지대두와 소맥을 전처리하고 제국하여 간장덧을 만든 후 이를 2~3일간 -5~5℃에서 침적시킨 것과 별도 제국하여 간장덧을 만든 것에 효

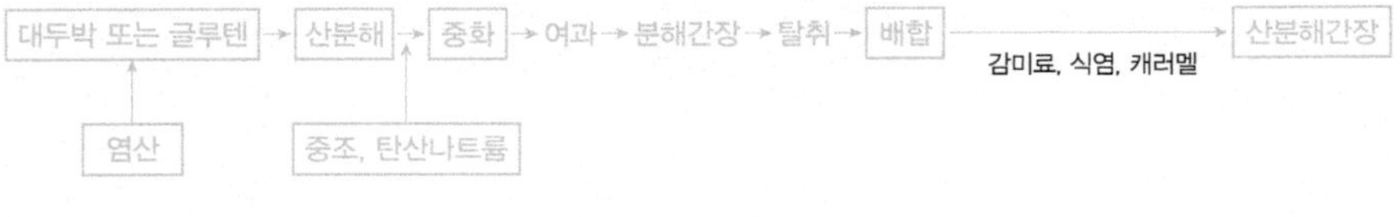

그림 5-6
산분해간장 제조 방법

그림 5-7
혼합간장 제조 방법

소제를 첨가한 것을 혼합하여 35~40℃에서 2~3일간 효소 분해시키고 침적한 후 숙성시켜 얻은 간장을 말한다.

⑤ 혼합간장 양조간장, 산분해간장, 효소분해간장 등을 적당한 비율로 혼합한 뒤 숙성시켜 맛을 안정화한 다음 여과시켜 살균하여 만든 간장을 말한다.

(2) 된장

된장은 대두, 쌀, 보리, 밀 또는 탈지대두 등을 주원료로 하여 식염 및 종국을 섞어 제국하고 발효 숙성시킨 것 또는 콩을 주원료로 하여 메주를 만들고, 식염수에 담가 발효하고 여액을 분리하여 가공한 것을 말한다. 재래식 된장과 개량식 된장으로 나뉘며, 재래식 된장은 풍미가 부족하고 영양분이 적어 최근에는 개량식 된장을 이용하고 있다.

① 전통식 된장 전통식 된장은 「식품공전」에 의하면 한식된장으로 분류되어 있고, "한식메주에 식염수를 가하여 발효한 후 여액을 분리한 것"이라 정의되어 있다. 전통식 메주를 만들어 이를 이용하여 간장을 만들고, 이때 남은 메주를 건져내어 마쇄하여 얻은 것을 된장이라 한다**그림 5-5**. 전통적인 장 담그기는 간장과 된장을 한꺼번에 얻지만, 그렇게 하면 맛있는 성분이 대부분 간장으로 빠져나가 된장 맛이 좋지 않으므로 요즈음은 간장과 된장을 따로 나누어 담는 경우가 많다. 또 장의 발효를 촉진시키고 단맛을 더 내기 위해 메주를 만들 때 밀이나 멥쌀, 보리 등을 섞어서 만들기도 한다.

② 개량식 된장 소맥분 등의 탄수화물 원료를 수분이 34~35%가 되도록 증자하고 종국(*Aspergillus oryzae*)을 접종하여 균의 최적온도인 33~36℃에서 3일간 제국하고, 여기에 침지·증자한 대두와 밀, 쌀 등을 혼합하여 숙성시켜 만든 된장을 말한다.

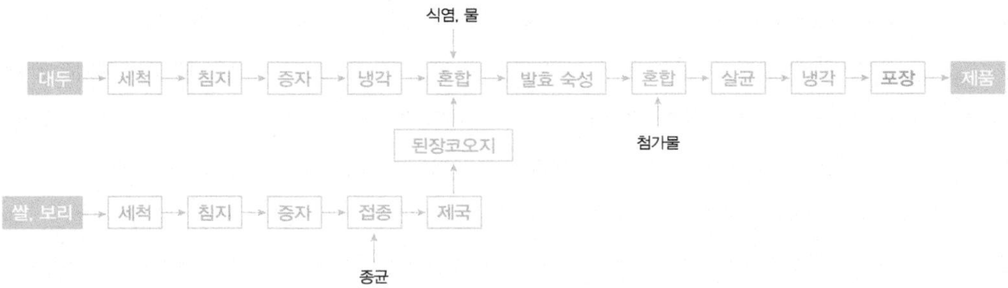

그림 5-8
개량식 된장 제조 방법

(3) 고추장

고추장은 녹말이 가수분해되어 생성된 단맛, 메주콩의 단백질 가수분해물인 아미노산의 구수한 맛, 고춧가루 캡사이신capsaicin의 매운맛, 소금의 짠맛이 조화를 이룬 것으로, 두류 또는 곡류 등을 제국한 후 여기에 덧밥, 고춧가루, 식염 등을 혼합하여 발효 또는 당화하여 숙성시킨 것이다. 「식품공전」에 따르면 고추장은 "두류 또는 곡류 등을 주원료로 하여 누룩균 등을 배양한 고춧가루(6% 이상), 식염 등을 가하여 발효, 숙성하거나 숙성 후 고춧가루(6% 이상), 식염 등을 가한 것"으로 정의되어 있다.

재래식 고추장은 콩과 멥쌀 등의 녹말질 원료를 이용하여 메주를 만든 후, 증자한 찹쌀가루, 고춧가루, 소금 등을 혼합해서 담금, 숙성을 거쳐서 만들어진다. 반면에, 주로 공장에서 제조되는 고추장은 밀 원료에 황국균을 접종하여 만든 코지를 이용하는 개량식 고추장에 해당된다.

(4) 청국장

청국장은 특유의 점질성 조직감을 지니는 우리나라 전통 콩 발효식품으로 단기간(보통 2~3일)에 제조 가능하며, 특이한 풍미와 우수한 영양 성분을 다량 함유하고 있다. 「식품공전」에 의하면 청국장은 "두류를 주원료로 하여 바실루스 *Bacillus* 속균으로 발효시켜 제조한 것이거나, 이를 고춧가루, 마늘 등으로 조미한 것으로 페이스트, 환, 분말 등"으로 정의되어 있다. 일본의 낫토, 중국의 떠우츠, 인도네시아의 템페, 인도의 스자체, 네팔의 키네마, 태국의 토아나오 등과 같이 콩을 속성 발효시킨 비슷한 발효식품이 있다.

볏짚 등에 들어 있는 야생의 고초균을 이용하여 발효시키는 전통식과 이

균을 순수 배양하여 이용하는 개량식이 있다. 청국장을 제조하기 위해서는 우선 원료인 콩을 선별하여 물에 침지하고 증자한다. 증자한 콩에 액체배양 종균(고초균)을 접종하여 42~43℃로 유지하면서 24~36시간 정도 발효시킨다. 발효한 콩에 소금을 첨가하고, 마쇄한 후 계량 포장하여 제품을 완성한다.

청국장은 발효 과정 중에 *B. subtilis*가 생산하는 효소에 의해 그 특유의 맛과 냄새를 내는 동시에 원료 콩의 당질과 단백질에서 유래한 레반형 프럭탄levan form fructan과 폴리글루타메이트polyglutamate의 중합물질인 끈적끈적한 점질물이 생성되는 특징을 갖고 있다. 청국장은 식이섬유, 비타민 B_2와 B_{12} 등의 영양 성분뿐만 아니라 여러 종류의 효소(트립신, 펩신, 아밀레이스, 인버테이스, 카탈레이스 등)를 함유하고 있어 정장효과 및 소화성이 좋다.

최근 청국장에서 혈전용해효소가 확인되었고, 항암, 항돌연변이성 효과가 검증되었으며, 항암물질로 알려진 아이소플라본의 함량이 된장이나 간장과 같은 대두 발효식품보다 월등하게 높다는 보고가 있어 기능성 식품으로서 새로운 관심을 모으고 있다.

실습하기 01 | 응고제를 달리하여 제조한 두부 비교

1. **내용**: 응고제의 종류에 따른 두부의 성상을 비교한다.

2. 실험 원리

○ 응고제를 활용한 두유의 응고: 70~85℃의 두유에 응고제를 첨가하면 콩 단백질이 응고제의 양이온과 결합하여 응고하여 순두부가 만들어진다.

○ 응고제: 염화마그네슘($MgCl_2$), 간수, 염화칼슘($CaCl_2$), 황산칼슘($CaSO_4$), 글루코노델타락톤

* 간수는 천일염을 만들 때 얻어지고 주성분이 염화마그네슘임
* 글루코노델타락톤은 글루콘산으로 전환되어 pH를 낮춰서 단백질을 응고시킴

응고제의 종류	용해도	장점	단점
염화마그네슘 ($MgCl_2 \cdot 6H_2O$)	수용성	• 응고 시간이 빠르고 압착 시 물이 잘 빠짐 • 맛이 좋음	• 두부가 거침 • 수율이 낮음
황산칼슘 ($CaSO_4 \cdot 2H_2O$)	난용성	• 두부 색택이 좋고 조직이 연함 • 수율이 좋음	• 물에 잘 녹지 않아 사용이 불편함 • 맛이 덜함
염화칼슘 ($CaCl_2 \cdot 2H_2O$)	수용성	• 응고 시간이 빠르고 압착 시 물이 잘 빠짐	• 두부가 거침 • 수율이 낮음
글루코노델타락톤 ($C_6H_{10}O_6$)	수용성	• 사용이 쉽고 응고력이 우수함 • 수율이 높음	• 약간 신맛이 있음 • 조직이 연함

3. 재료 및 기구

○ 재료: 콩(황색), 식용 염화마그네슘($MgCl_2$), 식용 글루코노델타락톤, 식용유

○ 기구: 저울, 계량스푼, 비커, 메스실린더, 체, 냉면그릇, 나무주걱, 칼, 접시, 믹서, 여과포, 여과주머니, 냄비, 성형틀, 나무조각

4. 실험 방법

❶ 콩 100g을 씻은 후 물 800mL를 넣고 냉장고에서 24시간 동안 침지한다.

❷ 콩을 체로 건져낸다.

❸ 위 ❷에서 얻은 콩을 믹서에 넣고 물 1L를 천천히 넣으며 3분간 마쇄하여 두미를 얻는다. 믹서 용량에 맞추어 2~3회로 나누어 마쇄한다.

❹ 위 ❸에서 얻은 두미를 냄비에 넣고 가열하여 끓기 시작하면 5분간 낮은 불에서 더 끓인다. 거품 제거를 위하여 가열을 중단하고, 거품 부분을 주걱으로 젓기, 식용유 1ts(티스푼)을 넣고 젓기 등을 한다.

❺ 끓인 두미를 여과주머니에 넣고 압착하여 비지를 걸러내고 두유를 얻어 1L 비커에 담는다. 두유의 부피를 측정한다.

❻ 식용 글루코노델타락톤 3g을 물 50mL에 녹인다.

❼ 식용 염화마그네슘 3g을 물 50mL에 녹인다.

❽ 위 ❺에서 얻은 두유의 온도가 95℃가 되면 식용 글루코노델타락톤액을 천천히 넣고 스패출러(spatula)로 저은 다음 15분간 상온에서 방치하여 응고시킨다. 글루코노델타락톤액을 넣기 전에 두유의 온도가 95℃ 이하가 되면 가열하여 95℃가 되게 한다.

❾ 위 ❺에서 얻은 두유의 온도가 80℃ 미만이 되면 식용 염화마그네슘액을 천천히 넣고 스패출러로 저은 다음 15분간 상온에서 방치하여 응고시킨다.

❿ 응고물을 헝겊을 깐 성형틀에 붓고 위에 헝겊을 덮은 후에 나무조각을 올려 5kg의 무게로 10분간 눌러서 두부를 완성한다.

⓫ 완성된 두부의 무게를 측정하여 원료 콩에서부터의 수율을 구한다.

⓬ 두부를 시식할 수 있는 크기로 자르고 다른 응고제로 만든 두부와 함께 시식하며 비교한다.

5. 고찰사항

○ 응고제의 종류에 따른 두부의 수율, 질감, 단면, 맛 등을 비교한다.

단원정리

1. 콩은 일반적으로 단백질 20~45%, 지방질 18~22%, 탄수화물 22~29%, 회분 4~5% 정도의 일반 성분을 함유하고 있다. 콩 단백질은 약 90%가 수용성 단백질로 존재하며, 대부분이 글리시닌(glycinin)이다. 영양저해물질로는 트립신 단백질 분해효소의 작용을 억제하는 물질인 트립신 저해제, 적혈구응집소인 헤마글루티닌(hemagglutinin) 등이 존재하나, 가열처리를 통하면 쉽게 불활성화된다.

2. 콩은 부족한 단백질과 지방질을 제공하는 우수한 영양 공급원이며, 여러 생리활성 성분을 포함하고 있지만, 조직이 단단하여 그대로 조리한 것을 식용하면 소화 · 흡수가 잘되지 않는다. 착유, 마쇄, 발효, 발아 등을 거친 가공을 통해 생산된 두유, 두부, 간장, 된장 등과 같은 가공식품을 통해 콩의 이용률을 높일 수 있다.

3. 두유는 콩의 수용성분을 추출하거나 콩 단백질을 물에 분산시켜 만든 우유와 비슷한 음료이다. 두유는 물에 불린 콩을 갈아 여과하고 끓여서 만들거나 분리대두단백을 물속에서 다른 성분들과 같이 안정화시켜 만들기도 한다.

4. 두부는 콩을 물에 충분히 침지하여 물과 함께 마쇄하여 끓인 다음, 여과 또는 압착하여 얻어진 두유에 응고제를 첨가하여 응고시켜 그중의 단백질 성분을 응고 · 침전시킨 후 압착 성형한 것이다.

5. 콩을 정선, 세척, 침지, 마쇄, 가열 후 분리하여 비지를 제거하면 두유가 나온다. 침지는 콩에 물을 충분히 흡수시켜 마쇄가 비교적 용이하게 하는 과정이다. 마쇄를 통해 침지시킨 대두를 충분히 미립자 상태로 만들고, 이후 가열하여 콩의 고형분과 단백질의 추출수율을 높이고, 트립신 저해제와 여러 효소를 불활성화하며, 콩비린내를 없애고 살균한다.

6. 두유에 응고제를 첨가하면 콩의 단백질이 지방과 함께 응고된다. 응고제는 화학물질로서 황산칼슘, 염화칼슘, 염화마그네슘, 글루코노델타락톤(GDL: glucono-δ-lactone) 등의 네 종류만 사용 가능한 식품첨가물로 허용된다.

7. 콩기름은 콩으로부터 채취하여 만든 것으로 탈검, 탈산, 탈색, 탈취 공정을 통하여 정제하여 얻는다.

8. 장류는 우리 식생활에 꼭 필요한 전통 조미식품으로 간장, 된장, 고추장, 청국장 등이 있다. 간장은 콩을 주원료로 하여 밀, 쌀 등의 곡류를 삶아서 코지균을 배양하여 당화시키고 소금을 넣어 발효 · 숙성시켜 만든 액상의 조미료이다. 사용하는 원료의 종류와 제조방식에 따라 한식간장, 양조간장, 산분해간장, 효소분해간장, 혼합간장으로 나뉜다.

9. 된장은 대두, 쌀, 보리, 밀 또는 탈지대두 등을 주원료로 하여 식염과 종국을 섞어 제국하고 발효 · 숙성시킨 것 또는 콩을 주원료로 하여 메주를 만들고, 식염수에 담가 발효하고 여액을 분리하여 가공한 것을 말한다.

10. 고추장은 두류 또는 곡류 등을 제국한 후 여기에 덧밥, 고춧가루, 식염 등을 혼합하여 발효 또는 당화하여 숙성시킨 것이다. 재래식 고추장은 콩과 멥쌀 등의 녹말질 원료를 이용하여 메주

를 만든 후, 증자한 찹쌀가루, 고춧가루, 소금 등을 혼합해서 담금과 숙성을 거쳐 만들어진다. 반면에, 개량식 고추장은 밀 원료에 황국균을 접종하여 만든 코지를 이용한다.

11. 청국장은 두류를 주원료로 하여 바실루스(*Bacillus*) 속균으로 발효시켜 제조한 것 또는 이를 고춧가루, 마늘 등으로 조미한 것으로 페이스트, 환, 분말 등을 말한다. 청국장은 특유의 점질성 조직감을 지니는 우리나라 전통 콩 발효식품으로 단기간(보통 2~3일)에 제조가 가능하며 특이한 풍미와 우수한 영양 성분을 다량 함유하고 있다.

연습문제

1. 대두단백질의 주성분은?
   ① 글리시닌(glycinin) ② 아이소플라본(isoflavone)
   ③ 카세인(casein) ④ 글루텐(gluten)

2. 두부를 제조할 때 두유의 응고제로 적당하지 않은 것은?
   ① 탄산나트륨(Na_2CO_3) ② 황산칼슘($CaSO_4$)
   ③ 염화마그네슘($MgCl_2$) ④ 염화칼슘($CaCl_2$)

3. 다음 중 두부 제조 시 두미(마쇄한 콩죽)를 가열하는 이유가 아닌 것은?
   ① 콩으로부터 단백질 추출수율을 높이기 위해
   ② 콩에 포함된 리폭시제네이스(lipoxygenase)를 불활성화시키기 위해
   ③ 콩 단백질인 글리시닌을 응고시키기 위해
   ④ 콩에 포함된 트립신 저해제를 불활성화시키기 위해

4. 간장을 달이기하는 목적으로 적절하지 않은 것은?
   ① 살균효과 ② 청징효과 ③ 농축효과 ④ 산화방지효과

5. 다음 장류 중 삶은 콩에 코지를 이용하여 만든 것이 아닌 것은?
   ① 간장 ② 된장 ③ 고추장 ④ 청국장

6. 재래식 된장 제조 시 볏짚에서 유래되어 메주 내부에서 주로 번식하는 균은?
   ① *Bacillus subtilis* ② *Aspergillus sojae*
   ③ *Aspergillus oryzae* ④ *Saccharomyces rouxii*

7. 두부가 응고되는 현상은 주로 무엇에 의한 단백질의 변성인가?

① 산 ② 알칼리
③ 금속이온 ④ 촉매

8. 두유에서 콩비린내 등의 불쾌취를 유발하는 주요 원인이 되는 효소는?

① 라이페이스(lipase) ② 아밀레이스(amylase)
③ 트립신 저해제(trypsin inhibitor) ④ 리폭시제네이스(lipoxygenase)

9. 생콩을 섭취하면 단백질 소화율이 낮은데 그 원인이 되는 것은?

① 트립신 저해제(trypsin inhibitor) ② 리폭시제네이스(lipoxygenase)
③ 헤마글루티닌(hemaglutinin) ④ 글루텐(gluten)

정답

1.① 2.① 3.③ 4.④ 5.④ 6.① 7.③ 8.④ 9.①

CHAPTER 6

과일 및 채소류 가공
Fruit and Vegetable Processing

1. 과일 및 채소의 특성 | 2. 과일과 채소의 저장 | 3. 과일의 가공

CHAPTER 6

과일 및 채소류 가공

개요

과일 및 채소는 당분 및 유기산과 비타민 및 무기질을 적절하게 함유하고 있어서 최근 건강에 대한 관심 증가와 더불어 기호성을 갖춘 식품으로 인식되고 있다. 이러한 과일 및 채소는 수확 후에 호흡, 증산과 같은 생리적인 활성이 지속되기 때문에 저장 시 각별한 주의와 관리가 필요하다. 또한 재배 시기가 한정적이며 기후와 재배환경 등의 영향을 받아 가격 변동과 품질 변화가 심하게 발생하는 작물 중 하나이다. 과일과 채소의 일반적인 특성과 저장 및 가공 방법에 대하여 살펴보자.

1. 과일 및 채소의 특성

1) 과일 및 채소의 일반적 품질 특성

과일은 곡류 및 두류 등에 비하여 당도와 유기산 함량이 높아 기호적인 특성이 강하고, 비타민, 무기질과 같은 영양 성분이 풍부하여 주된 영양공급원이기도 하다. 섬유질과 펙틴질이 풍부하여 정장작용에 도움을 주며, 종류에 따라 향과 색, 맛이 다양하다. 수분함량이 많아 저장 시 부패되기 쉬우며, 지역적·계절적인 제한이 많아 안정된 공급이 곤란한 경우가 많다. 따라서 보존성을 향상시키기 위하여 통조림 형태의 제품이나 건조 형태로 저장되기도 하며, 원료 그대로 염장, 당장, 동결 등을 통하여 원래의 형태나 물성을 살린 형태로 처리하기도 한다.

2) 과일 및 채소의 종류

(1) 과일의 종류

전 세계적으로 재배되는 과일의 종류는 300여 종이 있으며 과육이 발달된 형태로 분류된다. **표 6-1**에 과일의 분류와 종류를 정리하였다.

과일의 종류와 재배 특성에 따라 영양 성분의 차이가 나타나지만 수분함량이 80% 이상이며, 당도가 높고 비타민과 무기질이 풍부하여 대표적인 알칼

표 6-1 **과일의 분류와 종류**

구분	특징	종류
인과류 (pomaceous fruits)	• 꽃받침이 발달하여 식용부위로 성장한 것으로 중심부에 과심이 있고 그 속에 종자가 들어 있으며 꼭지와 배꼽이 서로 반대편에 있음	감, 귤, 배, 사과, 오렌지, 자몽 등
핵과류 (stone fruits)	• 씨방이 성장 발달하여 내과피가 단단한 핵을 이루고 그 속에 종자가 들어 있으며, 종과피가 과육을 이루고 있음	대추, 매실, 복숭아, 살구, 앵두 등
장과류 (berries)	• 과일 하나하나가 자방으로 되어 송이를 이룬 것으로 과일이 무르며, 과피와 내과피로 구성되는 그 속에 다량의 과즙이 있음	딸기, 망고, 무화과, 바나나, 파인애플, 포도, 키위 등
견과류 (nuts)	• 단단한 껍데기 안에 한 개의 씨가 들어 있는 나무열매 종류	땅콩, 밤, 아몬드, 잣, 피스타치오, 헤이즐넛, 호두 등

표 6-2 **채소류의 분류와 종류**

구분	종류
엽채류	갓, 근대, 머위, 배추, 미나리, 시금치, 양배추, 상추
경채류	두릅, 부추, 셀러리, 아스파라거스, 죽순
근채류	당근, 무, 비트, 연근, 우엉, 생강
구근류	마늘, 샬롯, 양파
과채류	가지, 고추, 오이, 피망, 토마토, 호박
화채류	브로콜리, 아티초크, 콜리플라워

리성 식품이다. 향미를 부여하는 알데하이드, 알코올 및 에스테르 등과 같은 화학적 성분뿐만 아니라 안토시아닌, 카로티노이드와 같은 성분으로 인해 다양한 색을 나타내고 있어 기호성이 높고 생리활성도 높다.

(2) 채소류의 종류

채소류는 잎, 줄기, 뿌리, 열매, 꽃 등을 식용으로 하며 식용하는 부위에 따라 분류한다. 배추와 같이 잎을 이용하면 엽채류, 줄기를 이용하면 경채류라 칭한다. 일반적으로 줄기와 잎을 함께 이용하기 때문에 엽경채류라 하기도 한다. 그 외에도 뿌리를 이용하는 근채류, 뿌리나 줄기가 비대해져 이를 이용하는 구근류, 열매를 이용하는 과채류, 꽃을 식용으로 하는 화채류가 있다표 6-2.

3) 과일과 채소의 색소

과일과 채소에 함유된 색소의 종류는 표 6-3과 같다. 특히 과일에 많이 함유된 안토시아닌은 주석, 철, 알루미늄과 결합하면 청색, 녹청색 등의 어두운색으로 변해 품질을 저하시킨다. 따라서 통조림 과일 제조 시 금속이온과 결합하면 탁한 색을 나타낼 수 있으므로 주의해야 한다. 또한 안토시아닌을 함유한 과일은 장시간 고온에서 가열하면 적갈색으로 변할 수 있기 때문에 가열 시간과 가공 기구의 소재를 고려하여 제조하여야 한다.

표 6-3 **과일과 채소의 색소 종류**

색소		종류
클로로필(chlorophyll)		푸른잎 채소, 덜익은 과일 등
카로티노이드(carotenoid)		당근, 고구마, 노란 호박, 망고, 푸른색 채소 등
플라보노이드(flavonoid)	안토시아닌(anthocyanin)	딸기, 포도, 비트, 가지 등
	안토잔틴(anthoxanthin)	감자, 무, 배추 줄기, 양파, 콜리플라워 등
탄닌(tannin)		감, 밤, 땅콩, 호두 등

4) 과일 및 채소의 생리적 특성

(1) 호흡작용

과일과 채소는 수확 후에도 생존하기 위하여 혐기적·호기적 대사작용이 지속적으로 이루어진다. 이 과정에서 식물체에 저장된 탄수화물은 호기적 상태에서는 탄산가스와 물을 생성하며, 혐기적 상태에서는 에탄올을 생성한다. 이러한 대사물과 함께 호흡열이 발생하는데, 이로 인하여 과일 및 채소를 저장 및 수송하는 과정에서 품온이 상승하며 이는 효소, 미생물 성장에 영향을 미쳐 곧 상품성이 떨어지게 된다.

채소류의 경우 수확 시의 호흡률과 저장 시의 호흡률이 비슷한 수준을 유지하다가 감소하는 형태를 나타내지만, 과일은 수확 후 호흡양상에 따라 호흡률이 급격히 증가하는 호흡급등형과 호흡률이 증가하지 않는 호흡비급등형 과일로 분류한다.

① 호흡급등형 과일 사과, 배, 복숭아, 살구, 아보카도, 바나나, 자두, 토마토, 열대과일(파파야, 망고, 패션 프루트) 등과 같이 수확 후에 호흡률이 급격하게 증가되어 숙성될 때 최대에 이르게 되는 과일을 호흡급등형 과일이라 한다. 토마토의 경우 채소에 해당되지만 호흡의 형태로 구분하면 호흡급등형에 속한다. 이러한 과일 및 채소는 잘 익게 되면 과육이 부드러워지고 물러져 저장 및 운반하는 과정에서 어려움이 있다. 이러한 손상을 방지하기 위하여 호흡급등형 과일은 덜 익은 상태에서 수확하고 실온에서 저장 및 유통한다.

표 6-4 **호흡급등형 과일과 호흡비급등형 과일**

구분	특징	종류
호흡급등형 과일	• 호흡의 증가와 함께 에틸렌 생성도 급격히 증가 ⇒ 숙성 • 에틸렌 처리 시 호흡의 증가를 촉진하여 호흡증가시점이 앞당겨짐 ⇒ 숙성 촉진	사과, 살구, 아보카도, 바나나, 복숭아, 배, 자두, 토마토, 열대과일(파파야, 망고, 패션 프루트)
호흡비급등형 과일	• 호흡이 증가하여도 에틸렌 생성은 미미함. 에틸렌 처리 시 호흡은 일시적으로 증가 ⇒ 숙성 영향 X	감귤류, 딸기, 포도, 파인애플, 체리, 블루베리, 올리브

② 호흡비급등형 과일 감귤류, 딸기, 포도, 올리브, 파인애플 등과 같이 수확 후 호흡속도가 증가하지 않는 과일을 호흡비급등형 과일이라 한다. 이러한 과일은 수확 후에 향이나 당도가 증가하는 것을 기대할 수 없기 때문에 나무에서 충분히 익은 후 수확하는 것이 바람직하다.

(2) 후숙작용

과일 및 채소에서 수확 후 조직이 물러지고 색이 변하고 향미가 발생하는 현상을 후숙이라 한다. 이와 같이 과일의 숙성, 잎이나 꽃의 노화를 촉진시키는 작용을 하는 원인물질은 생물체 내에서 성장호르몬이라 하는 에틸렌(ethylene, C_2H_4)이다. 합성 에틸렌가스는 원예산물의 품질관리에 이용되는데 농도를 적절히 적용하여 바나나, 감귤, 키위 등의 숙성을 조절할 수 있다. 이러한 과일의 후숙작용은 저장고의 온도와 가스 조성의 영향을 받는데, 바나나는 30℃, 배와 토마토는 20~25℃에서 후숙이 가장 촉진된다고 알려져 있다.

(3) 증산작용

과일은 호흡하는 과정 중 수분이 증발되는데, 이때 과일의 수분 손실이 발생한다. 이러한 수분 증발은 과일의 중량을 감소시키고, 선도 저하를 일으키게 된다. 일반적으로, 수확한 과일의 보관 온도가 높을수록, 습도가 낮을수록, 빛이 많을수록, 과일이 잘 익을수록 증산량이 크다. 이러한 조건에서 과채류의 기공이 크게 열리기 때문에 과일을 저장 및 유통하는 온도와 습도, 포장상태가 중요하다.

그림 6-1
과일 숙성에 관여하는 에틸렌 발생제

(4) 휴면

휴면이란 과일 및 채소가 성장하기 좋지 않은 환경에 있을 때 생리작용이 일시적으로 멈춘 상태를 말하며, 자발적 휴면과 강제적 휴면으로 나눌 수 있다. 자발적 휴면은 생활주기 중 일정 기간에 나타나는 것으로 마늘과 양파가 이러한 작물에 해당된다. 강제적 휴면은 환경이 부적당할 때 나타나는 현상으로 이러한 현상을 이용한 CA 저장법을 통해 과일의 후숙을 억제하기도 한다.

5) 과일 및 채소의 펙틴질

과일에 함유된 복합다당류의 일종인 펙틴질은 갈락투론산의 중합체로 갈락토오스 고리 구조의 탄소가 산소, 수소와 결합된 유기산을 기본 골격으로 하여 구성되어 있다. 겹질과 조직 내의 세포와 세포 사이가 펙틴질로 채워져 있어 과일의 구조를 형성시킨다. 이는 성숙되면서 점차 변화하면서 조직감이 변화하여 물러지게 된다. 세포간질을 구성하는 펙틴질의 종류를 구분 짓는 명확한 기준은 없으나, 구성 성분에 따라 사용되는 용어가 다르다. 갈락투론산으로 구성된 화합물의 일반적인 명칭을 펙틴질이라고 하며, 숙성 정도에 따라 프로토펙틴, 펙틴, 펙틴산, 펙트산으로 분류된다.

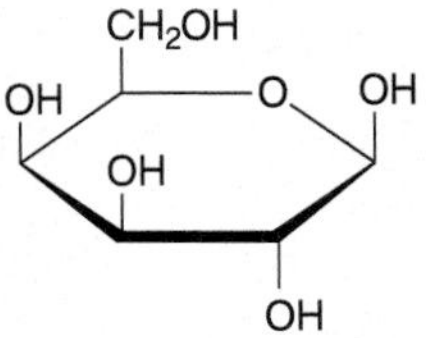

갈락토오스

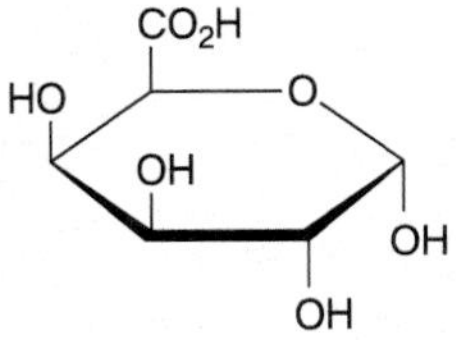

갈락투론산

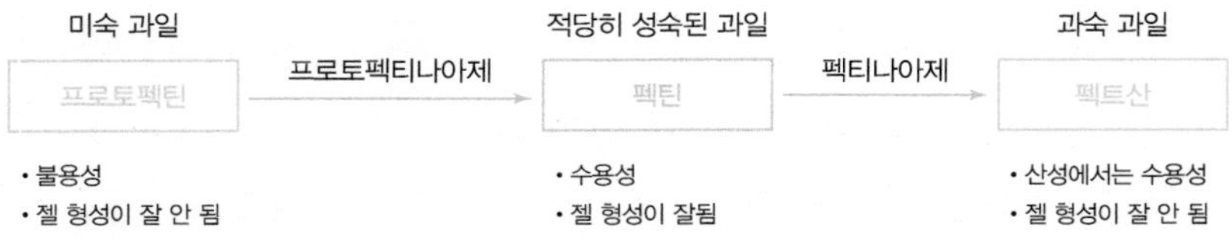

그림 6-2
펙틴질의 변화

미숙한 과일과 채소에 함유되어 있으며, 불용성 대부분이 D-갈락투론산메틸로서 존재하며 에스테르 결합으로 연결되어 있다. 성숙한 과일이 되면서 프로토펙틴은 프로토펙티나아제protopectinase와 메틸에스테르라아제methylesterase의 작용을 받아 분해되어 수용성 펙틴이 되는데 이를 펙틴산이라 한다.

전체 D-갈락투론산 잔기당 D-갈락투론산메틸로서 존재하는 비율을 에스테르결합 정도DE: degree of esterification라 하는데, 이때 DE가 50~80%인 펙틴을 고메톡실 펙틴이라 하고, DE가 25~50%인 펙틴을 저메톡실 펙틴이라 한다.

(1) 펙틴 젤 형성에 영향을 주는 조건

펙틴의 젤화를 위해서는 펙틴, 산, 당분이 적당량 함유되어 있어야 한다.

① 펙틴의 함량 펙틴 함량이 높을수록 점증도가 증가하여 단단한 젤을 형성할 수 있기 때문에 좋은 젤리와 잼을 제조하기 위해서는 미숙된 과일보다는 적당히 성숙된 과일을 선택하는 것이 바람직하다. 젤 형성에 바람직한 펙틴 함량은 1~105%로, 성숙된 과일의 껍질에 펙틴이 다량 함유되어 있으며 펙틴 함량이 낮은 과일의 경우 식품첨가물 형태의 펙틴을 첨가하여 제조한다. 젤리나 잼을 제조하기 위해서는 잘게 자른 과일에 소량의 물을 첨가하여 펙틴이 잘 용출될 수 있도록 한다.

② 펙틴의 구조 펙틴의 구조에 따라 젤 형성능력이 다른데, 펙틴의 분자량이 클수록 젤 형성능력이 증가한다. 특히, 고메톡실 펙틴은 55%의 당과 pH 3.5 이하에서 젤을 형성하기 때문에 과일 잼이나 젤리 제조에 이용된다. 이는 펙틴 사슬 간의 수소결합과 pH 3.5 이하에서 카르복시기의 해리가 억제되어 사슬 간에 회합하여 삼차원 망상 구조가 형성되면서 이루어지기 때문에 당 함량과 낮은 pH가 필수적이다. 한편, 저메톡실 펙틴 과일의 경우 고메톡실 펙틴과 같

표 6-5 **펙틴 함량과 가당량 간의 관계**

알코올 테스트 결과	펙틴 함량	가당량
과즙이 모두 젤리상으로 응고하거나 큰 덩어리가 생길 때	많음	과즙의 1/2~1/3
젤리상의 덩어리가 몇 개 정도 생길 때	적당함	과즙과 동량
작은 덩어리가 많이 생기거나 전혀 생기지 않을 때	적음	농축하여 위 둘 중 한 가지 상태로 하거나 펙틴이 많은 과즙을 첨가

은 조건으로 젤을 형성하지 않고, 칼슘 이온(Ca^{2+}) 또는 마그네슘 이온(Mg^{2+}) 존재하에 펙틴 사슬 간의 가교결합을 형성한다. 따라서 당을 함유하지 않아도 젤리화가 되기 때문에 저칼로리의 잼이나 젤리 제조에 사용된다. 펙틴 젤을 장시간 방치했을 때 펙틴 젤의 망상 구조가 수축하여 분산매를 분리하여 부피가 줄어드는 현상을 이장현상(이액현상)이라 한다. 분자량이 큰 고분자 펙틴과 고메톡실 펙틴은 수화력이 크기 때문에 이장현상의 발생이 줄어든다.

(2) 펙틴 젤의 형성 조건

펙틴 젤을 형성하기 위해서 펙틴 1~105%, 산 0.3%(pH 2.9~3.3), 당 60~65%가 필요하다. 사과, 포도, 딸기, 자두, 감귤류 등이 펙틴과 유기산 함량이 적당하여 펙틴 젤을 형성하기에 적합한 과일이다.

2. 과일과 채소의 저장

1) 인공숙성

과일이나 채소는 수확 이후 소비되기까지 오랜 시간이 걸리기 때문에 완숙하지 않은 과일을 수확하여 저장하고 인공적으로 숙성시켜 출하한다. 주로 에틸렌 가스를 이용하여 인공숙성시키며 이 과정에서 과일 내 클로로필 색소가 파괴되고 카로티노이드, 안토시아닌과 같은 색소 형성을 자극하여 과일이 숙성된다. 인공숙성 방법을 주로 이용하는 과일은 감귤류, 바나나, 토마토 등이다.

2) 냉장 저장

3장에서 언급한 바와 같이 과일 및 채소는 저장하는 과정에서 생장이 이루어지기 때문에 가능한 냉장 저장하는 것이 일반적이다. 그러나 바나나와 같은 열대과일의 경우 저온장해chilling injury가 발생하기 때문에 주의해야 하며 95% 이상의 습도를 유지시켜 냉장 저장하면 저온장해를 예방할 수 있다.

3) CA 저장

채소나 과일을 수확한 후 저장고의 공기 조성을 조절하여 온도와 산소, 탄산가스, 질소의 조성비를 인위적으로 조절하여 신선도를 유지시키는 방법이다. CAcontrolled atmosphere 저장은 산소 농도를 대기보다 약 1/20~1/4 수준으로 낮추고, 이산화탄소 농도는 약 30~150배 증가시킨 조건(O_2: 1~5%, CO_2: 1~5%)에서 산소 대신 질소로 충전하여 저온저장하는 것이다. 이때 저장고의 온도를 0~4℃로 유지하면서 저장하면 6개월 이상 신선하게 저장할 수 있다.

CA 저장 시 과일의 호흡작용과 에틸렌의 생성이 억제되어 노화현상이 지연되며 미생물의 성장과 번식이 억제되는 효과로 인해 과일의 품질이 장기간 유지된다. 이러한 CA 저장은 과일의 종류에 따라 대기 조성과 온도 조건이 달라지며, 저장 대상 품목에 적합한 최적 환경 가스 조성에 대한 자료조사 등을 선행한 뒤에 이루어져야 한다.

그림 6-3
CA 저장

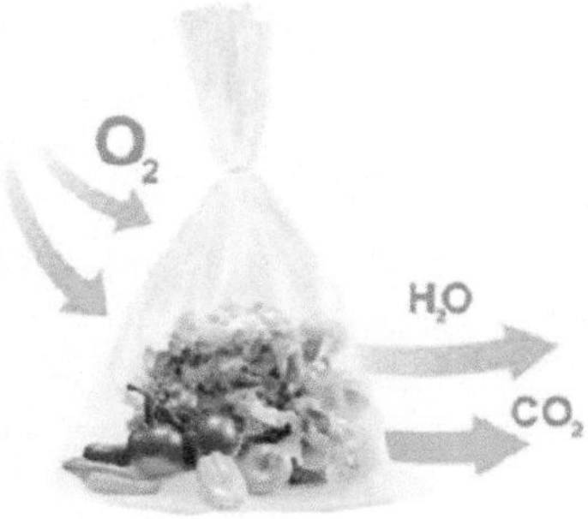

그림 6-4
MA 저장

4) MA 저장

MA modified atmosphere 저장은 환경가스 중 공기의 조성을 변화시켜 과일 및 채소의 신선도를 연장시킨다는 점에서 CA 방법과 유사한 면이 있으나, MA 저장의 경우 포장 시 필름류의 선택적 가스투과성을 이용한다는 차이가 있다. 포장 내 가스 조성은 과일의 종류 및 포장재 특성에 따라 결정되며, 필름 내 환경가스 조건이 평형을 이루게 되면 온도 및 압력의 변화가 없는 저장 기간 동안 유지된다.

3. 과일의 가공

1) 건조

건조는 원과에 비해 수분함량을 30% 이하로 감소시킴으로써 저장성이 증가하고, 부피와 무게가 감소하여 운반과 취급이 편한 저장법이다. 건조 과정에서 단맛이 증가하고, 독특한 향미가 생성되어 원료과일과는 전혀 다른 기호성을 가지는 제품으로 가공될 수 있다. 우리나라에서는 대추, 곶감, 밤을 건조하여 저장하고 있으며 건조 방법으로는 자연건조, 진공건조, 냉동건조 등이 있다. 일반적으로 과일을 건조할 때 아황산가스를 처리하게 되는데, 이는 건조 과정 중 나타나는 갈변을 억제하고, 미생물 번식을 억제시킬 수 있다. 또한 과육세포에서 원형질 분리와 삼투작용을 일으켜 건조를 촉진할 수 있다는 장점이 있다.

① **곶감(건시)** 선별된 원료는 탄닌과 철이 반응하여 탄닌철을 형성하기 때문에 스테인리스 소재의 기구를 사용하여 껍질을 제거한다. 건조 전 이산화황을 이용하여 훈증처리를 하는 경우 완제품의 색이 선명해지고 건조기간을 단축하며 저장성을 증대시킬 수 있다는 장점이 있다. 천일건조나 화력건조를 이용하며, 수분함량이 30% 정도가 되면 외관으로 봤을 때 껍질이 약간 굳고 황갈색이 되어 주름이 생기는데 이때 건조 작업을 종료한다. 곶감 표면의 흰 가루인 만니톨이 나오고 비교적 단단하고 단맛이 많은 것이 품질이 좋다.

② **건포도** 원료 포도를 물에 세척한 후, 93℃의 0.5% NaOH 용액에 잠시 담갔다가 꺼내어 물로 세척하며 이때 식용유를 약간 넣은 27% 중탄산나트륨 용액 처리를 하면 윤기 좋은 제품을 얻을 수 있다. 자연건조는 수분함량이 15% 이하가 될 때까지 햇볕에 건조하며 꼭지나 포도알이 잘 떨어지게 하기 위해 10% 정도까지 건조해야 한다. 인공건조 시 65~75℃에서 15~20시간 건조시킨 후 꼭지를 제거하며 건포도 수분은 15% 이하가 적당하다.

③ **건조사과** 원료 사과를 물에 세척한 후 껍질을 벗기고, 가운데 심을 제거한 후 적당한 모양과 크기(두께 약 1cm)로 절단한다. 절단된 사과는 건조효율과 품질 유지를 위해 20~30분간 유황 훈증처리를 거치며 최종 수분함량이 20% 내외가 될 때까지 건조한다.

2) 주스

주스의 원료로는 색과 향이 좋은 신선한 과일을 이용하여 세척 후 파쇄, 압착하여 착즙한다. 과일을 세척하면 이물질과 미생물을 제거하여 제품을 살균하기 쉽게 만들며 저장성과 품질이 증가한다. 과일주스의 제조공정은 다음과 같다.

(1) 과일주스 제조공정

① **원료 선별** 주스용 과일은 일반적으로 생식용의 시기와 거의 같으며, 과일의 크기와 외관에 관계없이 신선하면 된다. 주스의 원료과일로는 귤, 토마토, 포

도, 사과, 파인애플 등이 사용된다. 과일의 과피가 얇아 과일주스의 양이 많고 성분의 농도가 높은 것이 바람직하며 과일주스를 만들었을 때 빛깔, 향기 및 맛이 좋은 것을 선택한다. 부패되거나 덜 익은 것, 곰팡이가 번식한 과일은 골라낸다. 이러한 과일이 섞이게 되면 과일주스 전체의 품질이 저하될 뿐만 아니라 살균효과를 떨어뜨려 저장성이 낮아진다.

② 세척 선별한 과일은 불순물이나 과일에 뿌린 농약 또는 곰팡이, 효모, 세균 등과 같이 보이지 않는 미생물을 씻어내기 위해 물에 담갔다가 세척한다. 베리류와 같이 과육이 연한 것은 잠시 물에 담갔다가 분무세척을 이용하여 씻는다. 세척 시 0.1% 염산 용액이나 중성세제 등을 이용하면 효과를 높일 수 있다.

③ 파쇄 및 착즙 딸기와 같이 과육이 연한 것은 그대로 착즙할 수도 있으나 보통 과일은 파쇄하여야 한다. 사과와 같이 비교적 단단한 과일은 파쇄한 다음 바로 착즙하지만, 과일 중의 효소를 파괴함으로써 효소작용에 의한 과즙 변화를 방지한 다음에 착즙하는 경우도 있다. 과일에 따라 착즙 방법과 착즙기의 종류가 다양하다. 과일에 함유된 탄닌 및 색소 성분으로 인하여 기계의 철분과 작용하면 변색이 나타나기 때문에 파쇄와 착즙 공정에는 스테인리스 스틸로 만들어진 기계를 사용하는 것이 바람직하다. 착즙 시 폴리페놀옥시데이즈polyphenol oxidase와 같은 산화효소 작용에 의한 영양소 파괴를 억제하기 위해 다량 공기 흡입을 피해야 하고 진공상태에서 착즙하는 공정이 필요하다.

그림 6–5
과일주스 제조공정

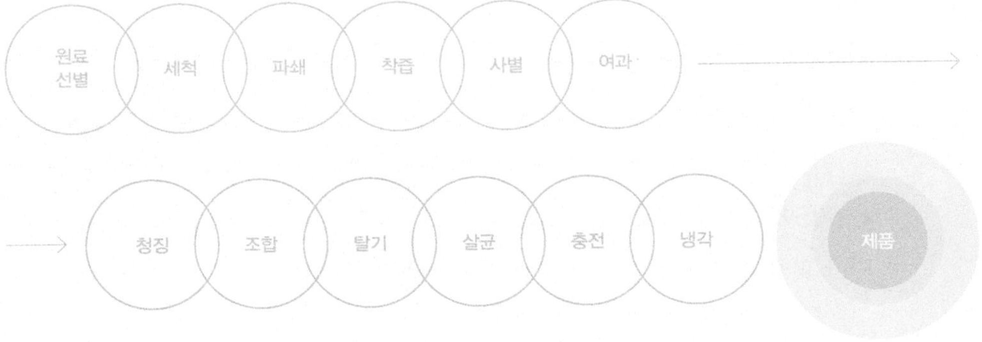

④ 여과 및 청징 투명한 과일주스는 과즙을 짜서 여과 및 청징 조작을 거친 것으로 불투명 과일주스에는 미세한 과육뿐만 아니라 단백질, 펙틴질 등이 교질 상태로 떠 있게 된다. 불투명한 과즙을 여과 및 청징 과정을 거치면 향미와 영양가에 영향을 주지 않고 색은 투명하게 좋아진다. 여과를 진행하여도 효과가 적은 경우 70~80℃ 정도로 가열하여 단백질을 응고시킨 다음 여과하면 효과를 높일 수 있다. 그러나 침전이 잘 일어나지 않는 경우에는 달걀알부민egg albumin, 카세인, 젤라틴, 탄닌, 활성탄 및 규조토와 같은 청징물질이나 펙틴 분해효소 등을 써서 청징하며 여과보조제는 규조토, 활성탄, 석면 등이 사용된다. 펙틴 분해효소 사용 시 효소처리 후 주스를 가열처리하여 효소를 파괴하지 않으면 주스를 병에 포장하여 저장하는 중에 침전물이 형성되기도 한다.

⑤ 조합 및 탈기 다양한 과일주스를 제조하기 위하여 필요에 따라 다른 과즙과 섞거나 희석을 통하여 향기와 맛을 조합하거나 설탕, 산, 향료를 첨가하는 과정을 거친다. 과일주스를 제조하는 과정 중 파쇄, 착즙, 여과하는 과정에서 상당한 양의 산소가 흡입된다. 이를 제거하게 되면 비타민 C의 손실을 낮추고, 휘발성 방향 성분과 과일주스 내의 지질 및 유용 성분을 변화시켜서 풍미를 나쁘게 하는 것을 방지할 수 있다. 또한 주스의 색깔을 유지하고 호기성 미생물의 번식을 억제시킬 수 있으며 현탁 물질이 위쪽으로 떠올라 병의 입구를 막거나 외관을 나쁘게 하는 것을 방지할 수 있다. 그러나 과일주스의 공기를 완전히 없애는 것은 어렵기 때문에 90℃ 이상으로 탈기하면 2~3%의 수분 및 향기 성분이 손실된다. 탈기법에는 박막식과 분무식 탈기법이 있다.

⑥ 살균 신선한 과일의 내부 조직에는 미생물이 없으나 착즙한 경우에는 많은 미생물이 있다. 이러한 미생물은 과피나 제조기구 및 용기 중에 섞여 있는 미생물이 혼입된 것으로 저온살균은 70~75℃에서 15~20분 가열하여 효소작용을 억제시켜 살균효과는 좋으나 신선미가 저하된다는 단점이 있다. 고온살균은 90~95℃에서 20~60초 가열하여 향과 비타민 손실이 적어 제품에 따라 향미나 빛깔에 손상을 주지 않는 방법을 이용할 수 있다.

⑦ 포장 살균이 끝난 과일주스를 곧바로 병조림 또는 통조림으로 만드는 경우도 있고, 일단 저장해 두었다가 산과 당을 조절한 다음 포장하기도 한다. 과일주스를 순간살균하여 품온이 60℃ 정도가 되었을 때 무균살균한 용기에 넣고 병 충전기나 캔 충전기를 사용하여 밀봉한다.

3) 잼

파쇄한 과일에 설탕을 첨가하고 가열 및 농축하여 저장 기간과 특유의 향미를 증가시킨 제품이다. 과일 펄프가 함유되어 있어 젤리와 달리 청징하는 과정이 없다. 사과, 딸기, 살구, 무화과, 포도, 귤 등이 원료로 사용된다.

(1) 잼 제조공정

① 세척 및 절단 완숙한 과일은 먼지나 농약 등을 제거하기 위하여 깨끗이 씻고 사과, 무화과와 같이 과육이 단단한 과일은 작게 절단한다.

② 파쇄 및 가열 딸기와 같이 수분이 비교적 많은 과일은 물을 첨가하지 않고 가열하며, 일반적으로 포도는 0.5배, 사과는 1~1.5배의 물을 넣고 가열한다. 가열하는 과정에서 과일에 함유된 프로토펙틴이 분해되어 펙틴이 추출되는데, 장시간 가열하면 오히려 펙틴이 분해될 뿐만 아니라 향미와 색이 나빠질 수 있다.

③ 압착 및 여과 가열된 과즙은 압착 및 여과지를 이용하여 여과해 주며, 젤리와 달리 잼의 경우 별도의 청징 과정은 필요 없으나 포도 잼의 경우 씨나 껍질은 여과하는 과정에서 제거한다.

④ 산, 당, 펙틴 첨가 과일에 함유된 산은 과일이 익어감에 따라 줄어드는데 과일의 종류에 따라 다르지만 시트르산citric acid, 말산malic acid, 타타르산tartaric acid 등의 유기산이 함유되어 있다. 그러나 여과된 과즙에 함유된 산이 부족한 경우 추가로 넣어 pH 3.2~3.5 정도로 조정한다. 그러나 pH 2.8 이하에서는 가열처리나 저장 중 펙틴의 변화로 수분 분리 현상이 일어나 오히려 젤gel화 능력이 떨

어진다. pH가 기준보다 너무 높으면 펙틴 함량이 많고 당분이 적당해도 젤화가 되지 않으므로 주의한다.

과일에 함유되어 있는 당분은 약 12% 내외로 젤리화에 필요한 당의 농도를 맞추고 풍미와 가격을 고려하여 설탕이나 포도당을 이용하여 62~65%로 맞춘다. 한편 당 농도가 너무 높으면 젤화는 잘 일어나지만 결정이 석출될 우려가 있으며, 50% 이하로 당 농도가 낮으면 젤리의 품질이 저하되고 저장성이 나빠진다.

제품에 맞는 산과 당 함량을 조절하기 위하여 알코올 침전법을 통하여 과즙에 함유된 펙틴 함량을 측정한 다음 산과 당 첨가량을 결정한다. 과즙과 동일한 양의 알코올을 첨가하여 젤리 모양으로 큰 덩어리가 형성되면 다량의 펙틴이 함유된 것이며, 작은 덩어리가 형성되면 보통량으로 함유된 것, 덩어리가 전혀 형성되지 않으면 펙틴이 소량 함유된 것으로 판별한다. 이에 따라 당 첨가량은 과즙의 절반 또는 2/3만큼 첨가하거나 펙틴이 부족한 경우 다른 과즙이나 펙틴을 이용하여 보충해 준다.

⑤ 가열 및 농축 잼 제조 공정 가운데 제품의 품질을 결정짓는 가장 중요한 공정으로서 당을 첨가하고 가열·농축한다. 가열하는 과정에서 거품이 발생하는 경우 식물성 유지나 실리콘수지를 소포제로 사용하여 거품을 제거한다. 일반적으로 15~20분 정도 가열하는데, 가열이 끝나는 종점을 젤리점이라 한다.

⑥ 담기, 밀봉 및 살균 가열·농축이 완료된 잼은 살균된 용기에 거품이 발생하지 않도록 담고, 추가적으로 80~90℃에서 7~8분간 살균하는 과정을 거친다. 살균이 완료된 제품은 속히 냉각하여 잠열을 없앤다.

(2) 젤리점 결정 방법

잼을 만들 때 가장 중요한 것은 젤리점jelly point을 결정하는 것이다. 젤리점을 결정하는 방법에는 컵법, 스푼법, 온도계법, 당도계법이 있다.

① 컵법 컵에 찬물을 넣고 조린 잼을 떨어뜨렸을 때 컵 속에서 흩어지면 아직

덜 조려져 농축된 것이고, 흩어지지 않고 굳어서 한 덩어리로 떨어지면 적당하게 조려진 것이다.

② **스푼법** 잼을 스푼으로 떠내어 스푼을 기울이면 흘러내리는데 이때 충분히 조려진 것은 점도가 높기 때문에 잘 흘러내리지 않지만 불충분한 것은 묽은 시럽이 되어 흘러내린다. 따라서 조려진 잼을 스푼으로 떠올려 기울였을 때 잘 흘러내리지 않는 상태가 되면 충분히 젤리점으로 간주한다.

③ **온도계법** 65~70% 설탕의 비등점에 해당되는 104~106℃에 이르면 젤리화가 끝난 것으로 간주된다.

④ **당도계법** 굴절당도계는 일반적으로 과일의 당도를 측정하는 기구로 잼의 당도를 측정했을 때 60~65Brix 정도면 적당하다. 그러나 당도의 경우 뜨거울 때 측정하면 상온에서 측정하는 것보다 약 2Brix 정도 낮은 값을 나타내기 때문에 주의하여야 한다.

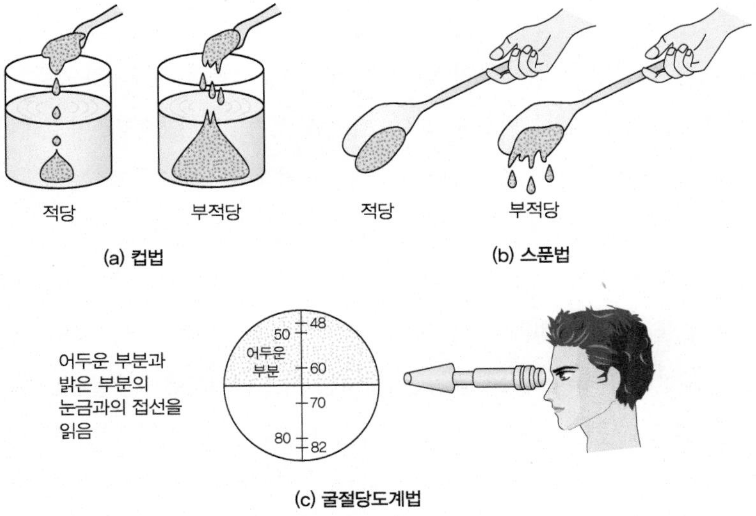

그림 6-6
젤리점 확인

그림 6–7
젤리

원료 → 다듬기 → 찌기 → 과즙 추출 → 청징 → 가당 → 조리기 → 담기 → 밀봉 → 살균 → 젤리

그림 6–8
젤리의 제조공정

4) 젤리

젤리는 과일을 착즙하여 얻은 착즙액에 산, 당, 펙틴이나 젤라틴 등을 이용하여 만든 반고체 식품으로 일반적으로 과일주스에 설탕을 넣어 농축, 응고시킨 식품이다. 일반적으로 투명하고 광택이 있으며, 과일의 향기를 지니고 있으며 절단 시 부드럽지만 원형을 유지할 수 있는 정도의 경도를 가진 것이 좋은 제품이다. 펙틴과 산의 함량이 많은 과일이 젤리 제조에 적합하며 가당처리 후 농축하는 과정에서 갈변이나 캐러멜화가 나타나면 품질이 떨어지기 때문에 주의하여야 한다. 과도한 가열은 펙틴의 분해를 일으키기 때문에 대체로 10~20분간 가열하여 완성한다.

5) 마멀레이드

과즙에 펙틴과 설탕을 첨가하여 끓인 잼에 과피 절편을 넣은 것으로 포르투갈에서 마르멜로marmelo를 원료로 하여 제조한 것이 그 시초이다. 마멀레이드는 밀감, 오렌지, 레몬 등을 넣어 쓴맛이 강한 마멀레이드가 제조되는데 주로 오렌지 과피를 마멀레이드에 이용한다. 특유의 밝은색과 향기를 가지는 것이 특징이다. 과피의 쓴맛이 너무 강할 경우 제조하면서 미리 과피를 열수처리하여 쓴맛의 일부를 제거하거나 나린진을 분해하는 나린지네이즈라고 하는 효소를 사용하기도 한다. 우리나라 「식품공전」에서는 마멀레이드를 "감귤류(30% 이상)의 과일을 원료로 한 것으로 감귤류의 과피가 함유된 것"이라 정의하고 있다.

실습하기 02 | 제조 과정을 달리한 사과주스 비교

1. 내용: 제조 과정을 달리하여 사과주스를 제조하고 상태를 비교한다.

2. 실험 원리

○ 사과를 이용하여 세척, 착즙, 여과한 다음 폴리갈락투로나아제(polygalacturonase) 처리하여 청징하는 단계를 거쳐 주스를 직접 제조해 본다. 폴리갈락투로나아제의 처리 유무와 처리량에 따른 주스의 청징도와 침전물의 상태를 확인한다.

3. 재료 및 기구

○ 재료: 사과 3kg, 여과포, 평량접시(weighing dish), 폴리갈락투로나아제

○ 기구: 도마, 비커, 계량스푼, 메스실린더, 스패출러, 피펫, 저울, 수조

4. 실험 방법

❶ 사과 중에 상한 것을 제외하고 세척한 뒤 사과의 모든 부분을 포함하여 300g을 계량한다.

❷ 계량한 사과를 작은 크기로 자르고 착즙기를 이용하여 분쇄, 착즙한다.

❸ 여과포로 사과즙을 여과한다. 압착하지 않고 중력으로 여과한다.

❹ 위 ❸에서 얻은 사과즙 여과액을 비커에 담아 랩으로 덮어서 70℃ 수조에 10분간 담가둔다.

❺ 여과포로 사과즙 여과액을 여과한다.

❻ 위 ❺에서 얻은 사과즙 여과액의 부피를 측정한다.

❼ 사과즙 여과액을 50mL 튜브 세 개에 같은 양으로 나누어 담은 뒤 a, b, c라고 표시한다.

❽ 위 ❼의 a, b, c를 수돗물에 담가서 상온까지 냉각한다.

❾ a에 폴리갈락투로나아제를 사과즙 여과액 부피의 1/10,000이 되도록 첨가하고, b에 폴리갈락투로나아제를 사과즙 여과액 부피의 1/1,000이 되도록 넣는다. c에는 폴리갈락투로나아제를 넣지 않는다.

❿ 위 ❾의 a, b, c를 가볍게 흔든 후 20시간 이상 상온에 방치한다.

⓫ 사과즙 여과액의 청징도와 침전물을 육안으로 확인한다.

5. 고찰사항

○ 폴리갈락투로나아제의 처리량에 따른 사과주스의 상태를 비교한다.

단원정리

1. 과일과 채소는 성장이 진행됨에 따라 엽록소가 분해되고 카로티노이드 색소가 나타난다. 또한 프로토펙틴이 펙틴으로 전환되어 조직이 부드러워진다.

2. CA 저장은 호흡작용을 조절하여 과일의 후숙 및 노화현상을 지연시키는 저장법이다. 산소 농도는 대기보다 낮추고, 이산화탄소 농도는 증가시킨 조건에서 저온저장한다.

3. 펙틴 젤은 펙틴, 당, 산이 필요하며 펙틴의 함량이 높을수록 점증도가 증가하며, 펙틴 젤의 특성을 이용하여 만든 식품에는 젤리, 잼, 마멀레이드가 있다.

4. 펙틴 젤을 형성하기 위해서 펙틴 1~105%, 산 0.3%(pH 2.9~3.3), 당 60~65%가 필요하다. 사과, 포도, 딸기, 자두, 감귤류 등이 펙틴과 유기산 함량이 적당하여 펙틴 젤을 형성하기에 적합한 과일이다.

5. 젤리는 과일을 착즙하여 얻은 착즙액에 산, 당, 펙틴이나 젤라틴 등을 이용하여 만든 반고체 식품으로 일반적으로 과일주스에 설탕을 넣어 농축, 응고시킨 식품이다.

연습문제

1. 다음 중 인과류에 속하는 과일은?

① 대추 ② 배 ③ 딸기 ④ 땅콩

2. 과일주스 제조 시 청징제로 사용되지 않는 것은?

① 달걀알부민 ② 카세인
③ 폴리페놀옥시데이즈 ④ 규조토

3. 젤리 제조 시 필요한 성분 중 옳지 않은 것은?

① 단백질 ② 산 ③ 당 ④ 펙틴

4. 다음과 같은 가공법을 이용하여 제조되는 제품은 무엇인가?

원료 ⇨ 다듬기 ⇨ 찌기 ⇨ 과즙 추출 ⇨ 청징 ⇨ 가당 ⇨ 조리기 ⇨ 담기 ⇨ 밀봉 ⇨ 살균 ⇨ 완성품

① 잼 ② 젤리 ③ 마멀레이드 ④ 건조과일

5. 과일주스 내의 부유물 침전을 촉진시키기 위해 사용되는 것은?

① 카세인 ② 락타아제 ③ 펙틴 ④ 셀룰라아제

6. 다음 중 호흡기 과일에 해당하는 것은?

① 복숭아 ② 포도 ③ 딸기 ④ 감귤

정답

1.② 2.③ 3.① 4.② 5.④ 6.①

CHAPTER 7

유지 가공
Oil and Fat Processing

1. 유지의 종류 | 2. 유지의 채취 | 3. 유지의 정제
4. 유지의 가공 | 5. 유지의 저장

CHAPTER 7

유지 가공

개요

유지의 주성분은 트라이글리세라이드(triglyceride)라고 하는 중성지방으로, 글리세롤 한 분자에 세 분자의 지방산이 결합하고 있는 구조이다. 유지는 상온에서 액체인 것을 유(油, oil), 고체인 것을 지(脂, fat)라고 하는데, 이러한 성질은 글리세롤에 결합한 지방산의 종류와 양에 의해 결정된다. 일반적으로 식물성 유지는 불포화지방산의 함량이 높아 상온에서 액체로 존재하는데, 야자유와 팜유 등은 식물성 유지임에도 포화지방산의 함량이 높아 고체로 존재한다. 반면, 동물성 유지는 일반적으로 포화지방산의 함량이 높아 상온에서 고체로 존재하는데, 어유는 동물성 유지이지만 불포화지방산의 함량이 높아 액체로 존재한다.

1. 유지의 종류

유지는 크게 천연유지와 가공유지로 분류되며, 천연유지는 식물성 유지와 동물성 유지로 나눌 수 있고, 가공유지에는 마가린과 쇼트닝 등이 있다그림 7-1.

1) 식물성 유지

식물성 유지에는 대두유(콩기름), 옥수수유(옥배유), 포도씨유, 면실유, 올리브유, 유채유, 참기름, 들기름, 팜유, 야자유 등이 있다그림 7-2.

(1) 대두유(콩기름)

대두유는 두부, 콩나물, 장류 제조 등에 사용되는 대두를 유기용매 추출하여 채취한다. 튀김유, 샐러드유 등으로 사용하거나 마요네즈나 경화유 제조 시 사용된다.

(2) 옥수수유(옥배유)

옥수수유는 옥수수 배아를 압착하거나 유기용매 추출하여 채취하며, 마요네즈나 경화유의 원료로 이용된다.

그림 7-1
유지의 분류

그림 7-2
식물성 유지

대두유 옥수수유 참기름 팜유

(3) 참기름

참기름은 참깨를 가열한 후 압착하여 채취하며, 고유의 맛과 향을 보존하기 위해 정제 과정을 거치지 않는다. 참기름은 세사몰과 토코페롤이라는 천연 항산화제를 함유하고 있어 산화 안정성이 높아 저장성이 좋다.

(4) 팜유

팜유는 팜 과육으로부터 채취한 유지로 튀김용, 제과용, 마가린이나 쇼트닝 등의 경화유 원료로 사용된다. 팜유는 식물성 유지이지만 포화지방산의 함량이 높아 상온에서 고체로 존재한다.

2) 동물성 유지

동물성 유지에는 우지(쇠기름), 돈지(돼지기름), 버터, 어유 등이 있다**그림 7-3**.

(1) 우지

우지(쇠기름)는 소의 신장 등의 지방조직으로부터 용출시켜 채취한다. 마가린이나 쇼트닝 등의 경화유 원료로 사용된다. 과거에는 튀김용으로 사용하였으나 콜레스테롤 함량이 높다는 인식으로 최근에는 튀김유로는 거의 사용하지 않는다.

그림 7-3
동물성 유지

우지 돈지 버터 어유

(2) 돈지

돈지(돼지기름)는 돼지의 신장 등의 지방조직에서 용출하여 채취하며 라드lard라고도 한다. 쇠기름보다 불포화지방산의 함량이 높아 융점이 낮은 특성이 있다. 튀김유, 제과용, 라면 제조용, 경화유 원료 등으로 이용되며 풍미가 좋아 중화요리에도 사용된다.

(3) 버터

버터는 유지방을 분리하여 얻은 크림을 살균하고 교반시켜 반고체 상태로 응고시켜 만든다. 발효 과정 유무에 따라 발효버터와 비발효버터로 나뉜다. 버터는 80% 이상의 지방과 소량의 수분을 함유한 유중수적형(W/O)의 유화액이다.

(4) 어유

어유는 청어, 꽁치, 정어리, 고등어 등의 어류를 열탕에서 가열하여 떠오르는 기름을 원심분리하여 채취한다. 어유는 동물성 유지이나 EPA나 DHA와 같은 불포화지방산의 함량이 높아 상온에서 액체 상태로 존재한다.

2. 유지의 채취

식물성 유지는 식물의 종자, 배아, 과육 등에서 채취하고, 동물성 유지는 동물의 지방조직, 내장 등에서 채취한다. 이러한 동·식물성 원료로부터 유지를 채취하는 방법에는 압착법, 추출법, 용출법, 초임계추출법 등이 있다.

1) 압착법

압착법은 비교적 유지 함량이 많은 원료에 기계적인 압력을 가하여 유지를 채취하는 방법으로 식물성 유지의 채취에 주로 사용된다**그림 7-4**. 압착 방식에 따라 회분식 압착기인 프레스press와 연속식 압착기인 엑스펠러expeller를 사용한다 **그림 7-5**. 프레스를 사용하는 회분식은 유지 원료를 착유포에 담은 다음 철제 원통에 넣은 후 압력을 가해 유지를 유출시키는 방법으로, 설비가 저렴하고 간

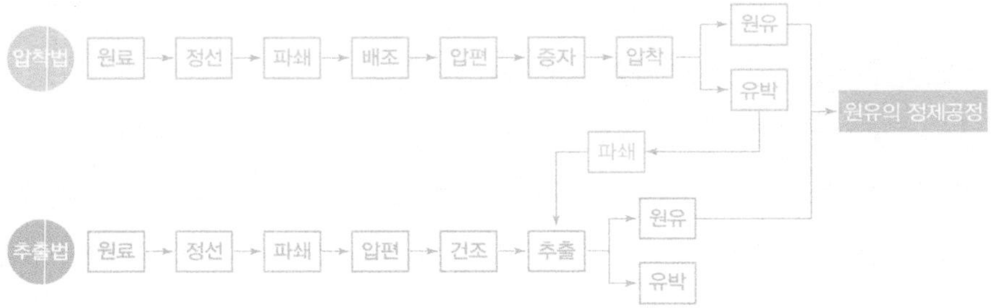

그림 7-4
압착법과 추출법을 이용한 유지 채취 과정

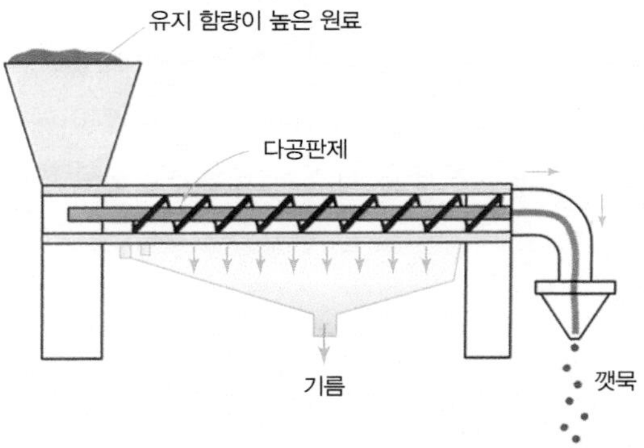

그림 7-5
유지 압착기 (엑스펠러)

단한 방식이지만 압착 후 남은 박에 유지가 많이 잔존한다는 단점이 있어 유지 함량이 낮은 원료에는 적합하지 않다. 엑스펠러를 사용하는 연속식은 유지 원료를 연속적으로 투입하면 회전하는 원통 내 스크루에 의해 원료가 압착되며, 착유 후 남은 유박은 연속적으로 배출된다. 고가의 설비가 필요하지만 회분식에 비해 수율이 좋고 연속적으로 대규모 채유가 가능하다는 장점이 있다. 압착법으로 채취하는 유지에는 참기름, 들기름 등이 있다.

2) 추출법

추출법은 원료에 휘발성 유기용제를 처리하여 유지를 용해시켜 추출한 후 가열하여 용매를 증발시키고 남은 유지를 얻는 방법이며, 용제로는 주로 헥산 n-hexane을 사용한다. 증발시킨 용제는 응축시켜 회수하여 추출에 다시 이용한다**그림 7-6**. 유지 함량이 낮은 원료에도 사용이 가능하여 종자류의 채유에 주로 사용된다. 또한 유박에 잔존하는 유지가 0.5~1.5% 정도밖에 되지 않을 정도로 채유 수율이 높다. 추출법을 이용한 유지로는 대두유와 면실유 등이 있다.

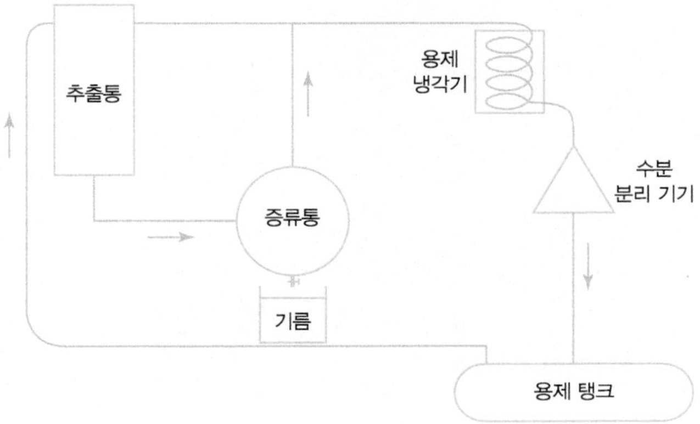

그림 7-6
유지 추출 장치

3) 용출법

용출법은 유지 함량이 높은 동물성 원료로부터 유지를 채취할 때 주로 사용되며, 이 방법으로 채취한 유지에는 돈지, 우지, 양지, 어유, 고래유 등이 있다. 용출법에는 원료를 직접 가열하여 흘러나오는 지방을 얻는 건식법과 원료에 뜨거운 물이나 수증기를 가해 가열한 후 냉각하여 상부에 분리되어 뜨는 지방을 얻는 습식법이 있다.

4) 초임계추출법

초임계추출법은 이산화탄소를 용제로 한 추출법이다. 용제인 이산화탄소를 온도 31.1℃ 이상, 기압 37atm 이상의 조건에서 초임계 유체 상태로 만들어 유지 원료로부터 유지를 추출한 후 다시 기체 상태로 만들어 이산화탄소를 회수한 다음 재사용하는 방식이다**그림 7-7, 7-8**. 참기름과 들기름 등 향미가 중요한 고품질의 유지 식품에 널리 사용된다.

3. 유지의 정제

채취한 원유에는 수분, 단백질, 탄수화물, 색소, 냄새 성분 등의 불순물이 함유되어 있다. 이러한 불순물을 제거하여 유지의 품질을 높이기 위해 탈검, 탈산, 탈색, 탈취 등의 과정을 거쳐 유지를 정제한다**그림 7-9**.

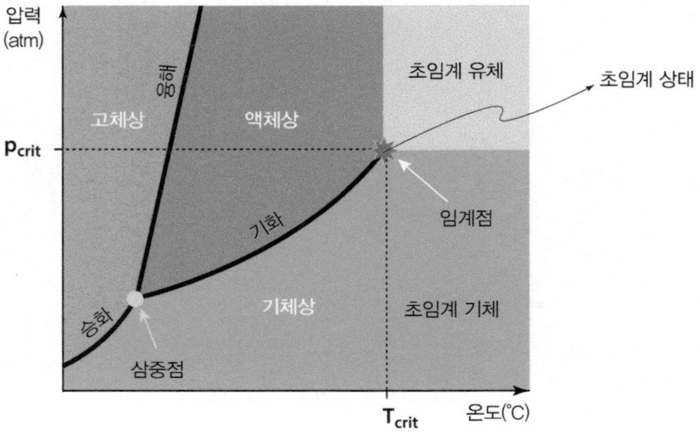

그림 7-7
물질의 상태 곡선

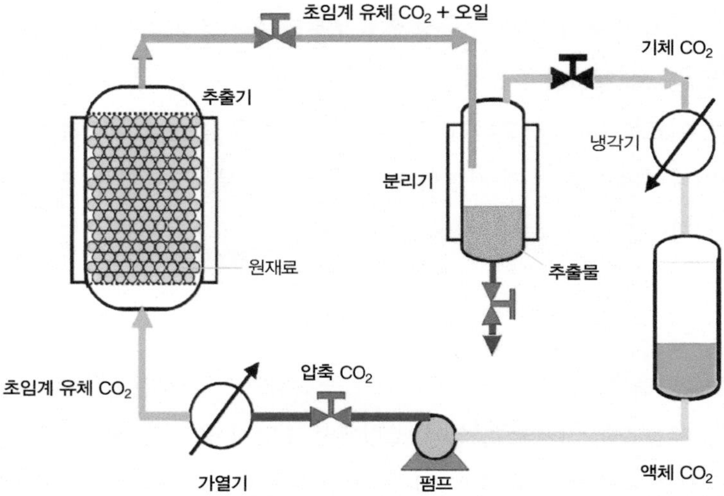

그림 7-8
초임계추출 공정

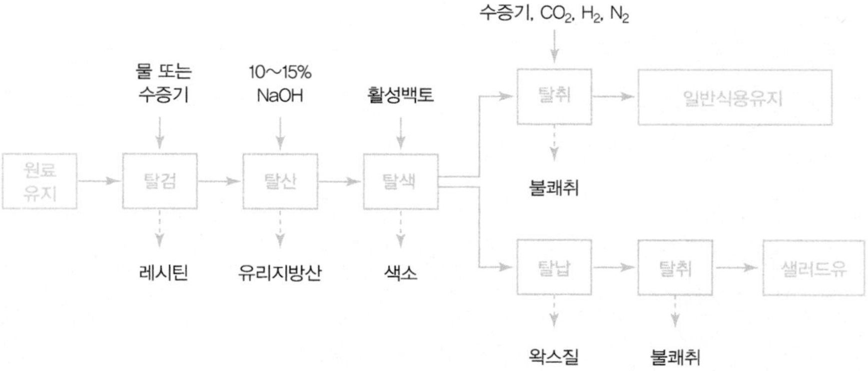

그림 7-9
유지의 정제공정

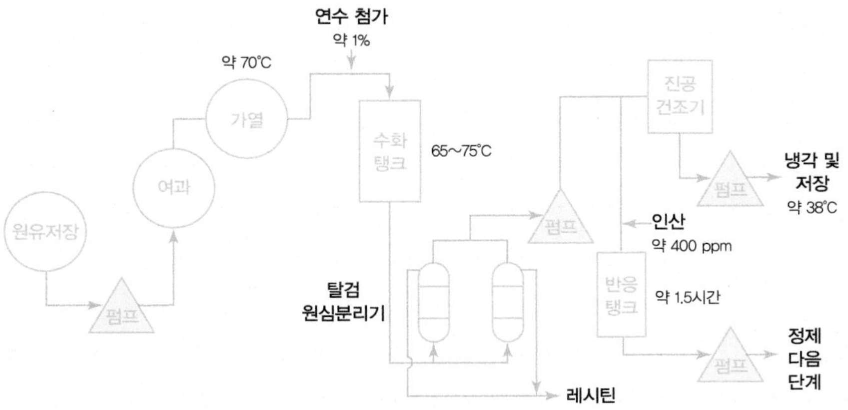

그림 7-10
유지의 탈검공정

1) 탈검

탈검degumming은 채취된 원유에 함유되어 있는 레시틴과 같은 인지질, 단백질, 점질물 등 친수성의 검질 물질을 제거하는 공정이다. 이 공정에서 유지에 물을 가하고 가열하여 수화시키면 검질이 팽윤되고 침전되며 유지에 불용성으로 되는데, 이 수화된 검질을 원심분리를 통해 분리·제거한다그림 7-10. 탈검 과정을 통해 액체유의 장기간 저장 시 침전물이 생기는 현상을 억제하고, 탈산 과정 중에 중성지방의 손실을 방지할 수 있다. 또한 대두유 탈검 과정의 부산물인 레시틴의 기능 중에 유화작용 및 계면활성작용이 있어 식품첨가물, 화장품 등에 널리 사용된다.

2) 탈산

유리지방산은 끓는점이 낮아 유지의 발연점을 낮추므로 제거하여 유지의 품질을 높여야 한다. 탈산deacidification은 원유에 함유된 유리지방산을 알칼리로 중화시켜 제거하는 공정으로 알칼리 정제라고도 한다. 원유를 가열하면서 수산화나트륨(NaOH)을 가하여 비누화시켜 유리지방산이 중화되면서 생성되는 비누 성분을 원심분리를 통해 제거한다그림 7-11. 탈산 과정을 통해 유지의 산가는 0.1 이하가 되고, 잔존 단백질, 인지질, 색소 등도 함께 제거되어 튀김요리 시 거품이 생기지 않고 탈색효과도 가져온다.

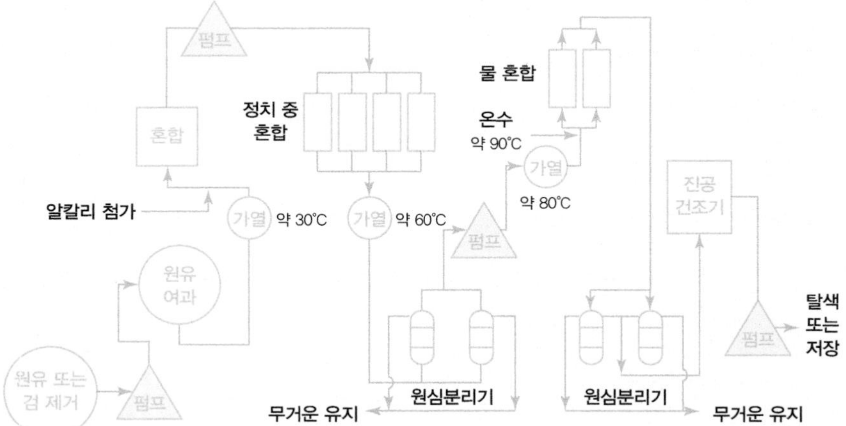

그림 7-11
유지의 탈산공정

3) 탈색

탈색bleaching은 원유에 함유된 카로티노이드계 색소 및 클로로필계 색소 등의 색소물질을 제거하는 공정이다. 유지에 탈색제(활성백토, 산성백토, 활성탄)를 첨가하여 가열한 후 냉각시키고 여과하여 탈색제를 분리한다. 탈색공정에서는 색소뿐 아니라 잔존하는 비누분, 검질(인지질), 유지의 산화생성물(알데히드, 케톤 등) 등도 제거된다. 탈색 과정을 통해 유지의 색이 연해지고, 맛이 향상되며, 저장성 및 산화 안정성이 증가한다.

4) 탈취

탈취deodorization는 앞의 여러 정제공정 후에도 남아 있는 저급지방산, 저급알코올, 저급카보닐화합물, 유기용매 등 불쾌취 성분을 제거하고, 동시에 유리지방산의 함량을 낮추기 위한 과정이다. 유지를 진공 상태에서 가열하면서 수증기를 불어넣어 불쾌취를 유발하는 휘발성 물질을 수증기와 함께 휘발시켜 제거하는데, 중성지질은 휘발성이 낮아 제거되지 않는다. 탈취 과정을 통해 유리지방산의 함량이 0.05% 이하로 감소하며, 과산화물과 같은 산화생성물도 함께 제거된다.

5) 탈납(동유처리)

탈납dewaxing은 녹는점이 높아 냉장온도에서 응고하여 고체가 되는 지방을 제

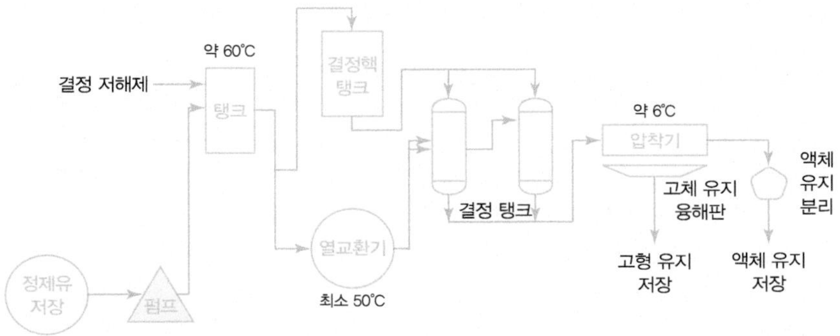

그림 7-12
유지의 탈납공정

거하는 공정이다. 샐러드유와 같이 냉장보관하는 유지의 경우에 필요한 공정으로, 이 공정은 미리 원유를 냉장온도 정도의 저온에서 방치하여 생성된 고체지방을 원심분리 또는 여과하여 제거하므로 동유처리winterization라고도 한다 **그림 7-12**. 이 과정을 통해 저온보관 시에도 응고되는 지방이 없는 샐러드유가 만들어지는데, 올리브유처럼 향미가 중요한 유지의 경우에는 이 과정을 통해 향미 성분이 제거되기 때문에 탈납공정을 거치지 않는다.

4. 유지의 가공

유지는 사용 목적에 따라 물리·화학적 특성을 갖도록 가공공정을 거치게 된다. 유지의 가공공정에는 경화유를 제조하는 수소첨가, 유지의 물성을 변화시키는 에스터 교환반응 등이 있다.

1) 유지의 가공

(1) 수소첨가(경화)

수소첨가hydrogenation는 니켈이나 백금 등을 촉매로 하여 유지 중의 불포화지방산의 이중결합을 단일결합을 바꾸어 포화지방산으로 만드는 과정이다. 식물성 유지나 어유와 같이 불포화지방산을 다량 함유하여 액체상태로 존재하는 유지는 이 과정을 통해 고체화되므로 경화라고도 한다**그림 7-13**.

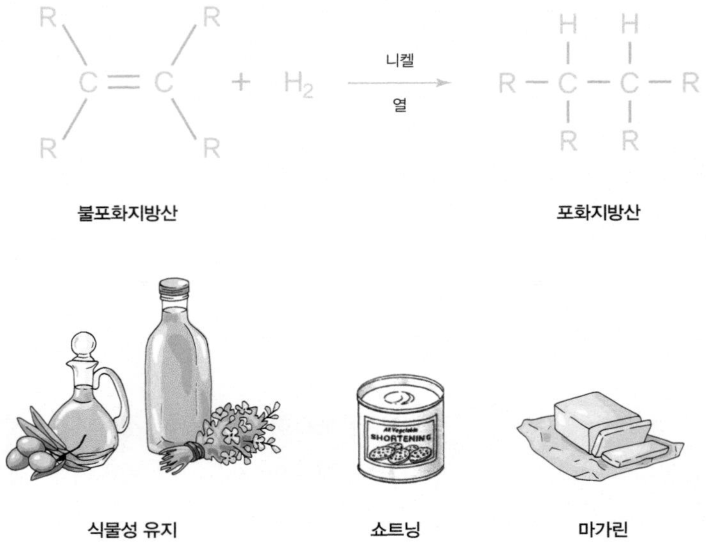

그림 7-13
유지의 탈산공정

수소첨가반응 탱크에 수소첨가할 유지를 채운 후 코일 내부로 스팀을 보내 유지를 가열한다. 촉매 역할을 하는 니켈을 반응 탱크에 넣고 수소를 넣고 가스분사장치를 이용하여 수소를 아래쪽에서 분사하는데, 수소방울이 미세하게 잘려 유지에 녹아 들어갈 수 있도록 강하게 교반한다. 수소첨가는 발열반응이므로 온도가 많이 올라가면 냉각이 필요하게 되는데, 이때는 가열 시 이용한 코일에 물을 주입하여 냉각시킨다그림 7-14.

불포화지방산을 많이 함유하여 쉽게 산패되는 유지는 수소첨가 과정을 통해 산화 안정성 및 열 안정성이 증가한다. 수소첨가 과정을 통해 만들어진 고체 형태의 지방을 경화유라고 하며 마가린과 쇼트닝 제조에 이용된다.

수소화 과정 중 불포화지방산의 일부가 시스cis형에서 트랜스trans형 입체구조로 이성화하여 심혈관계 질환 등을 유발하는 트랜스지방산trans fatty acid이 생성되는 문제가 유발되어 이의 저감화를 위해 노력하고 있다.

(2) 에스터 교환

에스터 교환은 유지 분자 내에서 또는 분자 간에 지방산을 교환하여 중성지방 분자 중의 지방산의 위치와 종류를 변화시키는 반응이다. 에스터 교환 반응은 마가린이나 쇼트닝과 같은 가소성을 지닌 유지에 적용하여 유지의 가소성 범위

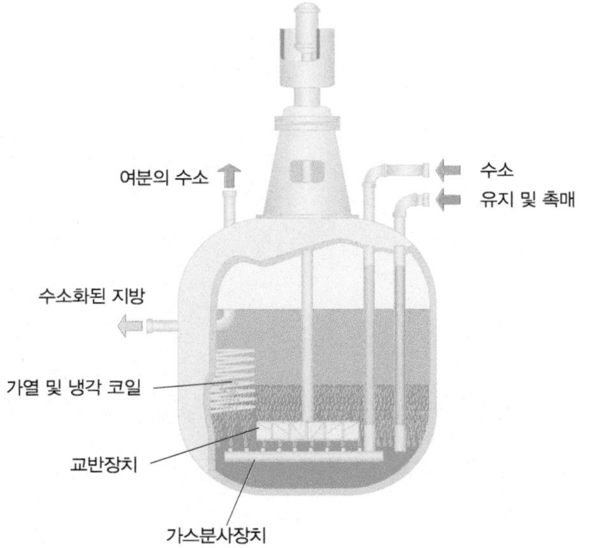

그림 7–14
수소첨가 반응 탱크 (유지의 수소화 과정)

를 넓히고 사용 목적에 적합한 물성을 지닌 유지를 제조할 수 있다.

2) 유지 가공품

(1) 마가린

마가린은 경화유와 동·식물성 유지에 물, 소금, 비타민(비타민 A, D), 착색제(ß-카로틴) 등을 첨가하여 유중수적형(W/O)으로 유화시켜 만든 유지 가공품이다 **그림 7–15**. 마가린의 유지 함량은 80% 이상이며 수분 함량은 15~16%이다.

(2) 쇼트닝

쇼트닝은 각종 식용 경화유, 동·식물성 유지 또는 이 혼합물에 10~20%의 질

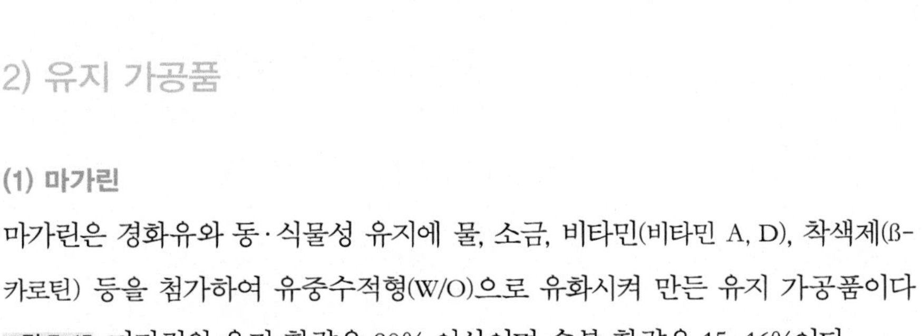

그림 7–15
마가린 제조공정

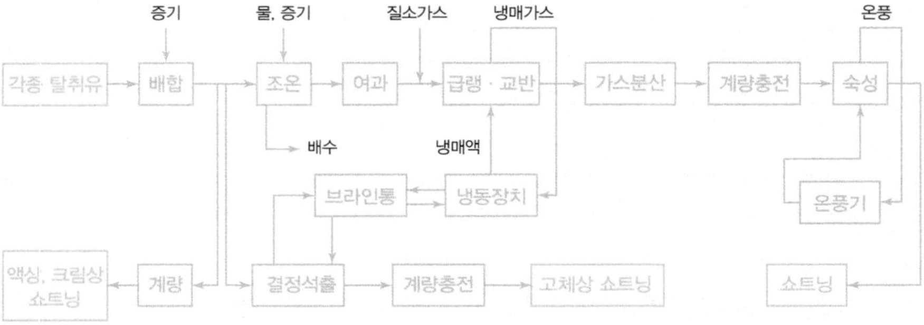

그림 7–16
쇼트닝 제조공정

소가스 또는 탄산가스를 혼합하고 급랭하여 가공한 고체 상태 또는 크림 상태의 식품이다그림 7–16. 마가린과 달리 유화작업을 거치지 않고 지방 함량이 거의 100%로 유화식품이 아니다. 쇼트닝은 가소성, 쇼트닝성, 크리밍성 등의 특성을 지니고 있어 제과 및 제빵에서 라드 대용품으로 사용된다.

(3) 마요네즈

마요네즈는 식용유, 식초, 난황, 소금, 설탕, 조미료, 향신료 등을 혼합하여 유화시킨 수중유적형(O/W)의 유화식품이다. 식용 유지로는 옥수수유, 대두유, 면실유 등을 사용하며 난황에 함유된 레시틴이 유화제 역할을 한다.

5. 유지의 저장

유지는 저장 중에 가수분해, 자동산화 등으로 다양한 변화를 겪으며 불쾌한 맛과 냄새가 유발되고 점성이 증가하는 등 품질이 저하된다.

1) 유지의 가수분해

유지는 저장 중에 물, 가수분해효소 등의 작용으로 유지 중의 중성지방이 글리세롤과 유리지방산으로 가수분해되어 불쾌한 냄새와 맛을 유발하여 유지의 품질이 저하된다.

2) 유지의 자동산화

저장 중의 유지는 공기 중 산소에 의해 서서히 산화가 진행되는 자동산화 과정을 겪게 된다. 자동산화는 라디칼 반응으로 자동으로 반응이 진행되어 과산화물이 생성되는 동시에 새로운 라디칼도 생성된다. 과산화물은 분해되어 알데히드, 케톤, 알코올 등의 2차 생성물인 저분자 물질이 만들어지면서 이취를 유발하고, 중합체를 형성하여 유지의 점성을 증가시킨다.

3) 유지의 저장 방법

저장 중인 유지의 품질 저하를 최소화하기 위해서는 가수분해 및 자동산화에 의한 산패를 억제하는 저장 방법이 필요하다. 유지의 산패를 촉진하는 요인에는 수분, 산소, 빛, 금속 등이 있다. 산소를 차단하기 위해 탈산소제나 밀폐가 가능한 포장용기를 사용하고, 빛을 차단하기 위해 착색병이나 어두운 곳에 저장해야 한다. 구리, 철 등의 금속은 산화를 촉진하므로 스테인리스 스틸이나 유리병에 보관한다. 또한 사용했던 기름은 재사용하지 않으며, 재사용해야 하는 경우라면 이물질을 제거하고 냉장보관한 후 단기간 내에 사용해야 한다.

실습하기 03 | 마요네즈 제조

1. **내용**: 유화제(난황)의 농도를 달리한 마요네즈를 제조하고 물성을 비교한다.

2. 실험원리

○ 난황에 함유된 인지질 성분인 레시틴(lecithin)의 유화력을 이용하여 수중유적형 유화 제품인 마요네즈를 제조한다.

3. 재료 및 기구

○ 재료: 난황, 식용유, 식초

○ 기구: 저울, 거품기, 믹싱볼, 컵

○ 재료의 배합비

재료	마요네즈 A(g)	마요네즈 B(g)	마요네즈 C(g)
난황	5	10	15
식용유	70	70	70
식초	7	7	7

4. 실험 방법

❶ 달걀 세 개의 난황을 분리하고 거품기로 저어서 균질화한다.

❷ 난황, 식용유, 식초를 이용하여 다음 순서대로 유화제의 함량이 다른 세 가지 종류의 마요네즈 A, B, C를 각각 만든다.

❸ 믹싱볼에 난황을 넣고 식초를 조금씩 첨가하면서 한쪽 방향으로 강하게 교반한다.

❹ 식용유를 조금씩 첨가하면서 한쪽 방향으로 성상의 변화가 없을 때까지 교반한다.

❺ 마요네즈 A, B, C별로 ❸, ❹단계 전체를 총 8분 미만 동안 실시한다.

❻ 완성된 마요네즈를 컵에 옮겨 담는다.

❼ 세 종류의 마요네즈 A, B, C를 시식해 보고 점도를 비교한다.

5. 고찰사항

○ 유화제(난황)의 농도에 따른 마요네즈의 점도를 비교하고, 점도의 차이가 나타나는 이유에 대해 고찰한다.

단원정리

1. 유지는 원료에 따라 식물성 유지와 동물성 유지로 나뉜다. 식물성 유지에는 대두유, 면실유, 옥수수유, 참기름, 팜유 등이 있고, 동물성 유지에는 우지, 돈지, 버터, 어유 등이 있다.
2. 식용 유지는 동 · 식물성 유지 원료로부터 압착법, 추출법, 용출법 등을 통해 채취한다.
3. 식용 유지는 유지 원료 중의 불순물을 제거하고 유지의 품질을 높이기 위해 탈검, 탈산, 탈색, 탈취 등의 정제 과정을 거친다.
4. 샐러드유와 같이 냉장보관을 하는 유지의 경우 미리 저온에서 침전물을 제거하는 동유처리(winterization)를 거쳐 냉장보관 시에도 응고되어 침전되는 지방이 없도록 한다.
5. 유지 가공법에는 수소첨가(경화), 에스터 교환 등이 있으며, 유지 가공품으로는 마가린, 쇼트닝, 마요네즈 등이 있다.
6. 수소첨가는 니켈 등을 촉매로 하여 유지 중의 불포화지방산을 포화지방산으로 만드는 과정이다. 이 과정을 통해 식물성 유지나 어유와 같이 불포화지방산을 다량 함유하여 액체 상태로 존재하는 유지는 고체화되므로 경화라고도 한다.
7. 수소화 과정에서는 불포화지방산의 일부가 시스형에서 트랜스형으로 이성화하여 심혈관계 질환 등을 유발하는 트랜스지방산이 생성될 수 있다.
8. 유지는 저장 중에 가수분해 및 자동산화에 의한 산패 과정을 겪게 된다. 이러한 과정은 불포화지방산을 다량 함유한 유지의 경우 더 심하게 발생한다. 수분, 산소, 빛, 금속 등은 유지의 산패를 촉진하므로 저장 중에 이러한 요인을 최대한 차단하여 유지의 산패를 억제하여야 한다.

연습문제

1. 다음 중 동물성 유지의 채유에 주로 사용되는 유지 채취법은?
   ① 압착법 ② 추출법
   ③ 용출법 ④ 초임계추출법

2. 원유 중의 유리지방산을 제거하는 것이 주된 목적인 유지의 정제 방법은?
   ① 탈검 ② 탈산
   ③ 탈색 ④ 탈납

3. 냉장보관 시에도 응고되어 침전되지 않도록 샐러드유 등의 제조에 적용하는 공정은?
   ① 탈검 ② 탈산
   ③ 수소첨가 ④ 동유처리

4. 마가린이나 쇼트닝 제조 시 이용되며 니켈이나 백금 등을 촉매로 하여 유지 중의 불포화지방산의 이중결합을 단일결합으로 바꾸어 포화지방산으로 만드는 과정은?
   ① 수소첨가 ② 균질화
   ③ 에스터 교환 ④ 결정화

5. 난황에 들어 있는 성분으로 마요네즈 제조 시 유화제 역할을 하는 것은?
   ① 오브알부민 ② 레시틴
   ③ 철분 ④ 니켈

6. 경화유와 동·식물성 유지에 물, 소금, 비타민, 착색제 등을 첨가하여 유중수적형(W/O)으로 유화시켜 만든 유지 함량 80% 이상의 유지 가공품은?

① 버터 ② 쇼트닝

③ 마가린 ④ 마요네즈

정답

1.③ 2.② 3.④ 4.① 5.② 6.③

CHAPTER 8

축산물 가공
Livestock Processing

1. 육류의 가공과 저장 | 2. 우유의 가공과 저장
3. 달걀의 가공과 저장

CHAPTER 8

축산물 가공

개요

국민의 건강한 식생활에 필수적인 단백질 급원 역할을 하는 것이 바로 축산물이다. 신석기시대인 약 1만 년 전부터 개를 기르면서 가축화를 시작한 것으로 대부분의 학자들이 보고 있다. 가축화가 인간에게 천연두 등 감염병을 전염시킨 부분도 있지만, 안정적인 육류 섭취가 가능해지면서 인간 수명의 연장에 기여한 것도 부인할 수 없다. 현재 전 세계적으로 축산물의 생산 및 소비는 조금씩 증가하고 있다. 쇠고기와 닭고기는 미국 및 브라질에서 주로 생산되며, 돼지고기는 중국 및 유럽에서 주로 생산되고 있다. 국내 통계자료에 따르면 우리나라 2018년 축산업생산액 중 가축생산액은 15조 9천억 원, 축산물생산액은 3조 8천억 원 수준으로, 통계가 집계된 1965년부터 연평균 약 12% 수준으로 증가해 왔다. 2018년 가축생산액 중 주요 축종별 비중은 돼지 44.6%, 한·육우 31.9%, 닭 14.2%, 오리 8.3% 순으로 집계되었다(그림 8-1). 축산물은 육질뿐만 아니라 가축의 젖, 가죽, 알 등 여러 가지 유용한 식재료 및 생필품을 제공해 왔으며, 식품가공의 측면에서 볼 때 식재료의 다양화 및 조리 기술의 발전에 기여한 측면이 매우 높다고 할 수 있다. 이 장에서는 육류 및 우유, 달걀의 특징과 이들의 가공 및 저장에 대하여 학습하고자 한다.

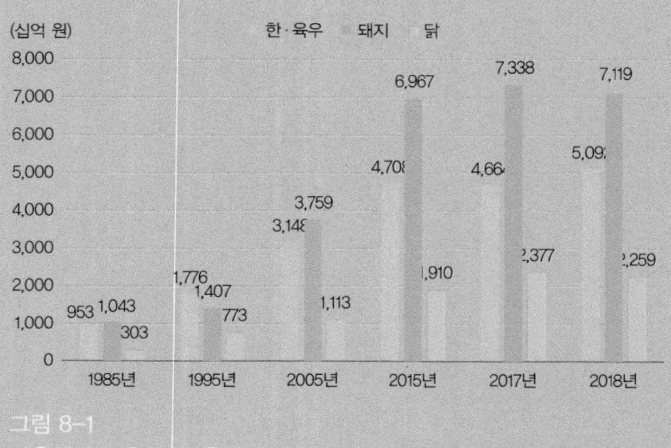

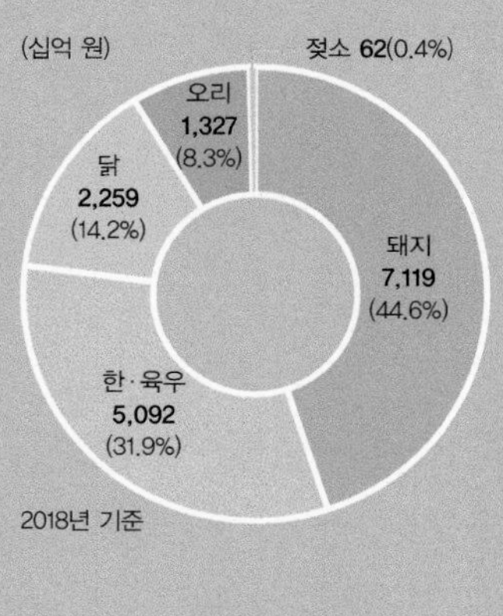

그림 8-1

가축생산액 추이 및 축종별 비중

출처: 통계로 본 축산업 구조 변화, 통계청 보도자료, 2020.

1. 육류의 가공과 저장

육류는 동물의 종류와 나이는 물론 부위, 영양상태 등에 따라 그 성상이 다르며, 실온에서 오랫동안 보존이 어렵다. 보존성을 향상시키기 위해 냉동 및 냉장 유통을 기본적으로 수행하여야 한다. 냉동 및 냉장 기술이 부족했던 100년 전까지 인간은 이를 극복하기 위하여 절임, 훈연, 건조, 열처리 등을 거쳐 가공하여 저장성을 향상시켜 왔다.

육류의 대표적인 가공품에는 햄ham, 베이컨bacon, 소시지sausage 등이 있으며, 그 생산량 및 판매량은 꾸준히 상승하고 있다표 8-1.

표 8-1 **식육가공품 품목별 생산액 규모** (단위: 억 원)

구분	2015년	2016년	2017년	2018년
햄류	8,506	9,675	11,375	10,242
	19.5%	19.9%	20.8%	18.2%
소시지류	4,163	4,742	5,050	5,345
	9.6%	9.8%	9.2%	9.5%
베이컨류	988	1,090	1,359	1,200
	2.3%	2.2%	2.5%	2.1%
건조저장육류	947	975	1,062	1,097
	2.2%	2.0%	1.9%	2.0%
양념육류	24,291	26,904	30,133	33,285
	55.8%	55.4%	55.0%	59.3%
식육추출 가공품	3,689	4,365	4,971	3,854
	8.5%	9.0%	9.1%	6.9%
식육함유 가공품	926	836	866	1,116
	2.1%	1.7%	1.6%	2.0%
합계	**43,510**	**48,587**	**54,816**	**56,139**

출처: 식품음료신문, 2020년 11월 12일 자.

1) 도살 후 식육의 변화

(1) 도축

동물을 식육으로 이용하려면 도축 처리라는 과정을 거칠 수밖에 없다. 동물별로 도축 방법은 다르나, 최근에는 전류를 이용한 전살법을 주로 사용한다. 죽은 동물은 목동맥이나 목정맥을 절단하여 피 빼기breeding를 실시하고, 털을 제거한 후 검사를 실시한다. 기생충 감염 여부 검사를 마친 후 도체에 대한 부위별 분할이 실시된다. 소와 돼지의 부위별 명칭은 **그림 8-2**와 같다.

(2) 도축 후 저장

도체는 미생물에 의하여 부패되기 쉽기 때문에 다음의 처리를 통하여 저장기간을 연장하고, 고기의 품질 향상도 도모할 수 있다.

① 냉장 및 숙성 부패를 막기 위하여 도축 즉시 냉장 저장을 하며, 냉장 저장 상태에서 효소에 의한 자가소화autolysis가 일어나 숙성이 진행된다. 이를 저온숙성법이라 하며 쇠고기의 경우 0~2℃, 습도 85~92% 조건에서 약 3주 정도 숙성 과정을 거친다.

② 냉동 식육을 장기간 저장하기 위해서는 냉동 저장이 가장 확실한 방법이다. 동결 시 가장 유의하여야 하는 것은 빠르게 동결시켜야 해동 시 육질의 품질이 우수하다는 점이다. 완만동결 시에는 해동 후 드립drip 발생량이 많아 품질

그림 8-2
소와 돼지의 부위별 명칭

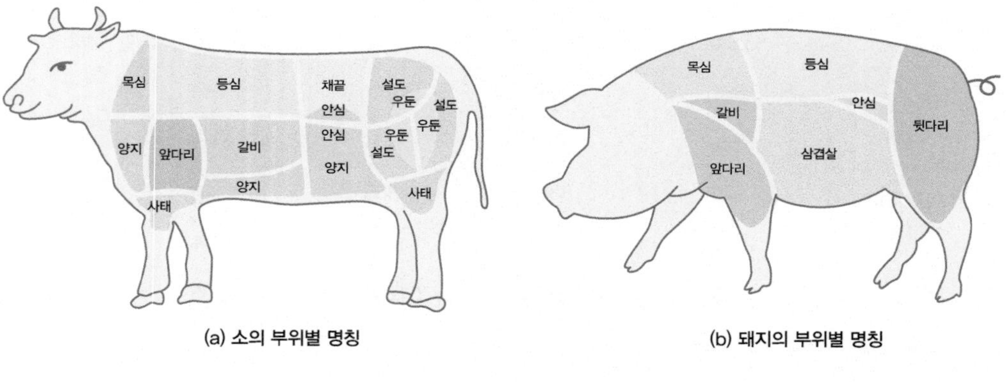

(a) 소의 부위별 명칭 (b) 돼지의 부위별 명칭

그림 8-3
식육의 건조 및 훈연

저하를 초래한다. 국내에서는 -18℃ 이하인 조건만을 냉동이라 부르며, 이 조건에서는 미생물의 증식 및 화학적 변화를 최소화로 제어할 수 있다.

③ **염지** 아질산나트륨, 설탕, 복합인산염 등이 함유된 3~6% 소금물에 쇠고기나 돼지고기를 저장하는 방법으로, 일반적으로 이 과정 중에 고기의 색과 맛이 향상된다.

④ **건조** 수분함량을 낮추어 미생물의 생육을 억제하는 것이 기본적인 목적이나, 이 과정에서 독특한 풍미가 발생하기도 한다. 자연건조, 열풍건조, 진공동결건조 방법 등이 사용된다그림 8-3.

⑤ **훈연** 식육에 연기 성분을 침투시켜 보존성을 향상시키려는 목적으로 사용되며, 이 과정에서 특유의 색과 풍미가 발생하고, 지방의 산화를 방지한다. 훈연목재로는 떡갈나무, 너도밤나무, 오리나무 등이 사용된다그림 8-3.

(3) 도축 후 근육의 변화

도살된 동물의 근육은 시간이 경과함에 따라 호기적 호흡의 기능을 잃게 되므로 글리코겐glycogen이 혐기 조건에서 분해되어 젖산이 생성되고, 고기의 pH는 저하한다. 이를 해당解糖 과정이라 한다. 또한 효소에 의하여 ATPadenosine triphosphate가 ADPadenosine diphosphate와 무기인산으로 분해되어, 근육 내 미오신myosin과 액틴actin이 결합하여 액토미오신actomyosin을 형성하는데, 생성된 액토미오신은 육질의 유연성과 신전성을 저하시키는 강직효과를 유발한다. 즉 사후강직이 일어나면 젖산 생성, 근육 신장성 감소, APT 감소 등으로 육질의 보수력은 떨어지고 더욱 단단해진다.

도살 후 식육은 사후강직 → 자가소화 → 부패의 3단계 변화를 거친다.

〈해당작용〉

- 1단계: 산소 공급 제한으로 글리코겐*을 분해하여 젖산 생성 ⇒ pH 저하
- 2단계: 포스파타아제(phosphatase) 작용으로 ATP가 ADP 및 무기인산으로 분해 ⇒ 미오신 + 액틴 ⇒ 액토미오신 생성(육질의 강직화)

* 글리코겐(glycogen, animal starch): 세포 내 원형질에 존재하는 동물성 저장 탄수화물로, 아밀로펙틴(amylopectin)과 비슷한 형태이나 분지가 더 많고 사슬의 길이가 짧다.

① **사후강직** 식육은 도축 후 어느 정도의 시간이 지나면 근육이 강하게 수축되어 굳어지게 되며, 식육의 투명도가 저하되는 기간이 지속된다. 이를 사후강직rigor mortis이라 하며, 체내에 단당류가 모두 소진될 때까지 이어진다. 사후강직 개시 시간은 동물의 종류, 영양상태, 저장 온도, pH, 도살 방법 등에 따라서 달라진다. 특히 도축 후 pH 변화가 거의 없거나, pH 저하가 급속한 경우에는 사후강직의 개시와 완료가 빠르게 진행된다. pH가 낮아 위생적으로는 안전하나, 풍미가 없어 식육으로의 가치는 낮다. 저장 온도 측면에서는 소고기의 경우 37℃에서 6시간이 소요되나, 7℃의 저온에서는 24시간이 소요된다. 이는 근육 내 온도가 APT 분해 효소를 활성화하기 때문이다. 일반적으로 최대 사후강직에 도달하는 시간은 닭고기는 6~12시간, 소고기와 말고기는 12~24시간, 돼지고기는 3일, 생선은 1~4시간으로 알려져 있다.

② **자가소화** 완전 사후강직에 도달하고 시간이 경과하면 강직현상이 해제되고 근육은 부드러운 상태가 되는데, 이는 고기 내에 존재하는 단백질 분해효소의 작용으로 단백질이 저분자 물질인 아미노산으로 분해되면서 발생하는 현상으로 해경release 또는 숙성aging이라고도 부른다.

사후 낮은 pH 조건에서 단백질 분해효소에 의한 자가소화autolysis가 발생하여 결체조직 및 일부 단백질의 변성과 분해를 촉진한다. 사후강직 중 근원섬유 단백질과 결합되어 있던 2가 양이온(Ca^{2+}, Mg^{2+})들이 1가 양이온(K^{+}, Na^{+})으로 치환되면서 근육단백질의 결합능력이 증진되고 보수성이 향상된다. 또한 APT

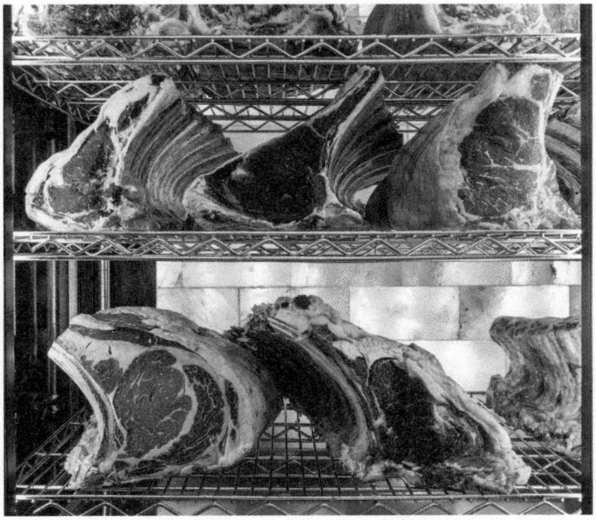

그림 8-4
숙성 중인 식육

의 핵산이 IMPinosine monophosphate, 이노신산inosine acid, 하이포잔틴hypoxanthine 등으로 분해되고, 리보스, 인산 등의 풍미 성분이 증가한다. 식육의 숙성은 일반적으로 식육의 어는점 이상인 2~4℃에서 실시한다. 닭고기는 2일, 돼지고기는 3~5일, 소고기는 10일 정도의 숙성기간이 필요하다그림 8-4.

③ **부패** 실온에 어느 정도 방치될 경우, 근육 내에 아미노산과 같은 저분자 물질들이 형성되고, 이를 영양원으로 하는 부패균이 성장하여 부패putrefaction가 발생한다. 세균이 증식하면서 단백질을 분해하고 아미노산의 탈탄산 등의 변화가 수반되어 육질의 색이 변하고 윤기가 없어지며, 악취가 발생한다.

2) 육가공 식품의 종류

(1) 햄

햄ham은 원래 영어로 돼지 뒷다리를 가리키는 말인데, 현재는 돼지고기를 부위별로 분리 및 정형, 염지 후 훈연하거나 삶아 독특한 풍미와 보존성을 가진 대표적인 육가공품을 칭한다.

「식품공전」에서 햄류의 정의는 다음과 같다. "햄류라 함은 식육 또는 식육가공품을 부위에 따라 분류하여 정형 염지한 후 숙성, 건조한 것, 훈연, 가열처리한 것이거나 식육의 고깃덩어리에 식품 또는 식품첨가물을 가한 후 숙성, 건조한 것이거나 훈연 또는 가열처리하여 가공한 것을 말한다."

① 햄의 종류

- 「식품공전」상의 분류
  - 햄: 식육을 부위에 따라 분류하여 정형 염지한 후 숙성 건조하거나 훈연 또는 가열처리하여 가공한 것을 말한다(뼈나 껍질이 있는 것도 포함).
  - 생햄: 식육의 부위를 염지한 것, 또는 여기에 식품첨가물을 가하여 저온에서 훈연 또는 숙성 건조한 것을 말한다(뼈나 껍질이 있는 것도 포함).
  - 프레스햄: 식육의 고깃덩어리를 염지한 것, 또는 여기에 식품 또는 식품첨가물을 가한 후 숙성 건조하거나 훈연 또는 가열처리한 것으로 육함량 75% 이상, 전분 8% 이하의 것을 말한다.

- 가공 원료육에 따른 분류**그림 8-5, 8-6**
  - 본인햄bone in ham: 뒷다리 부위를 뼈가 있는 상태로 제조한 것
  - 본레스햄boneless ham: 뒷다리 부위를 뼈를 제거한 상태로 제조한 것
  - 로인햄loin ham: 등심 부위를 원료로 하여 제조한 것
  - 숄더햄shoulder ham: 어깨 부위를 원료로 하여 제조한 것
  - 안심햄tender ham: 안심 부위를 원료로 하여 제조한 것
  - 피크닉햄picnic ham: 목심 부위를 원료로 하여 제조한 것
  - 프레스햄press ham: 햄이나 베이컨 제조 후 잔육을 원료로 하여 제조한 것

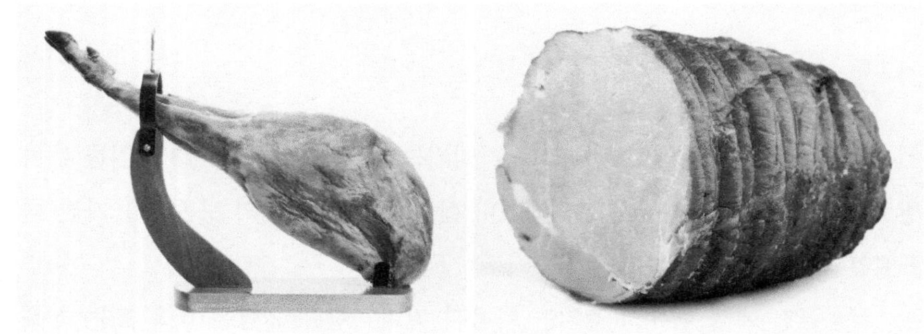

그림 8-5
본인햄(좌)과 본레스햄(우)

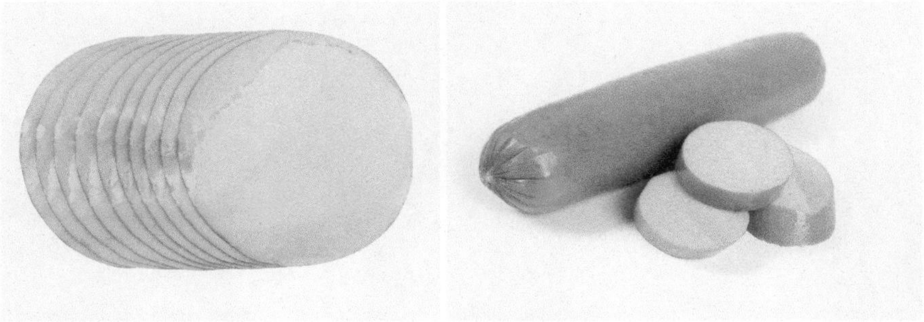

그림 8-6
로인햄(좌)과 프레스햄(우)

- 혼합 프레스햄mixture press ham: 장기류를 제외한 식육의 육괴 또는 여기에 어육 육괴를 혼합하여 제조한 것

② 햄 제조공정 햄은 일반적으로 '원료육의 처리 → 피 빼기 → 염지 → 수침 → 두루마리 작업 및 훈연 → 가열 및 냉각 → 포장' 순으로 제조한다.

- 원료육의 처리: 필요한 부분의 돼지고기를 적당한 크기의 모양으로 다듬는다. 돼지 뒷다리를 원료로 할 경우 붙어 있는 뼈와 지방을 제거하고 전체적인 모양을 둥글게 잘라 다듬어 놓는다.
- 피 빼기(혈교, precuring): 혈액 액즙을 제거하기 위하여 식염 2~3%, 질산칼륨 0.15~0.25% 혼합액을 고기 표면에 문질러 5℃에서 1~2일간 저장한다. 피 빼기를 통하여 식육 표면에서의 세균 번식을 억제하고 식육에 풍미 및 발색을 촉진할 수 있다.
- 염지: 소금물에 절이는 것으로 염수법과 건염법이 있다. 염지실의 온도는 4~5℃의 냉장 조건을 유지하고, 식육 1kg당 약 7일 정도로 염지한다. 염수법은 주로 본레스햄과 로스트햄에 쓰이는 방법으로 아질산나트륨, 백설탕, 조미료, 발색제 등을 가한 소금물에 담그는 것이다. 건염법은 프레스햄 등에 주로 쓰이는데, 발색제를 가한 소금을 직접 뿌리는 방법이다.
- 수침soaking: 5~10℃의 물에 20분 정도 담가 식육 표면의 소금 농도를 저하시키는 작업이다. 수침 중 식육 표면의 오염물질을 제거하고 과도한 짠맛을 줄이는 효과를 기대할 수 있다.
- 두루마리 작업wrapping 및 훈연: 뼈 제거 부위 등에는 공간이 생길 수 있

그림 8-7
훈연 중인 햄

으므로, 면포를 이용하여 원통형의 모양으로 단단히 조이면서 말 경우 공기 제거와 결착력 향상을 기대할 수 있다. 케이싱(casing, 셀로판)에 넣고 양끝을 묶은 후 끈으로 감아서 훈연을 실시한다**그림 8-7**. 예비건조와 본훈연으로 구분되며, 예비건조는 30℃ 정도에서 30~90분간 시행하고, 본훈연은 50~55℃에서 4~8시간 정도가 소요된다.

- 가열 및 냉각: 훈연 후 70~75℃의 열탕조에 넣고 중심부의 온도가 65℃에 도달한 후 30분간 유지한다. 가열처리를 통하여 병원성 미생물을 완전히 사멸하고, 섭취 가능한 식육의 형태로 제조할 수 있다. 가열 후 냉각수로 냉각하여 중심부 온도를 5℃ 이하로 유지한다.
- 포장: 합성수지제 필름 등을 이용하여 포장하며, 최근에는 진공포장 기술을 이용하여 지방의 산화와 식육의 퇴색 등을 예방한다.

③ 햄의 영양분과 저장 햄의 주성분은 단백질과 지질이며, 단백질의 경우 필수아미노산을 골고루 함유하고 있는 우수한 영양급원이며, 지질도 영양급원으로서의 가치가 높다. 다만 비타민류의 함유량은 타 식품군에 비하여 적은 편이다. 햄은 일반적으로 10℃ 이하에서 보관하는 것이 바람직하며, 사용하고 남은 햄

은 공기와 접촉되지 않게 랩으로 밀봉한다. 냉동보관 시에는 1회 소모량 단위로 잘라서 얼리면 장기간 보관이 가능하다.

(2) 소시지

「식품공전」에서는 소시지sausage를 "식육이나 식육가공품을 그대로 또는 염지하여 분쇄 세절한 것에 식품 또는 식품첨가물을 가한 후 훈연 또는 가열처리한 것이거나, 저온에서 발효시켜 숙성 또는 건조처리한 것이거나, 또는 케이싱에 충전하여 냉장·냉동한 것을 말한다(육함량 70% 이상, 전분 10% 이하의 것)."로 정의한다.

① **소시지의 종류** 「식품공전」에서는 훈연 및 발효 여부, 어육 등의 혼합 여부에 따라 분류하고**표 8-2, 8-3**, 일반적으로는 수분함량에 따라 건조 소시지dry sausage와 비건조 소시지domestic sausage로 분류한다**그림 8-8, 8-9**.

표 8-2 **「식품공전」상의 소시지의 유형**

구분	정의
소시지	• 식육(육함량 중 10% 미만의 알류를 혼합한 것도 포함)에 다른 식품 또는 식품첨가물을 가한 후 숙성·건조시킨 것, 훈연 또는 가열처리한 것 또는 케이싱에 충전 후 냉장·냉동한 것을 말한다.
발효소시지	• 식육에 다른 식품 또는 식품첨가물을 가하여 저온에서 훈연 또는 훈연하지 않고 발효시켜 숙성 또는 건조처리한 것을 말한다.
혼합소시지	• 식육(전체 육함량 중 20% 미만의 어육 또는 알류를 혼합한 것도 포함)에 다른 식품 또는 식품첨가물을 가한 후 숙성·건조시킨 것, 훈연 또는 가열처리한 것을 말한다.

그림 8-8
건조 소시지: 세르블라(좌)와 파머 소시지(우)

표 8-3 **수분함량에 따른 소시지의 분류**

구분		특징	종류
비건조 소시지 (수분함량 50% 이상)	생(生)소시지	분쇄육에 조미료 및 향신료 등을 혼합하여 천연 케이싱에 충전시킨 것	프레시 포크 소시지, 블랙퍼스트 소시지, 복 부어스트 등
	훈연 소시지	통기성 케이싱에 충전 후 건조, 훈연 및 가열처리한 것	비엔나 소시지, 포크 소시지, 프랑크푸르트 소시지
	가열 소시지	천연 내장을 케이싱에 충전하여 중탕가열 살균한 것	간, 혀, 머리, 피 소시지
건조 소시지 (수분함량 30% 이하)	생(生)건조 소시지	생것을 콜라겐 케이싱에 충전하여 장기간 건조 및 숙성시킨 것	세르블라, 이탈리안 살라미 소시지, 소프트 드라이 소시지, 하드 드라이 소시지
	훈연건조 소시지	생것을 천연 케이싱에 충전한 후 저온에서 훈연, 건조 및 숙성한 것	서머 소시지, 파머 소시지
	가열건조 소시지	분쇄육을 젖산균 발효로 pH를 낮춘 후 가열 후 단시간에 건조 및 숙성한 것	밀라노식 살라미 소시지, 모르타델라 소시지

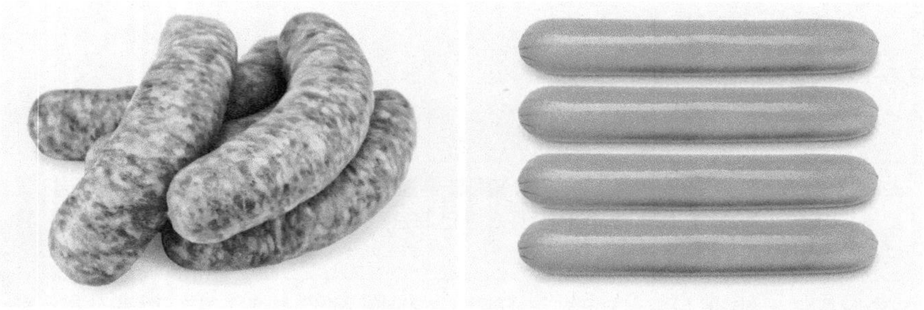

그림 8-9
비건조 소시지: 프레시 포크 소시지(좌)와 비엔나 소시지(우)

② 소시지 제조공정 소시지는 일반적으로 '원료육의 처리 → 염지 → 세절 → 혼화 → 충전 → 훈연 및 가열 → 냉각 및 포장' 순으로 제조한다.

- 원료육의 처리: 적색 살코기는 3~5cm² 크기로 절단하고, 돼지의 지방 중 상급지방을 별도로 절단하여 냉각시킨다. 적육과 지방의 혼합비가 소시지 품질에 영향을 미치며, 원료육은 신선하고 저온에서 보관된 것일수록 결착력이 우수하다.
- 염지$_{curing}$: 식염(NaCl)과 아질산나트륨, 질산칼륨, 백설탕의 배합액을 제조

그림 8–10
소시지의 세절

하고, 이 배합액을 식육의 표면에 균일하게 도포한 후, 2~4℃의 냉장실에서 3~5일간 숙성시킨다.

- 세절grinding: 염지한 원료육, 생육, 지방덩어리를 그라인더(meat chopper라고도 함)를 이용하여 6~9mm 크기로 갈아내는 과정이다**그림 8–10**.
- 혼화cutting: 그라인더grinder로 갈아낸 고기에 조미료, 향신료 등을 넣고 회전하는 커터 볼cutter bowl 내에서 예리한 칼날로 아주 곱게 가는 공정이다. 이 공정은 에멀션emulsion형 소시지 제조에 중요한 단계이며, 혼화 중 품온 상승을 방지하기 위하여 얼음을 넣기도 한다. 소시지의 품질을 결정하는 데 핵심 공정이므로 표준화된 작업이 필요하다.
- 충전stuffing: 혼화를 마친 혼합육을 충전기stuffer에 넣고, 각각의 케이싱에 수동 또는 전자동으로 충전하는 과정이다. 사용되는 케이싱의 성질과 종류에 따라 소시지의 크기와 모양이 결정된다**그림 8–11**.

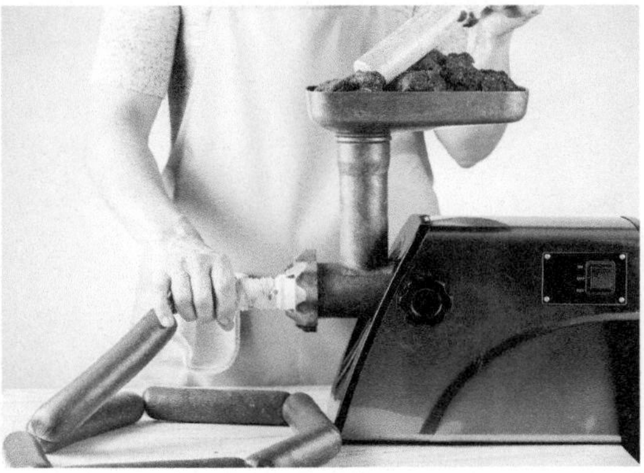

그림 8–11
소시지의 충전

- 훈연smoking 및 가열: 훈연은 천연 케이싱이나 통기성 케이싱에 충전된 소시지를 훈연기에서 가열건조 후 연기를 침투시키는 공정이다. 훈연을 통하여 페놀phenol류와 카보닐carbonyl류 등의 훈연취가 소시지에 독특한 풍미를 부여하여 기호성을 향상시키고, 페놀류에 의한 정균 및 항산화작용은 소시지의 보존성을 향상시킨다. 카보닐 화합물과 육단백질 및 질소화합물의 유리아미노산과의 반응은 소시지에 특유의 갈색 변화를 유도하여 외관이 개선된다. 훈연 후 바로 가열 과정이 수반된다. 가열을 통하여 제품에 탄력성과 응고성이 부여되며 풍미가 향상된다. 또한 제품 중 병원성 미생물의 사멸로 위생적 측면이 향상되고 장기간 보존이 가능하게 된다. 가열온도는 70~75℃로 63℃의 중심온도가 30분 이상 유지되도록 가열한다.
- 냉각 및 포장: 가열이 완료된 제품은 즉시 냉각하여 제품의 온도를 떨어뜨린 후 제품별로 구분하여 냉각실로 이송하여 냉각하며, 외포장재로 밀착포장 후 냉장 유통한다.

③ 케이싱의 종류

- 천연 케이싱: 돼지, 소, 양의 내장을 사용한다. 통기성과 신축성이 좋고 식용이 가능하나, 저장 기간이 짧고 위생적인 취급이 매우 중요하며 강도가 약하다.
- 재생 천연 케이싱(콜라겐 케이싱, 그림 8-12): 소의 가죽을 구성하는 콜라겐

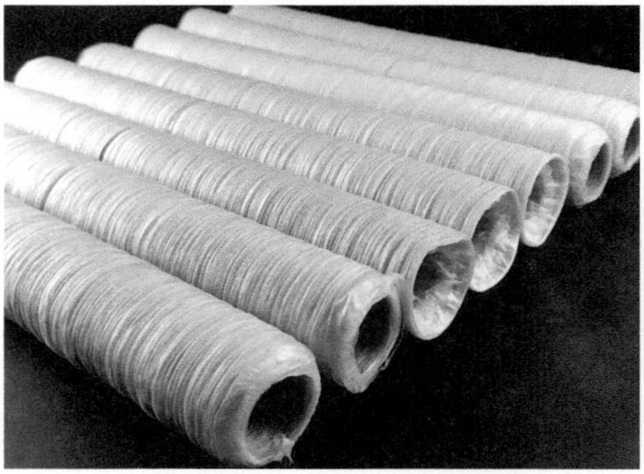

그림 8-12
콜라겐 케이싱

이라는 단백질을 이용하여 만든 것이다. 강도가 뛰어나고, 규격이 일정하나 가격이 비싸다. 비엔나 소시지 등에 사용되며 가장 보편적으로 사용되는 케이싱이다.

- 셀룰로오스 케이싱: 천연소재인 나무의 펄프를 이용하여 만든 것으로, 프랑크푸르트 소시지와 같은 훈연 가열 소시지용으로 사용된다. 훈연성이 좋고 균일한 품질의 제품을 생산할 수 있다는 장점은 있으나, 섭취 시 케이싱을 벗겨 먹어야 하는 번거로움이 있다.
- 합성수지제 케이싱: 폴리아미드PA, 폴리에틸렌PE, 폴리염화비닐리덴PVDC으로 만든 것이다. 높은 가스차단성과 열처리가 가능하다는 장점이 있어 유통기한이 긴 소시지용으로 사용된다. 가스차단성 때문에 숙성이나 발효를 거치는 소시지에는 사용이 불가능하다.

(3) 베이컨

「식품공전」에서는 베이컨bacon을 "베이컨류라 함은 돼지의 복부육(삼겹살) 또는 특정부위육(등심육, 어깨부위육)을 정형한 것을 염지한 후 그대로 또는 식품 또는 식품첨가물을 가하여 훈연하거나 가열처리한 것을 말한다."로 정의한다.

① 베이컨의 종류 베이컨은 사용 원료육의 부위에 따라 분류한다그림 8-13.

- 일반 베이컨: 복부육을 가공한 것
- 로인loin 베이컨: 등심육 또는 복부육이 붙어 있는 등심육을 가공한 것
- 숄더shoulder 베이컨: 어깨육을 가공한 것을 말하며 캐나디언 베이컨이라고도 한다.

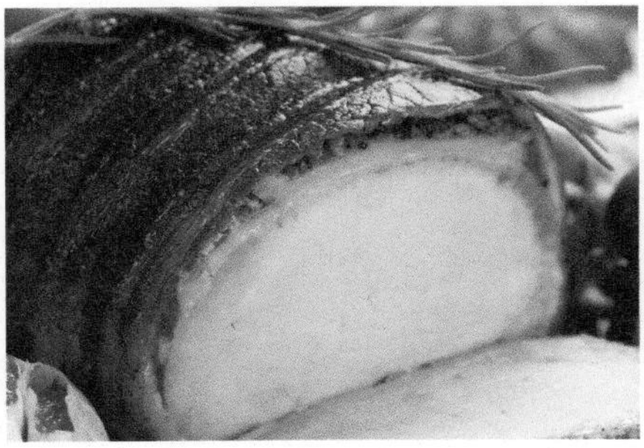

그림 8-13
로인 베이컨(좌)과 숄더 베이컨(우)

② 베이컨 제조공정 베이컨의 일반적인 제조공정은 '원료육 선정 및 처리 → 염지 → 수침 및 정형 → 건조 및 훈연 → 냉각 및 포장' 순으로 진행한다.

- 원료육 선정 및 처리: 오염되지 않은 신선육 중 냉장상태가 유지된 식육을 선택하여, 늑골과 늑연골을 조심스럽게 제거한다. 하복 부위의 아래쪽으로 약간 넓게 잡아서 장방형으로 정형하게 되면, 훈연 과정 중 하복부쪽이 약간 수축하더라도 수축 후 모양이 직사각형에 가까워진다.
- 염지: 염지는 건염법과 액염법으로 구분하며, 일반적으로 건염법을 사용한다. 건염법은 소금, 설탕, 아질산염이나 질산염 등을 잘 혼합하여 고기 면과 지방 면에 골고루 비벼 바른다. 3~4℃의 냉장 조건에서 원료육 1kg당 3일 정도로 하여 염지처리를 한다. 액염법은 원료육을 혼합 염지액에 침지하는 방법이며, 주사법은 염지액을 고기 중에 주사하며 단시간 내에 염지를 하는 방법으로 염지액 주사량은 고기 중량 대비 약 8~12% 수준이다.
- 수침 및 정형: 수침은 과도한 염분을 제거하기 위하여 5℃의 냉수에 담그는 과정으로 이때 사용되는 물의 양은 원료육 중량의 10배 정도가 적당하다. 수침이 끝난 고기는 표면의 수분을 제거한 후 식육의 형태를 바로잡고, 표면을 부드럽게 손질하는 공정인 정형을 거친다.
- 건조 및 훈연그림 8-14: 베이컨 핀pin으로 꿰어 훈연실에 건다. 건조와 훈연의 온도와 시간은 원료육의 크기, 중량, 훈연실의 조건에 따라 다르나 대개 65℃에서 50~60분간 건조하고, 60~72℃에서 50~60분간 훈연한다. 베이컨은 낮은 온도에서 장시간 훈연시키는 냉훈법을 많이 적용하였으나, 최근에는 온도를 높여서 시간을 단축시키는 방법도 적용되고 있다.
- 냉각 및 포장: 훈연이 끝난 베이컨은 실온에서 냉각시켜 2~3℃의 냉장실에서 12시간 정도 냉장한 후 슬라이서slicer를 이용하여 두께 2~3mm로 잘라 일정량씩 진공 포장한다. 베이컨은 10℃ 이내의 저장고에 보관할 경우 유통기한은 일주일 정도이다.

그림 8–14
염지 후 건조 중인 베이컨

2. 우유의 가공과 저장

젖乳, milk은 포유류 암컷의 유선에서 분비되는 백색의 불투명 액체로, 포유류 새끼들의 유일한 먹이이며, 생명을 유지하고 성장하는 데 이용되므로, 사람에게도 영양적으로 거의 완전한 식품으로 인정된다. 젖은 젖당(lactose, 유당이라고도 함)과 무기질에 녹아 있는 수용성 성분과 지질이 서로 유화되어 있으며**그림 8–15**, 단백질의 경우 분산되어 있는 일종의 콜로이드성 액체이다.

1) 젖의 일반성분

젖류의 일반성분은 동물에 따라 차이가 있으며, 대표적인 젖류인 우유의 경우 일반적으로 수분 85~89%, 단백질 2.7~4.4%, 지방 2.8~5.2%, 탄수화물 5.53%, 젖당 4.0~4.9%, 회분 0.5~1.1% 수준이며, 그 외 미량성분이 비타민 A, 비타민 B

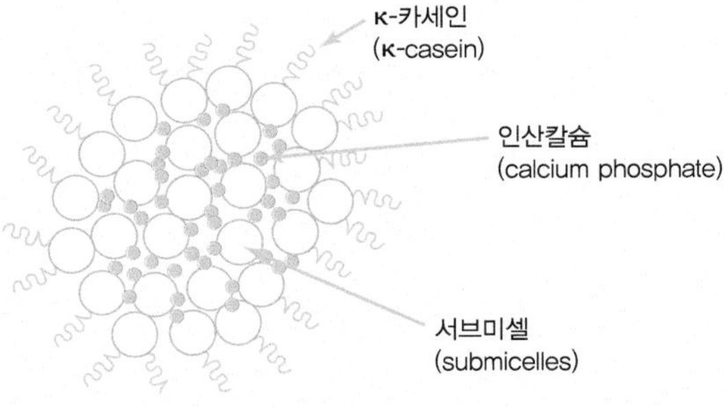

그림 8–15
카세인의 미셀 (micelle) 구조

표 8-4 **우유의 일반성분 및 함량** (우유 100g당)

성분명	함량	성분명	함량
수분(%)	87.4	셀레늄(μg)	4.96
단백질(g)	3.08	요오드(μg)	6.08
지질(g)	3.32	비타민 A(μg)	55
탄수화물(g)	5.53	비타민 B_1(mg)	0.21
유당(g)	4.12	비타민 B_2(mg)	0.162
회분(mg)	0.67	나이아신(mg)	0.301
칼슘(mg)	113	비타민 C(mg)	0.79
인(mg)	84	필수아미노산(mg)	1,381
철(mg)	0.05	총불포화지방산(g)	0.84

출처: 농촌진흥청 국립농업과학원 국가표준식품성분표, 2022.

군, 미네랄 성분으로 칼슘(Ca), 칼륨(K), 인(P) 등이 많이 포함되어 있다. 우유를 구성하고 있는 대표적 일반성분 함량은 **표 8-4**와 같다.

(1) 단백질

- 카세인casein: 등전점(pI)이 4.6이며, 우유에 들어 있는 대표적인 단백질분이며, α-, β-, γ-, κ-형으로 구분된다**그림 8-15**.
- 유청 단백질whey protein: 크게 알부민albumin과 글로불린globulin으로 구분되며, 알부민에는 α-, β-형과 혈청알부민이 있다. 초유 성분에는 면역글로불린 성분이 많이 함유되어 있다.

(2) 지질

우유는 주로 중성지방으로 이루어져 있으며, 그 외에 스테롤sterol 및 기타 미량의 지용성 비타민류도 함유되어 있다. 지방산은 약 70%가 포화지방산으로 구성되어 있다. 불포화지방산 중에는 올레산oleic acid의 함량이 높다. 우유에서 지질은 에멀션 형태로 분산되어 있다.

(3) 탄수화물

대부분 젖당의 형태로 존재하며, 그 외에 포도당, 갈락토오스, 올리고당 등이 소량 존재한다. 특히 젖당의 경우 장내 젖산균의 에너지원으로서 유해균의 발육 억제 및 체내 칼슘 흡수에 큰 역할을 한다.

(4) 무기질

칼슘, 나트륨, 칼륨, 마그네슘, 염소, 인 등이 주요 무기질이며 철, 셀레늄, 요오드 등도 미량 함유되어 있다. 우유는 특히 칼슘과 인의 주요 급원 식품이다.

(5) 비타민류

지용성 비타민 A, D, E, K 등이 유지방에 함유되어 있고, 수용성 비타민 B군, 비타민 C, 니코틴산, 판토텐산 등이 함유되어 있다. 이 중 비타민 C는 불안정하여 손실되기 쉽다.

2) 시유

우유는 살균 전의 것을 원유 또는 생유raw milk라 하며, 살균 후 시판되는 우유를 시유市乳, market milk 혹은 우유라 한다. 시유는 원유를 가열 및 살균하여 소비자가 안전하게 음용할 수 있도록 가공처리한 것이다.

(1) 시유의 종류

시유는 살균 방법에 따라 살균시유와 멸균시유로 나누고, 기호에 따라 우유류, 저지방우유, 유당분해우유, 가공우유, 농축우유 등으로 구분한다. 「식품공전」상의 분류 및 정의는 표 8-5와 같다.

(2) 시유의 살균 방법

살균시유는 일상 소비하는 음용 우유로서 냉장온도(0~10℃)에서 10일간 유통이 가능한 일반시유이며, 멸균시유는 실온에서도 비교적 유통기간이 긴(실온에서 10주간) 사실상의 무균우유로서 영양상의 차이는 없다.

표 8-5 **시유의 분류 및 정의**

구분		정의
우유류	우유	• 원유를 살균 또는 멸균처리한 것을 말한다(원유 100%).
	환원유	• 유가공품으로 원유 성분과 유사하게 환원하여 살균 또는 멸균처리한 것으로 무지유고형분 8% 이상의 것을 말한다.
가공유류	강화우유	• 우유류에 비타민 또는 무기질을 강화할 목적으로 식품첨가물을 가한 것을 말한다(우유류 100%, 단, 식품첨가물 제외).
	젖산균첨가우유	• 우유류에 젖산균을 첨가한 것을 말한다(우유류 100%, 단, 젖산균 제외).
	유당분해우유	• 원유의 유당을 분해 또는 제거한 것이나, 이에 비타민, 무기질을 강화한 것으로 살균 또는 멸균처리한 것을 말한다.
	강화유	• 원유 또는 유가공품에 식품 또는 식품첨가물을 가한 것으로 강화우유, 젖산균첨가우유, 유당분해우유에 해당하지 않는 가공유류를 말한다.
산양유	산양유	• 산양의 원유를 살균 또는 멸균처리한 것을 말한다(산양의 원유 100%).

① **저온장시간살균**LTLT: low temperature long time pasteurization 원유를 62~65℃에서 30분간 가열하는 방법으로 소결핵균의 사멸온도를 기준으로 한다.

② **고온단시간살균**HTST: high temperature short time pasteurization 원유를 72~75℃에서 15~20초간 가열하는 방법으로 판형 또는 판상의 열교환기를 이용한다.

③ **초고온살균**UHT: ultra high temperature pasteurization 원유를 130~140℃에서 2~4초간 가열하는 방법으로, 미생물 사멸효과가 매우 크다.

(3) 시유의 가공

원유를 가공하여 시유가 생산되는 과정은 '집유 → 여과 및 청정 → 냉각 저장 → 표준화 → 균질화 → 살균 → 충진 및 포장' 순으로 진행된다.

① **집유** 원유를 수집, 여과, 냉각 및 저장하는 것을 말하며, 원유 수집 시 관능 및 비중, pH 등 기초 검사를 실시하고, 수집 즉시 집유장으로 운송하여 여과, 냉각 및 저장을 실시한다.

그림 8-16
원심분리기

② 여과 및 청정 혼입된 먼지와 이물을 제거하기 위해 여과기가 이용되며, 지방 분리를 위하여 원심분리기가 사용된다그림 8-16.

③ 냉각 저장 냉각기에서 4℃ 이하로 냉각하여 저유탱크에 저장한다.

④ 표준화 원유의 성분 함량을 시판 목적에 부합하도록 조절 및 일정하게 하는 공정을 표준화standardization라 한다. 원유의 지방률, 첨가되는 크림과 탈지유의 지방률, 표준화 우유의 지방함량 등이 주요 조절 및 측정 항목이다.

⑤ 균질화 0.1~10μm 크기의 지방구가 우유에 분산되어 있어, 일정 시간 방치 후에는 크기가 큰 지방구의 경우 상층으로 이동하여 크림층을 형성하여 제품 품질에 악영향을 줄 수 있다. 이를 막기 위해 기계 조작으로 지방구의 크기를 2.0μm 이하로 균일하고 미세한 크기로 조절하는 공정이 균질화homogenization이다. 균질화 공정 중 원유의 온도는 50~60℃, 압력은 140~210kg/cm^2 조건에서 수행된다그림 8-17.

⑥ 살균 원유의 처리에서 가장 중요한 공정으로 병원성 미생물을 사멸시키고 효소를 파괴하여 시유의 저장성을 높이기 위하여 실시한다. 앞에서 언급한 저

그림 8–17
원유 균질기

온장시간살균법, 고온단시간살균법, 초고온살균법 등이 적용된다.

⑦ 충진 및 포장 살균 후 냉각된 우유는 최종적으로 유리병, 종이팩, 플라스틱 등에 충전 및 포장된다. 무균충전 및 포장은 테트라팩tetra pack에 충전 및 포장되며, 살균제품은 냉장 조건에서 보관하며, 멸균제품은 상온 및 실온에서도 보관 가능하다.

3) 발효유

「식품공전」에 따르면 발효유는 "원유 또는 유가공품을 젖산균 또는 효모로 발효시킨 것이거나, 이에 식품 또는 식품첨가물을 가한 것을 말한다."로 정의되어 있다. 그 종류 및 정의는 **표 8-6**과 같다. 발효유 제조에 사용되는 미생물을 스타터starter라 하며, 액상 요구르트의 주요 스타터로는 주로 젖산균인 *Lactobacillus casei*, *Lactobacillus acidophilus*, *Lactobacillus bulgaricus*, *Bifidobacterium* 속 등이 사용된다. 호상糊狀 요구르트의 경우에는 *Streptococcus thermophilus*와 *Lactobacillus* 속을 혼합하여 사용한다. 발효유는 원유, 시유, 탈지유, 생크림에 젖산균, 효모 또는 이 두 가지를 배양하여 발효시킨 제품이다.

(1) 발효유의 제조공정

발효유는 '혼합 → 균질화 → 가열살균 → 스타터 접종 및 발효 → 냉각 → 향

표 8-6 **발효유류의 종류 및 정의**

구분	정의
발효유	• 원유 또는 유가공품을 발효시킨 것이거나, 이에 식품 또는 식품첨가물을 가한 것으로 무지유고형분 3% 이상의 것을 말한다.
농후발효유	• 원유 또는 유가공품을 발효시킨 것이거나, 이에 식품 또는 식품첨가물을 가한 것으로 무지유고형분 8% 이상의 호상 또는 액상의 것을 말한다.
크림발효유	• 원유 또는 유가공품을 발효시킨 것이거나, 이에 식품 또는 식품첨가물을 가한 것으로 무지유고형분 3% 이상, 유지방 8% 이상의 것을 말한다.
농후크림발효유	• 원유 또는 유가공품을 발효시킨 것이거나, 이에 식품 또는 식품첨가물을 가한 것으로 무지유고형분 8% 이상, 유지방 8% 이상의 것을 말한다.
발효버터유	• 버터유를 발효시킨 것으로 무지유고형분 8% 이상의 것을 말한다.
발효유분말	• 원유 또는 유가공품을 발효시킨 것이거나, 이에 식품 또는 식품첨가물을 가하여 분말화한 것으로 유고형분 85% 이상의 것을 말한다.

료 및 과육 첨가 → 포장' 순으로 제조한다.

① 혼합 원료유로는 전유와 탈지유가 사용되며 필요시 유고형분 함량 강화를 위해 연유, 탈지분유, 유단백질농축물, 유청분말 등이 사용된다. 이를 혼합 탱크나 액상에 넣고 50~60℃ 조건에서 감미료 및 안정제를 첨가한 후 혼합하면서 용해시킨다.

② 균질화 혼합액을 균질기로 이송하여 약 140~175kg/cm^{2}의 압력 조건에서 균질화한다.

③ 가열살균 균질화 후 80~90℃ 조건에서 20~30분간 살균처리하면, 유청분리가 억제되며 유리아미노산이 증가하여 젖산균 발효가 원활하게 진행된다.

④ 스타터 접종 및 발효 목적에 맞는 스타터를 선정하고, 발효유 종류에 따라 접종한다그림 8-18. 37~45℃ 조건에서 약 2% 정도의 벌크 스타터bulk starter를 접종한 후, 2~3시간 동안 배양하면 pH 4.9~5 수준이 되며, 커드curd가 생성된다.

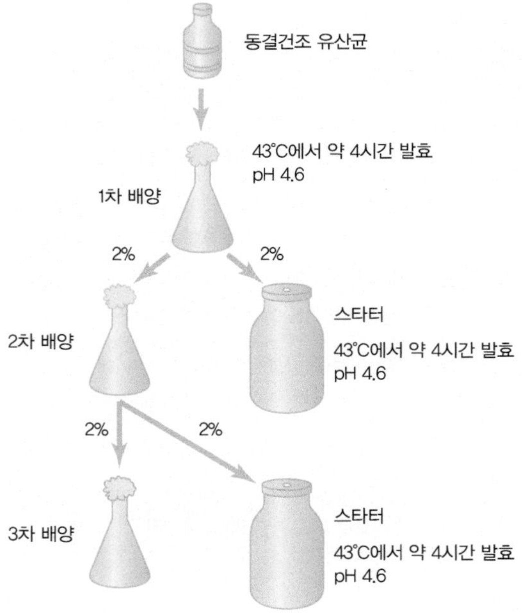

그림 8-18
스타터 제조 방법

⑤ **냉각** 발효가 적당히 완료되면 즉시 15℃까지 냉각시켜, 추가 발효가 일어나지 않도록 하며 4℃ 냉장실에 보관한다.

⑥ **향료 및 과육 첨가** 농후발효유 제조 시 과육이나 시럽은 냉각 후 발효유의 1/4 수준으로 혼합한다.

⑦ **포장** 플라스틱 용기 및 합성 필름 등 적당한 용기에 충전하고, 즉시 냉장고에 보관한다.

(2) 주요 발효유제품

① **액상발효유** 젖산균수가 1,000만/mL 이상 존재하며, 국내에서 가장 많이 소비되는 발효유이다.

② **농후발효유** 호상 요구르트와 드링크 요구르트로 나뉘며, 호상 요구르트는 동결 요구르트와 살균 요구르트로 다시 분류된다.

그림 8-19
젖산-알코올 발효유: 케피어(좌)와 쿠미스(우)
(©Dmitriy Drozd/ Shutterstock.com)

③ 발효버터유 버터 제조 부산물을 젖산균류로 발효시킨 후 응고된 커드를 분쇄하여 액상화한 것으로 풍미가 좋고, 영양가가 높다.

④ 젖산-알코올 발효유 젖산균과 효모가 동시에 스타터로 사용되는 발효식품으로 젖산, 알코올 및 탄산가스가 함유되어 있다. 대표적인 식품으로 케피어kefir와 쿠미스kumis가 있다그림 8-19. 케피어는 코카시안caucasian 산악지대에서 유래된 것으로 산과 알코올 발효가 함께 일어나며, 발효유 중 가장 오랜 역사를 가지고 있는 제품이다. 쿠미스는 러시아 지역에서 주로 소비되는 젖산-알코올 발효유로 전통적으로 암말의 젖을 이용하여 제조했으나, 현재는 상업적으로 탈지우유로 제조하며, 발효균으로는 젖산간균과 효모(*Torula* 속)를 사용한다.

(3) 발효유와 건강

발효유는 젖산균을 활성화시켜 유해미생물의 생육을 억제하고, 면역력을 증진시킨다. 또한 젖산, 펩톤, 펩타이드 등의 유효물질을 생성하여 간 기능 향상 등을 촉진하는 등 건강에 중요한 역할을 한다.

4) 치즈

치즈류는 「식품공전」에서 "원유 또는 유가공품에 유산균, 응유효소, 유기산 등을 가하여 응고, 가열, 농축 등의 공정을 거쳐 제조 가공한 자연치즈 및 가공치즈를 말한다."로 정의된다. 치즈는 전통적으로 원료유에 젖산균을 넣어 발효시킨 뒤 우유 응유효소(소의 제4위에서 추출한 레닛 효소)를 첨가하여 유단백

그림 8-20
대표적 치즈인 Mozzarella(좌)와 Cheddar(우)

질을 응고시키고 유청을 제거한 후 우유덩어리curd를 만들어 장기간 숙성하여 제조한다.

(1) 치즈의 종류

치즈는 수분함량 및 숙성, 응유 방법, 경도에 따라 연질 치즈, 반경질 치즈, 경질 치즈, 초경질 치즈 등으로 구분한다표 8-7.

표 8-7 **치즈의 분류**

구분	숙성 방식	대표 치즈
연질 치즈 (부드러움, 수분함량 55~80%)	비숙성	Mozzarella, York, Cream, Cottage 등
	젖산균에 의한 숙성	Colwich, Lactic, Belpaese 등
	흰곰팡이에 의한 숙성	Camembert, Brie, Neufchatel 등
반경질 치즈 (중간 경도, 수분함량 45~50%)	젖산균에 의한 숙성	Munster, Limburger, Brick 등
	푸른곰팡이에 의한 숙성	Gorgonzola, Roquefort, Blue 등
경질 치즈 (단단함, 수분함량 34~45%)	젖산균에 의한 숙성	Cheddar, Gouda, Edam 등
	프로피온산균에 의한 숙성	Gruyere, Emmental, Asiogo 등
초경질 치즈 (매우 단단함, 수분함량 13~34%)	세균에 의한 숙성	Romano, Parmesan, Sapsago 등
가공치즈	자연치즈를 원료로 하여 여기에 유가공품, 다른 식품 또는 식품첨가물을 가한 후 유화 또는 유화시키지 않고 가공한 것으로 자연치즈 유래 유고형분 18% 이상인 것을 말한다.	

(2) 치즈 제조공정

치즈는 일반적으로 '표준화 → 살균 → 스타터 첨가 및 발효 → 레닛 첨가 → 커드 절단 → 커드 가열 및 교반 → 유청 빼기 → 성형 및 압착 → 가염 → 숙성' 순으로 제조한다.

① **표준화** 원유 내의 카세인 단백질과 유지방의 비(C/F)를 0.7 정도 수준으로 맞춘다. 이는 치즈 생산량과 관련이 있다.

② **살균** 고온단시간살균법이나 저온장시간살균법을 이용한다. 살균처리로 인해 젖산균의 이상발효가 방지되고, 우유 내 효소가 불활성화된다. 살균 후에는 바로 냉각처리를 한다.

③ **스타터 첨가 및 발효** *Lactococcus lactis, Lactococcus cremoris, Lactococcus diacetylactis,, Lactobacillus bulgaricus, Streptococcus thermophilus* 등이 주요 스타터로 이용된다. 원료유를 21~32℃ 수준으로 유지시킨 후, 스타터를 0.5~2.0% 수준으로 접종한다. 20분에서 2시간 정도 발효시키면, 산도 약 0.18~0.22% 수준으로 변화된다. 커드의 탄력 향상을 위해서 0.01~0.02% 정도의 염화칼슘을 첨가한다.

④ **레닛 첨가** 원료유 대비 0.002~0.004% 수준으로 분말레닛을 첨가한 후, 치즈 배트의 뚜껑을 덮고 정치하여 응고될 때까지 기다린다.

⑤ **커드 절단** 커드가 적당히 굳으면 커드 절단기curd knife를 이용하여 절단한다**그림 8-21**.

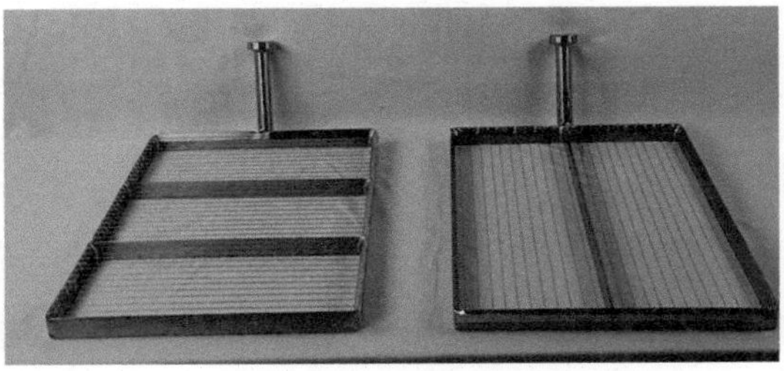

그림 8-21
치즈 커드 절단기

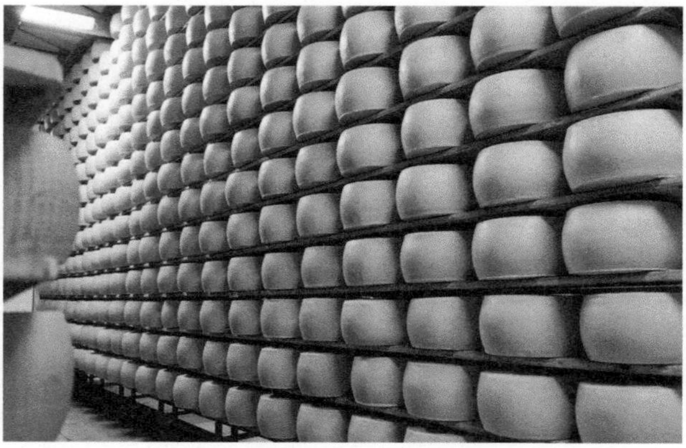

그림 8-22
숙성 중인 치즈

⑥ 커드 가열 및 교반 커드를 교반기로 저으면서 천천히 가열해 준다. 대략 5분에 1℃ 정도 상승시키는 속도로 가온하며, 경질 치즈는 38℃, 연질 치즈는 31℃ 수준까지 가열한다. 가열 및 교반 공정을 통하여 유청 배출 속도를 높이고, 커드 조각 표면의 탄력을 향상시킬 수 있다.

⑦ 유청 빼기 커드 수축이 완료되면 여과포를 대고 유청을 배출시킨다.

⑧ 성형 및 압착 커드 조각을 치즈 틀에 넣고 압착기로 압착하면서 성형한다.

⑨ 가염 커드를 치즈 틀에 넣기 전에 1~2% 정도의 식염을 직접 뿌리거나 문지르는 건염법과 압착 후 20% 소금물에 담그는 습염법이 있다. 가염 공정을 통하여 치즈의 풍미를 향상시키고 잡균의 번식을 예방할 수 있다.

⑩ 숙성 대부분 온도 10~15℃, 상대습도 85~90% 조건에서 2~8개월 정도 숙성시킨다그림 8-22.

5) 버터

「식품공전」상에서 버터butter는 "원유, 우유류 등에서 유지방분을 분리한 것이거나 발효시킨 것을 그대로 또는 이에 식품이나 식품첨가물을 가하여 교반, 연압 등 가공한 것을 말한다."로 정의된다. 일반적으로 우유에서 분리한 크림cream

그림 8-23
버터

을 살균 냉각한 후, 약 10℃의 온도에서 40~60분간 강하게 교반하여 지방을 분리하고, 이것을 모아 눌러서 성형화한 것을 버터라 한다. 가정에서 주로 이용하는 버터는 가염버터이다**그림 8-23**.

(1) 버터의 종류

버터는 「식품공전」상에서 **표 8-8**과 같이 분류된다. 일반적으로는 식염의 첨가 여부에 따라 가염버터salted butter와 무염버터unsalted butter로, 발효 유무에 따라 발효버터fermented butter, sour butter와 감성버터(생버터, sweet butter)로 나뉜다.

(2) 버터의 제조공정

버터는 일반적으로 '크림 분리 및 중화 → 살균 및 냉각 → 발효 → 숙성 → 교동 → 버터밀크 배제 → 가염 → 연압 → 충전 및 포장' 순으로 제조한다.

표 8-8 **버터의 종류**

구분	정의
버터	• 원유, 우유류 등에서 유지방분을 분리한 것 또는 발효시킨 것을 교반하여 연압한 것을 말한다(식염이나 식용색소를 가한 것 포함).
가공버터	• 버터의 제조·가공 중 또는 제조·가공이 완료된 버터에 식품 또는 식품첨가물을 가하여 교반, 연압 등 가공한 것을 말한다(제품 중 유지방분의 함량이 제품의 지방함량에 대한 중량비율로서 50% 이상이어야 한다).
버터오일	• 버터 또는 유크림에서 수분과 무지유고형분을 제거한 것을 말한다.

① **크림 분리 및 중화** 원심분리기로 크림을 분리하여 지방률이 30~40%가 되도록 한다. 크림의 산도가 높을 경우 제품 품질에 악영향을 주므로, 중탄산나트륨, 탄산나트륨, 수산화나트륨, 생석회 등의 중화제로 중화시켜 최종 산도 0.2% 이하로 조절한다.

② **살균 및 냉각** 90~98℃에서 15초간 살균하는 것이 일반적이며, 살균 후 4℃ 정도에서 냉각시킨다.

③ **발효** 발효버터에 해당하는 공정으로 *Lactococcus lactis*, *Lactococcus cremoris* 등을 스타터로 사용한다. 크림양 대비 3~6% 수준으로 스타터를 첨가하고 크림의 산도가 0.3% 정도가 될 때까지 20~220℃에서 약 5시간 정도 발효시킨다.

④ **숙성** 교동 작업 직전까지 낮은 온도에서 저장하는 과정으로, 숙성 중 액상 유지방의 결정화가 일어나 교동 작업을 원활하게 진행할 수 있다. 12~14℃ 정도에서 숙성하며 여름에는 7시간 정도, 겨울에는 2시간 정도로 진행한다.

⑤ **교동**churning 크림에 기계적 충격을 주어 지방구끼리 뭉쳐 버터 입자를 형성시키는 공정이다그림 8-24. 이 공정 중 상 전환phase transition이 일어나는데, 수중유적형에서 유중수적형의 버터가 생성되기 때문이다. 상 전환과 관련한 대표적인 이론은 상 전환 이론 및 포말설foam theory 등이 있다. 교동기 내 1/3~1/2 수준

그림 8-24
교동 중인 버터
(© Leitenberger Photography/Shutterstock.com)

으로 크림을 넣는 것이 적당하며, 여름에는 8~10℃, 겨울에는 12~14℃ 정도의 온도 조건에서 20~35rpm 속도로 회전시키며, 50~60분간 교동을 실시한다.

⑥ 버터밀크 배제 교동이 끝나고 약 5분 후 여과하면서 버터밀크를 배제시킨다.

⑦ 가염 여름철에는 2.0~2.5%, 겨울철에는 1.0~2.0% 정도가 적당한 정제염 첨가량이다.

⑧ 연압working 버터 연압기를 사용하여 수행하며, 수분의 분산 및 함량 조절이 일어나 버터 조직이 더욱 치밀해진다. 여름철에는 14~16℃, 겨울철에는 15~18℃에서 60~80분간 실시한다.

⑨ 충전 및 포장 연압 후 황산지, 파라핀 피복지, 비닐, 은박지로 내포장 후 두꺼운 종이상자, 캔 등을 이용하여 외포장한다.

6) 분유

분유milk powder는 일반적으로 우유를 농축한 후 분무건조 혹은 진공건조법으로 건조시켜 수분함량을 5% 이하로 만든 분말 형태의 유제품이다. 전지분유, 탈지분유, 조제분유, 유청분말 등 다양한 형태의 분유가 있다. 분유는 부피가 작고, 수분함량이 낮아 저장성이 좋아서 장기간 저장이 가능하다는 장점이 있다. 특히 국내에서 많이 팔리는 조제분유는 모유의 성분과 유사하게 조제하여 분말 형태로 건조한 유아 전용 제품이다. 분유는 수분의 접촉을 최대한 방지하여야 하며, 전지분유는 산소와의 접촉을 최대한 피하도록 밀봉한 후 냉장고에 저장하면 오래 저장할 수 있다.

(1) 분유의 종류

① 전지분유whole milk powder 첨가물을 넣지 않고 우유를 그대로 건조시켜 분말화한 것으로, 물을 부으면 다시 우유화되며, 고소한 맛을 낸다.

그림 8-25
전지분유(좌)와 조제분유(우)

② **탈지분유**skim milk powder 우유에서 지방을 분리 및 제거하여 건조시켜 분말화한 것으로 장기간 보존이 가능하다. 물을 부으면 다시 우유화되며, 전지분유보다 단백질 함량이 높다.

③ **조제분유**fortified milk powder, infant formula 모유 대용으로 사용되는 제품군으로, 우유에 영유아 성장에 필요한 영양소를 첨가한 후 건조 및 분말화한 것이다.

④ **유청분말**whey powder 커드 응고물을 제거한 후 유청을 말린 가루로, 식품 제조 시 원료로 많이 사용된다.

(2) 분유 제조공정

분유는 일반적으로 '원료유 검사 및 표준화 → 예열 → 농축 → 분무건조 → 충전 및 포장' 순으로 제조한다.

① **원료유 검사 및 표준화** 신선한 우유를 선별하기 위해 풍미, 온도, 비중, 산도 등을 측정한 후 제품의 규격에 따라 표준화 작업을 실시한다.

② **예열** 분유 저장에 유해한 라이페이스lipase, 퍼옥시데이스peroxidase 등을 불활성화하고 미생물을 사멸하기 위해 실시한다. 관상 가열기나 평판식 열교환기로 고온단시간살균HTST, 초고온살균UHT 등의 방식으로 실시한다.

그림 8-26
분유 분무건조기

③ **농축** 예열 후 약 1/4 수준으로 진공농축한다.

④ **분무건조**spray drying 50℃ 정도로 예열된 농축유를 분무장치atomizer를 이용하여 온도가 150~200℃인 건조실 내부로 분무하여 순간 건조하는 방식이다.

⑤ **충전 및 포장** 건조된 분유를 냉각시킨 후, 지방 산화를 막기 위해 질소치환 포장을 실시한다.

3. 달걀의 가공과 저장

계란이라고도 부르지만, 「식품공전」에서 달걀이라는 용어를 사용하기로 하였기에 이 책에서는 달걀로 통일하여 사용하기로 한다. 달걀은 병아리가 탄생하는 데 필요한 모든 영양소가 완벽하게 들어 있어서 소위 완전식품으로 분류된다. 달걀은 소화율이 좋은 식품이나, 잘못 관리할 경우 껍질을 통하여 세균이 쉽게 달걀 속으로 들어가 오염될 수 있다.

1) 달걀의 구조

달걀은 크게 세 부위로 구성되어 있다. 단단한 껍질(shell, 난각) 부위와 흔히 노른자라고 부르는 난황yolk 부위, 흰자라고 부르는 난백white 부위이다. 세부적으로는 난각, 난각막(난각내막, 난각외막), 기실, 난백(수양난백, 농후난백), 알끈, 난황(난황막, 농후난황, 흰노른자), 배반으로 구성된다그림 8-27.

(1) 난각

전난의 12%를 차지하고, 탄산칼슘이 98%인 다공질로 되어 있어 수분의 증발을 제어하며 공기가 통하는 곳이다. 외부 미생물의 오염을 막는 첫 번째 방어벽이다. 껍질 표면에는 7,000~17,000개의 작은 구멍이 분포되어 있으며, 오래된 달걀일수록 이 구멍들을 통해 수분과 이산화탄소가 빠져나가고 공기가 내부로 들어온다. 난각은 큐티클이라 불리는 보호용 코팅제로 덮여 있다. 큐티클이 미세한 구멍들을 차단하여 신선함을 유지하고 내부가 미생물로 오염되는 것을 방지하고, 큐티클 물질로 인하여 신선한 달걀일수록 껍데기가 까칠까칠하다. 달걀은 일반적으로 항상 약 4℃의 냉장고에 보관하는 것이 바람직하다.

(2) 난각막

난각막membrane은 외난각막과 내난각막으로 구성되어 있으며, 외난각막의 주요 역할은 세균의 번식을 막아주고 달걀 내용물을 보호하는 것이다. 구성 성분은 뮤신mucin과 케라틴keratin이다.

(3) 기실

내난각막과 외난각막이 벌어지면서 형성된 공간으로 공기와 수증기가 차 있다.

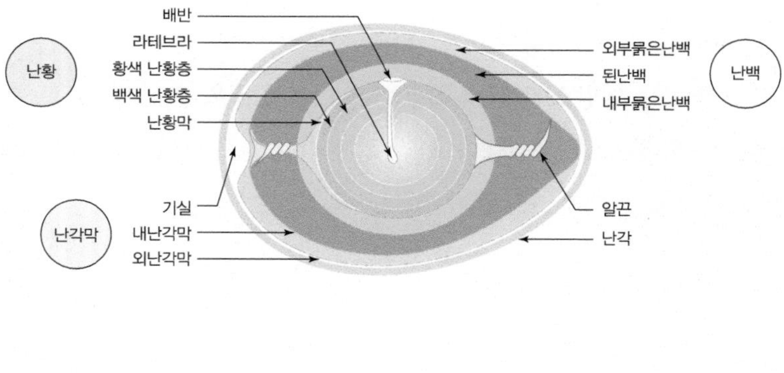

그림 8-27
달걀의 구조

신선한 달걀에는 거의 없으나 오래된 달걀일수록 기실air cell이 생긴다.

(4) 난백

난백albumin, egg white은 난각과 난황 사이에 있는 불투명하고 점도가 높은 액체로 달걀 전체의 약 50%를 차지한다. 점도에 따라 외부는 수양난백, 내부는 농후난백으로 구분하며, 신선한 것일수록 농후난백의 비중이 높다. 저장기간 중 농후난백이 수양난백으로 변한다.

(5) 알끈

난백의 변성물로서 달걀의 난황이 항상 중앙에 오도록 고정하는 역할을 하며, 알끈이 단단할수록 신선한 달걀이다.

(6) 난황

병아리의 영양분으로 달걀 전체의 약 22~35% 정도에 해당한다. 난황에는 인지질인 레시틴lecithin 성분이 다량 함유되어 있어 마요네즈 제조 시 천연유화제로 사용된다.

(7) 난황막

노른자 보호막으로 젤라틴으로 구성된 탄력성 박막이다.

(8) 배반(germ)

난황의 하얀 반점으로 병아리가 되는 부분이다.

2) 달걀의 주요 성분

(1) 단백질

달걀의 단백질에는 사람에게 필요한 필수 아미노산이 이상적으로 들어 있어 단백질의 영양을 비교하는 단백가protein score가 100이다. 우리가 일반적으로 섭취하는 곡류의 단백가는 옥수수가 37, 밀이 48~56, 쌀은 81~85 수준이다.

① **난백 단백질** 대표적으로 오보알부민ovoalbumin, 콘알부민conalbumin, 오보뮤코이드ovomucoid, 오보글로불린ovoglobulin, 오보뮤신ovomucin, 아비딘avidin 등이 있다.

② **난황 단백질** 인단백질인 비텔린vitellin, 비텔레닌vitellenin이 지질과 결합한 지방단백질lipoprotein 형태로 존재하며, 물에 불용성이다.

(2) 지질

난황에 다량 함유되어 있으며, 난백에는 거의 없다. 난황의 경우에는 약 30%가 지방으로, 그중 중성지방인 올레산 및 팔미트산 등이 20%, 인지질인 레시틴, 세팔린cephalin이 약 10% 정도 함유되어 있다.

(3) 당질

당질은 약 1% 존재하며, 당단백질과 유리형의 포도당, 만노스, 갈락토오스 등이 존재한다.

(4) 무기질

난백에는 유황이 많고, 난황에는 철, 인, 황, 칼슘이 많이 함유되어 있다.

(5) 비타민과 색소

난황에는 비타민 A, B군, 나이아신 및 비타민 D, E, K가 다량 함유되어 있으나, 비타민 C는 없다. 난백에는 비타민 B군이 소량 함유되어 있으며, 난황에는 루테인lutein, 제아잔틴zeaxanthin 색소가 함유되어 있으며, 그 외에도 카로텐carotene, 크립토잔틴cryptoxanthin 등이 함유되어 있다.

3) 달걀의 품질 검사

외관법, 흔들어 보기, 설감법, 비중법, 투시법 등을 이용하여 신선도를 검사한다.

그림 8-28
비중법을 이용한 신선도 검사:
오래된 달걀(좌)과 신선한 달걀(우)

(1) 신선도 검사 방법

① 외관법 신선할수록 달걀 표면이 거칠고, 선명하며, 광택이 있다.

② 흔들어 보기 흔들었을 때 이동성이 없으면 신선한 달걀이다. 내용물이 흔들리거나 흔들리는 소리가 나는 것은 오래된 달걀이다.

③ 설감법 신선한 달걀의 양쪽 끝에 혀를 대어보면 기실부는 따뜻하나 다른 끝은 차갑게 느껴지나, 오래된 달걀은 양쪽 모두 차갑게 느껴진다.

④ 비중법 신선한 달걀은 비중이 1.08~1.09이며, 11%의 식염수에서 가라앉는다. 오래된 달걀은 비중이 1.02 이하인데 이는 오래된 달걀일수록 기실 부위에 공기가 차 비중이 낮아지기 때문이다. 물 1L에 소금 60g을 타서 비중 1.027의 소금물(6%, 소금물)을 만든 후 검사한다. 이때 뜨는 상태와 경사각도로 판정한다. 소금물에 가라앉은 달걀이 신선한 달걀이다그림 8-28.

⑤ 투시법 달걀의 알껍질은 광선 투과성이 있어 광선에 비추어 달걀 기실의 크기, 난백과 난황의 유동성 및 위치를 조사할 수 있다. 신선한 달걀일수록 기실의 크기가 고정되어 있고 윤곽이 뚜렷하다.

4) 달걀의 저장

달걀은 일반적으로 5℃, 습도 80% 조건에서 저장하는 것이 좋다. 달걀은 껍데기가 까칠까칠한 난각층으로 이루어져 난각의 작은 구멍으로 호흡하는데, 껍데기가 얇을수록 세균이 침입하기 쉽고 주변의 냄새가 들어가기 때문에 씻지 않고 그대로 보관하는 것이 좋다. 저온저장 외에도 냉동 저장, 이산화탄소를 이용한 가스저장법을 사용하기도 한다.

5) 달걀의 가공

(1) 마요네즈

마요네즈mayonnaise는 달걀 노른자의 유화작용을 이용하여 식물성 기름을 유화시킨 소스로 프랑스 요리에서 시작되었으며, 부가가치가 높은 식품이다**그림 8-29**. 달걀 노른자를 계속 저으면서 기름을 조금씩 넣어주면 걸쭉한 유화상태가 되는데, 여기에 레몬즙, 겨자, 식초를 첨가해서 맛을 낸다. 대부분 플라스틱 병에 포장한다.

(2) 피단

중국에서 유래한 알 가공식품으로 오리알이나 달걀로 만든다. 피단pidan은 달걀의 알칼리 응고성을 이용하여 저장과 조미를 겸한 발효식품이다**그림 8-30**. 발효법에는 도포법과 침지법이 있다.

① **도포법** 나뭇재, 물, 차액, 소금(재제염), 생석회를 섞어 죽 상태로 반죽을 만들어 알 표면에 1cm 두께로 바르고 왕겨에 굴려 잘 붙게 한다. 항아리나 나무

그림 8-29
마요네즈

그림 8-30
피단

통에 넣고 뚜껑을 덮어 밀봉한 후, 15~20℃에서 5~6개월 정도 발효시킨다.

② **침지법** 물 1L에 정제염 100g, NaOH 40g, 홍차 14g, 탄닌산 2g을 섞어 녹인 용액에 달걀을 넣고 20~25℃에서 3주 동안 보관한다. 그 후 침지된 달걀을 꺼내어 비닐주머니에 넣고 밀봉하여 25℃에서 2주간 발효시킨다.

실습하기 04 | 시판 우유의 산도 측정

1. 내용: 「식품공전」상의 우유류 산도 측정법을 수행하여 정상 여부를 판단한다.

2. 실험 원리

○ 산도 측정법: 일정량의 우유를 중화하는 데 소모되는 알칼리양을 측정하여, 해당 알칼리 성분과 결합한 산성 물질의 전량을 젖산(lactic acid)으로 가정하여, 그 무게를 표시한 것이다.

○ 신선한 우유의 경우 산도는 대개 0.14~0.18% 수준이며, 정상치를 초과할 경우 신맛이 강해 판매가 어렵고, 정상치 미만의 경우 물로 희석된 것으로 간주한다.

3. 재료 및 기구

○ 재료: 신선한 우유, 상한 우유

○ 기구: 피펫, 뷰렛, 스탠드, 삼각플라스크, 비커 등

○ 시약: 증류수, 페놀프탈레인시액, 0.1N 수산화나트륨액

4. 실험 방법

❶ 우유 10mL를 비커에 취한다.

❷ 여기에 탄산가스를 함유하지 않은 물 10mL를 가한다.

❸ 페놀프탈레인시액 0.5mL(3~4방울)를 가한다.

❹ 0.1N 수산화나트륨액으로 30초간 홍색이 지속할 때까지 적정(滴定)한다.

5. 계산

$$\text{산도(\%, 젖산으로서)} = \frac{a \times f \times 0.009}{10 \times \text{검사 시료의 비중}} \times 100$$

a: 0.1N 수산화나트륨액의 소비량(mL), f: 0.1N 수산화나트륨액의 역가

6. 고찰사항

○ 신선한 우유와 상한 우유의 산도값을 비교한다.

단원정리

1. 우수한 단백질 급원인 축산물은 인간에게 육질뿐만 아니라, 젖, 가죽, 알 등 여러 가지 유용한 식재료 및 생필품을 제공하고 있으며, 식품가공의 측면에서 볼 때 젖 및 알 등은 식재료의 다양화 및 조리 기술의 발전에 기여한 측면이 매우 높다.
2. 축산업은 꾸준하게 성장하고 있으며, 축산물을 이용한 식품의 가공 및 저장은 육류, 유류, 난류(달걀)로 구분할 수 있다.
3. 동물의 육질은 도축 후 사후강직, 자가소화, 부패 등의 변화가 일어나기 때문에 식재료로서의 가치를 향상시키기 위해 저온저장, 숙성 등의 가공처리가 반드시 필요하다.
4. 대표적 육가공품인 햄은 '원료육의 처리 → 피 빼기 → 염지 → 수침 → 두루마리 작업 및 훈연 → 가열 및 냉각 → 포장' 순으로 제조한다.
5. 소시지는 '원료육의 처리 → 염지 → 세절 → 혼화 → 충전 → 훈연 및 가열 → 냉각 및 포장' 순으로 제조하며, 베이컨은 '원료육 선정 및 처리 → 염지 → 수침 및 정형 → 건조 및 훈연 → 냉각 및 포장' 순으로 제조한다.
6. 포유류의 젖은 새끼의 유일한 먹이로 영양소가 풍부하고, 특히 지방구가 유화되어 있는 식품으로 완전식품으로 분류된다. 카세인 단백질이 대표적 단백질이며, 유가공은 축산물 가공의 큰 축을 차지하는 분야이다.
7. 대표적인 유가공품은 시유(市乳), 발효유, 치즈, 버터, 분유 등이 있으며 식품군별로 제조공정이 다르며, 차별화된 맛과 풍미를 제공한다.
8. 달걀은 병아리가 탄생하는 데 필요한 모든 영양소가 완벽하게 들어 있는 식품으로 소화율이 좋은 식품이나, 잘못 관리할 경우 껍데기를 통하여 세균이 쉽게 달걀 속으로 들어가 오염될 수 있다.
9. 달걀의 품질은 외관법, 흔들어 보기, 설감법, 비중법 등으로 확인이 가능하며, 달걀을 이용한 대표적 식품에는 마요네즈, 피단 등이 있다.

1. 가축 도살 후 해당작용에 의한 변화로 옳지 않은 것은?
   ① ATP 함량이 증가한다.
   ② pH가 낮아진다.
   ③ 글리코겐이 젖산으로 분해된다.
   ④ 액토미오신(actomyosin)이 생성된다.

2. 원래 넓적다릿살을 가리키는 용어이나, 돼지의 뒷다리 부위육(볼깃살)을 원료로 한 육제품으로, 돼지고기를 소금에 절연 훈연하거나 삶아 독특한 풍미를 나타내는 육가공품을 이르는 말은?
   ① 소시지(sausage) ② 햄(ham)
   ③ 베이컨(bacon) ④ 케이싱(casing)

3. 사후강직(rigor mortis) 시 일어나는 변화로 틀린 것은?
   ① 해당작용 발생 ② pH 감소
   ③ 액토미오신 생성 ④ ATP 증가

4. 소시지 제조 시 일반적으로 사용되는 발색제는?
   ① 아질산염 ② 아황산염 ③ 인산염 ④ 차아염소산염

5. 우유의 구성 성분 중 함량이 가장 높은 것은?
   ① 수분 ② 단백질 ③ 지방 ④ 탄수화물

6. 고온단시간살균법의 처리 조건은?
   ① 63~65℃, 30분 ② 72~75℃, 15~20초
   ③ 93~95℃, 5초 ④ 130℃, 2초

7. 코카시안 산악지대에서 유래한 것으로 산과 알코올 발효가 함께 일어나는 유제품은?

① 발효크림(sour cream) ② 케피어(kefir)
③ 쿠미스(kumis) ④ 요구르트(yogurt)

8. 치즈 제조에 사용되는 효소명은?

① 포스파타아제(phosphatase) ② 락타아제(lactase)
③ 아밀라아제(amylase) ④ 레닌(rennin)

9. 사람에게 필요한 필수 아미노산이 이상적으로 함유되어 있으며 단백가(protein score)가 100인 식품은?

① 우유 ② 생선 ③ 달걀 ④ 옥수수

10. 달걀 신선도 검사 시 11% 식염수를 활용한 방법은?

① 활란법 ② 설감법 ③ 투시법 ④ 비중법

11. 달걀 노른자의 유화작용을 이용한 식품은?

① 달걀음료 ② 피단(pidan)
③ 마요네즈(mayonnaise) ④ 에그토르티야

정답

1.① 2.② 3.④ 4.① 5.① 6.② 7.② 8.④ 9.③ 10.④ 11.③

CHAPTER 9

수산물 가공
Fishery Product Processing

CHAPTER 9

수산물 가공

개요

수산식품은 그 종류가 매우 다양하며 수분이 많고 생산되는 지역에 한정되어 있다. 그리고 지역에 따라 종류 및 어획량의 편차가 심하고 생산되는 시기에 따라 어종 및 크기 등이 다르다. 이와 같은 시간적·공간적 제약에 의해 계획적인 공장 생산이 어렵고, 수산물의 사후품질 변화가 빨라서 품질 저하, 부패가 일어나기 쉽다. 또한 어종 혹은 연령에 따라 크기, 체성분이 다양한 단점이 있기에 위생적인 안전성을 가지고, 식품의 가치를 연장하기 위한 다양한 가공 및 저장이 꼭 필요한 식품이다.

1. 수산물의 특징

어패류의 가공에서 생체 전 중량에 대한 가식부의 비율은 가공에 있어서 제품의 수율을 결정하는 중요 인자이지만 어종과 선도에 따라 차이가 크다. 우선 어류의 기본 가공은 어종, 생체 부위, 성분 조성, 서식 환경, 계절, 신선 상태, 근육의 색깔 등을 고려하여 적절하게 처리하는데 보통 수분, 단백질, 지방이 많은 어류일수록, 그리고 어린 고기일수록 조직이 연하다. 일반적으로 가식부는 어류에서는 50~60%, 패류에서는 20~40%, 연체동물 중 오징어의 경우 70% 정도에 이른다.

수산물은 저장성이 낮다. 그러므로 가공 전에 어류의 신선도를 미리 파악하는 것은 매우 중요한 과정이다. 신선도는 어육과 표피의 색, 어류의 눈, 비린내 등으로 결정한다. 일반적으로 수산물은 수분 함량이 많고, 미생물에 의한 변패가 용이하며, 자가분해가 쉽게 일어나고, 근육섬유조직이 많고 결체조직이 적기 때문에 효소 또는 미생물의 분해작용을 받기 쉽다.

수산물(특히 어류)의 저장성이 낮은 이유

❶ 수분 함량이 많아 변패가 용이함
❷ 근육섬유조직이 단순하여 효소나 미생물의 분해작용이 쉬움
❸ 내장에서 단백질 분해효소를 많이 분비하여 자가분해(autolysis)가 용이함
❹ 아가미나 표피 등에 장내 세균의 부착 기회가 많음
❺ 부착 및 장내 미생물 중 저온 혹은 실온에서 잘 자라는 것이 많음
❻ 상대적으로 천연 면역소가 부족함
❼ 지방의 구성 성분은 불포화지방산이 많아 지방 산화가 용이함

1) 어류의 영양

어패류는 단백질과 지질이 풍부하고 무기질과 비타민류의 좋은 공급원이 되고 있다. 단백질은 비교적 변동이 적으며, 근육의 주성분으로서 20% 정도를 차지한다. 탄수화물은 주로 글리코겐glycogen으로 어육에서는 거의 1% 이하의 함량을 보인다.

어류의 지질은 1~6% 범위로 요오드값이 120~180으로 높은 것이 특징이며 대부분 불포화지방산으로 구성되어 있다. 지질 함량은 계절적인 변동이 큰데,

계절에 따라 청어는 2~22%, 정어리는 2~12%, 연어는 0.4~14%라는 범위를 나타낸다. 등푸른생선에는 ω-3 계열의 불포화지방산(DHA: Docosahexaenoic Acid, EPA: Eicosapanthaenoic Acid)이 풍부하여 동맥경화, 심근경색, 뇌혈전 등의 순환기계 성인병을 예방하는 데 효과가 있다.

DHA도코사헥사엔산는 참치, 꽁치, 고등어, 정어리 등의 등푸른생선에 많으며 기억 및 학습능력 향상, 혈중 콜레스테롤 저하, 혈당 강하, 암세포 증식 억제, 시력 보호 및 유지 등에 효과적이다. 해조류는 각종 무기질이 풍부할 뿐 아니라, 특히 요오드의 함량이 높아서 요오드 결핍으로 인한 갑상샘 호르몬 분비 이상질환의 예방에 효과적이다.

아미노산amino acid 조성은 어패류의 종류에 따라 다르지만 대부분의 필수아미노산을 함유하고 있으며, 비단백태 질소로서 크레아틴creatine, 퓨린purine, 콜린choline, 염기, 이노신산inosinic acid 등이 함유되어 있다.

어류의 지방질은 축적되는 형태에 따라 피하지방조직이나 복부조직에 포함된 저장지방과 세포 내에 들어 있는 조직지방으로 구분하는데, 어류의 지방

표 9-1 **어패류의 일반 성분 조성** (단위: %)

어종	수분	단백질	지질	탄수화물	회분
가다랑어	70.0	25.4	3.0	0.3	1.3
방어	68.2	22.5	8.0	0.3	1.0
고등어	76.0	18.0	4.0	0.3	1.7
대구	81.0	16.6	0.6	0.1	1.7
오징어	80.3	17.0	1.0	0.5	1.2
문어	82.9	14.9	0.6	0.3	1.6
잉어	67.0	22.4	9.0	0.3	1.3
뱀장어	60.7	20.0	18.0	0.3	1.0
백합	84.8	10.0	1.2	2.5	1.5
굴	79.6	10.0	3.6	5.1	1.7
보리새우	80.0	16.0	1.1	1.5	1.4
해삼	91.0	2.5	0.1	1.5	4.3

질은 저장지방이 중요한 지방으로 트리글리세라이드로 구성되어 있으며, 조직 지방은 인지방질이다. 어류의 지방산 조성은 포화지방산 20%, 불포화지방산 80%이며, 포화지방산은 팔미트산palmitic acid, 불포화지방산은 올레산oleic acid이 주성분이다.

2) 어류의 조직과 자기소화

어류의 근육은 다른 동물과 마찬가지로 근섬유의 집합체이다. 어육의 근섬유는 다른 동물의 근육과 비슷하지만 동물 근육보다 약간 굵다. 참대구, 참도미 등 백색어의 근육은 대부분이 백색의 보통육ordinaty meat, white meat으로 수축은 빠르지만 피로하기 쉽다. 고등어, 가다랑어, 정어리, 꽁치 등은 적갈색의 적색육이 표층부뿐만 아니라 내부에도 분포되어 있는데, 수축이 느린 대신 잘 피로하지 않는다. 적색육과 백색육을 비교하면, 일반적으로 적색육에 지질이 더 많고 수분과 단백질은 적다.

어류가 죽으면 근육이 수축하고 단단해진다. 어패류의 사후변화는 해당 과정 같은 '생화학적 변화 → 근육의 사후경직 → 경직의 해소 → 자기소화 → 세균 증식 및 선호 저하 → 부패'의 단계를 거치게 된다.

(1) 사후경직

어류가 죽은 후 체내대사가 호기 조건에서 혐기 상태로 바뀌고 이때 젖산이 생겨 pH가 낮아진다. 동시에 크레아틴 인산CP: creatine phosphate이 소모되고 ATP도 감소되는데, 이때 발생하는 자유에너지에 의해 액토미오신actomyosine이 수축하게 되고 경직 상태가 되는 과정이다.

(2) 자기소화

사후경직이 풀리면 어육 내의 분해효소가 작용하여 연화가 일어나는 자기소화 과정이 시작되는데 온도가 낮을수록, 그리고 pH가 산성 쪽일수록 자기소화 현상이 늦어진다. 어류의 자기소화에 영향을 주는 요인으로는 pH, 온도, 효소의 양 등이 있다.

(3) 부패

자기소화가 지나면 어류는 미생물의 작용으로 조직이 매우 물러지고, 휘발성 지방산 생성과 함께 부패취가 발생하게 된다. 어류 특유의 비린내는 생선의 육질에 널리 존재하는 트리메틸아민옥사이드TMAO: trimethylamine oxide 성분이 환원되어 트리메틸아민TMA: trimethyl amine(비린내의 주요 성분)으로 변화되기 때문이다.

3) 수산물의 가용성 물질

어육 중에는 근육세포의 대사에 관여하는 성분으로 맛이나 변질에 영향을 미치는 가용성 성분인 유리아미노산, 유기산, 저분자 질소화합물, 저분자 탄수화물 등이 있다. 이러한 가용성 물질은 어류에는 1~5%, 연체류에는 4~8%, 갑각류에는 6~10%가 존재한다. 유리아미노산은 글라이신, 알라닌, 글루탐산, 발린, 히스티딘, 타우린 등이 있다. 타우린은 단백질 구성에 관여하지 않는 함황아미노산으로 대구, 오징어 등에 약 150mg, 낙지, 한치 등에는 약 800mg이 함유되어 있으며 조개나 소라 등에서는 함량이 더 높다. 트리메틸아민옥사이드TMAO는 상어 및 가오리와 같은 연골어류에 많이 존재하는데, 단맛이 있고 완충능이 있으며, 쉽게 환원되어 트리메틸아민TMA으로 변화하여 비린내를 낸다. 생체 내 대사에 의해 만들어지는 암모니아는 독성이 강하므로 배설되거나 요소로 전환되어 삼투압 조절제로 이용되는데, 연골어류는 어획 후 선도가 떨어지기 시작하면 심한 암모니아취를 발생시킨다. 그 원인은 육중에 다량으로 함유되어 있는 요소와 TMAO가 세균의 우레아제urease에 의하여 분해되어 각각 암모니아의 TMA를 생성하기 때문이다.

4) 수산물의 생리활성물질

다양한 수산물 내 생리활성물질의 성분과 기능에 대한 내용을 표 9-2에 나타내었다. 생리활성물질은 신체 내의 갖가지 생리기능을 활성화하거나 정보를 전달하는 단백질 분자로서 면역체계 신호전달물질이다. 일반적으로 식품 속에 들어 있는 생체조절 성분 중 생체방어 생체리듬을 조절한다. 수산물 중 대표적인 생리활성물질은 EPA, DHA, 스쿠알렌, 타우린 등이 있다. 이 중 EPA는 혈액응고작용에 관여하여 혈액이 원활하게 흐를 수 있도록 돕는 역할을 하며,

표 9-2 **수산물 중 생리활성물질의 성분과 기능**

성분	기능	많이 들어 있는 수산물
에이코사펜타엔산 (EPA: eicosapentaenoic acid)	혈액 내 콜레스테롤 감소, 중성지질 감소, 고밀도 리포프로테인(HDL) 증가, 혈전현상 방지, 혈액순환 향상, 심근경색 예방 등	정어리기름, 고등어기름, 꽁치기름, 등푸른생선 통조림, 등푸른생선회 등
도코사헥사엔산 (DHA: docosahexaenoic acid)	두뇌 발달, 기억력 향상, 치매 예방 등	연어, 참치, 대구, 흑돔, 조개류 등
스쿠알렌(squalene)	물질대사 촉진, 장기기능 회복, 영양보조식, 구내염 치료 등	심해상어간유 등
타우린(taurine)	생체막 안정화 작용, 해독작용, 혈압 강하, 혈중 내 콜레스테롤 저하 등	오징어, 문어, 새우, 김 등
키틴(chitin) 키토산(chitosan)	제산작용, 궤양 억제, 콜레스테롤과 중성지질 저하, 항균작용, 유용세균 생육 촉진, 면역 증강, 고혈압 억제	게 껍데기, 새우 껍데기 등
푸코이단(fucoidan) 테르페노이드(terpenoid)	항종양 활성	다시마, 모자반, 갈조류, 홍조류 등
요오드(iodine)	갑상샘 호르몬 분비 촉진, 발육 촉진, 크레틴증 예방	갈조류, 홍조류, 녹조류 등
라미닌(laminin)	혈압 강하 작용	다시마, 홍조류, 갈조류 등
알긴산(alginic acid)	항종양 활성, 혈압 강하 작용, 콜레스테롤 저하 작용	녹조류, 홍조류, 갈조류, 다시마, 모자반 등
스테롤(sterol) 테르펜(terpene) 폴리페놀(polyphenol) 카라기난(carrageenan)	효소활성화 억제인자, 혈전 용해	갈조류, 톳, 녹조류 등

DHA는 뇌의 망막, 중추신경계 조직, 심장 근육 등의 세포막에 존재하며 뇌세포를 활성화하여 기억력을 개선하는 데 도움을 준다고 알려져 있다.

2. 수산 건제품

수산 건제품이라 함은 어류, 패류 및 해조류에 함유되어 있는 수분을 한도 이하로 건조시켜서 세균의 발육과 번식을 정지시키며 오랫동안 부패를 막을 수 있도록 처리한 것을 말한다. 과거에는 천일건조법이 이용되어 왔으나 최근에는 인공 열에 의한 열풍건조법, 진공건조, 로우스트 건조, 냉풍건조, 자연동결건조, 진공동결건조법 등이 사용되고 있다.

천일건조는 특별한 설비가 필요 없으므로 방법이 간편하고 경비가 들지 않으며, 대량 처리할 수 있다는 장점이 있으나 건조 중 각종 변화(착색 및 퇴색, 산화, 미생물에 의한 분해)가 일어나며 기상 조건의 영향을 받는 단점이 있다.

열풍건조는 어류의 종류와 상태, 열풍의 속도, 열풍의 접촉 여부에 따라 건조 정도 및 재료의 변화 등이 달라진다. 열풍건조 시 겉부분만 건조되고, 내부는 수분을 함유하는 표면경화 상태가 나타날 수 있다.

진공 및 진공동결건조법은 천일건조와 열풍건조의 단점을 보완하는 건조 방법으로 식품의 성분 변화(냄새, 맛, 향기, 영양) 방지, 조직 변화 방지, 위축 변화 방지에 큰 효과가 있다. 그러나 흡습에 의한 변화가 빠르게 일어날 수 있다.

냉풍건조는 냉풍을 수산물에 접촉시켜 어류의 온도를 높이지 않고 수분의 증발을 촉진하여 건조하는 방법으로, 갈변이나 지방의 산화를 방지할 수 있다.

자연동결건조법은 겨울의 추위를 이용하여 수분을 얼린 뒤 10℃ 정도의 온도에서 융해시켜 수분을 증발시키는 방법인데, 이 처리를 반복하면 수분을 적당히 제거할 수 있다. 한천이나 명태의 건조 방법이며 조직이 스펀지처럼 된다.

건조 방법에 의해 제조된 가공품은 소건품, 자건품, 염건품, 동건품, 자배건

표 9-3 **건제품의 제조 방법에 따른 분류**

건제품	건조 방법	종류
소건품	원료를 그대로 또는 간단히 전처리하여 말린 것	마른오징어, 마른 대구, 상어 지느러미, 김, 미역, 다시마
자건품	원료를 삶은 후에 말린 것	멸치, 해삼, 패주, 전복, 새우
염건품	소금에 절인 후에 말린 것	굴비(원료: 조기), 가자미, 민어, 고등어
동건품	얼렸다 녹였다를 반복해서 말린 것	황태(북어), 한천, 과메기(원료: 꽁치, 청어)
자배건품	원료를 삶은 후 곰팡이를 붙여 배건 및 일건 후 딱딱하게 말린 것	가쓰오부시(원료: 가다랑어)
훈건품	목재를 불완전 연소시켜 그 연기로 말린 것	훈제 연어, 청어, 조미오징어

품, 훈건품 등으로 분류할 수 있다. 제조 방법에 따라 분류하면 표 9-3과 같다.

1) 제조 원리

건조는 수산물의 수분을 최소한도로 제거함으로써 미생물의 발육을 정지시켜 장기간 부패를 막고 보장할 수 있게 하는 것이다. 건조 원료로는 두께가 얇은 것이나 어체가 비교적 작은 것을 사용하며, 어체가 큰 것은 절단하여 어포로 만들어 건조한다. 소건품 또는 자건품은 가열에 의해서 수산물 내에 존재하는 자기소화효소를 파괴하여 자기소화에 의한 분해작용을 방지하며 수산물의 수분을 증발시켜서 세균의 발육을 방지하는 것이다. 염건품은 식염을 뿌리거나 식염수에 담가 염분에 의한 삼투현상에 의해 체내의 수분이 외부로 배출되도록 한 후에 건조시킨 것이다.

2) 마른오징어

마른오징어를 제조하는 공정은 할복(배 따기), 세척(씻기), 정형(모양 바루기) 등의 네 가지 공정으로 나뉜다. 마른오징어를 만들기 위해서는 머리 부분과 배의 중앙을 갈라 내장, 안구를 제거하고 바닷물로 세척한다. 2~3일 정도 천일건조하고, 80% 정도 건조되었을 때 압력을 가해 잔존 수분을 균일하게 분산시킨다. 건조가 완료될 때까지는 2~3일 정도가 소요되며, 제품 표면에 백분이 피도록 두었다가 가볍게 다시 말린 다음 20마리씩 축을 만든다. 완성된 제품은 표면에 흰 가루가 생기는데, 주성분은 타우린, 베타인betaine, 글루탐산glutamic acid 등의 아미노산 혼합물이며, 타우린 함량이 많다.

3) 가다랑어포(가쓰오부시류)

적색육 어류는 백색육 어류에 비하여 근육 단백질이 풍부하기 때문에 가열하면 딱딱해지며 가쓰오부시류 제조에 적합하다. 가다랑어, 다랑어, 참치, 고등어, 정어리 등의 등푸른생선을 건조한 가공품은 고기의 지방 함량과 신선도가 중요하다. 지방 함량은 신선육으로서 1% 내외의 것이 가장 좋고, 4% 이상의 것은 부적당하다. 가다랑어포 제조공정은 그림 9-1과 같다. 수율은 대체로 원료어 중량에 대해 16~19% 정도이다. 가쓰오부시 제조 과정에서 중요한 것은 훈

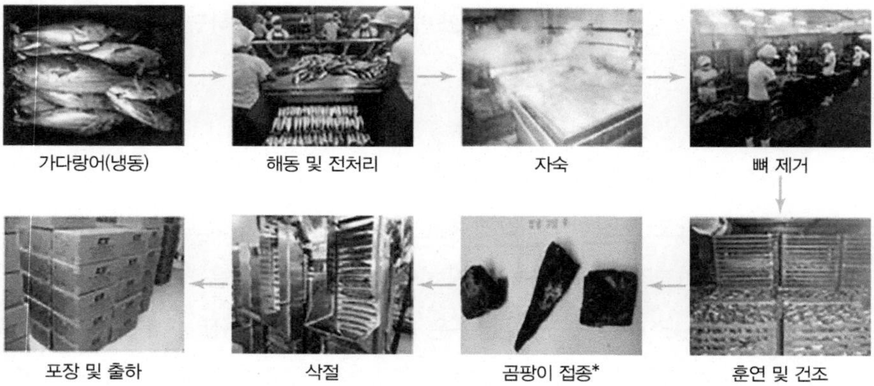

그림 9-1
가쓰오부시 완제품 제조공정도

* 곰팡이 접종 작업은 일본의 일부 업체에서 추가하여 제품 제조에 사용하는 공정임

연건조와 곰팡이 발생이며, 곰팡이에 따라 수분과 지방이 감소하고 특유의 향기가 생성된다.

3. 수산 염장법

과거에는 염장의 주목적이 저장이었으나, 최근에는 보존과 풍미를 부여하는 것으로 바뀌고 있다. 염장법으로는 마른간법(건염법), 물간법, 개량물간법, 개량

표 9-4 **수산물의 염지 방법**

구분	건조염장법(마른간법)	염수법(물간법)
장점	• 특별한 설비가 필요 없음 • 사용하는 소금양에 비해 탈수량이 많아 식염의 침투가 빠르고 염장 초기 부패가 적음	• 소금의 침투가 균일하여 제품의 품질이 일정함 • 과도한 탈수가 일어나지 않아 제품의 외관이 우수함 • 염장 중 공기와 접촉하지 않으므로 지방의 산화가 적음 • 수율이 좋음
단점	• 소금의 삼투가 불균일하여 제품의 품질이 일정하지 않음 • 과도한 탈수가 일어날 수 있음 • 염장 중 공기와 접촉되므로 지방이 산화되어 변패를 일으킴	• 물이 새지 않는 용기가 필요 • 마른간법에 비해 많은 소금이 사용됨 • 염장 중 자주 교반을 하지 않으면 염장 초기에 부패가 쉬움

마른간법, 염지촉진법이 있다. 염장품(젓갈 등)은 소금을 이용하여 세균 증식을 억제하고 효소에 의한 육질의 분해로 독특한 풍미와 조직감을 내도록 한 제품이다.

4. 수산물의 냉장·냉동품

수산물을 냉동하면 수분이 얼어 전체 부피가 증가하고 얼음결정의 생성으로 조직이 파괴되며, 해동 시에는 드립drip에 의한 성분 유출이 일어난다. 조직 파괴를 줄이기 위하여 미세한 얼음결정을 만드는 급속냉동법에 의하여 냉동하는 것이 선호되고 있다.

지질 함량이 높은 어류는 지방 산패를 방지하기 위해 공기와 직접 접촉하지 않도록 냉동식품에 찬물을 분무하거나 찬물에 넣어 표면에 얼음막이 생기게 하는 글레이징glazing이나 IQFindividual quick freezing법을 이용하고 있다.

글레이징이란 냉동한 수산물 표면의 건조와 산화 방지 및 향미 보존을 목적으로 실시하는 후처리 방법으로 냉동한 어패류를 냉수에 단시간 담가 표면에 3mm 정도의 얼음 피막을 입히는 처리를 말한다. 냉동수산물의 표면에 얇은 얼음막을 형성시키는 방법으로는 침지법과 분무법이 있다. 분무 또는 침지에 의해 형성되는 얼음막은 두께 2~3mm가 적당하다. 조작이 간편하고 경제적이며 다양한 식품에 적용이 가능하지만, 빙막이 분리되거나 균열이 일어나기 쉽고 품질 저하가 발생하는 단점도 있다.

IQF 급속냉동 시스템은 −60~−40℃에서 짧은 시간에 다양한 식품군을 개별 냉각하는 기술로서, 짧은 시간 내로 순간 초저온 급속냉동이 되기 때문에 군집되지 않고 개별 냉각되는 것이 핵심이며, 이는 식품 고유의 특성, 신선도, 품질을 최상으로 유지하기 위한 효과적인 기술이다.

1) 수산물의 냉장

저온저장에는 냉장cooling, 빙온chilled 저장 및 냉동frozen 저장이 있다. 수산물의 단기 저장(1~2주)은 얼음 속에 묻어서 저장하는 방법이 일반적이며, 빙결점

부근에서 저장하는 슈퍼 칠링super chilling 혹은 부분적으로 냉동하는 PFpartial freezing 저장이 수산물의 유통 과정에서 이용되고 있다. 이 경우 2주에서 1개월 정도의 저장이 가능하다.

2) 수산물의 냉동

장기간(수개월~1년간)의 수산물 저장에는 −18℃ 이하의 냉동 저장이 이용된다. 수산물을 냉동하면 −2~−1℃에서 근육 내의 자유수가 얼기 시작하고 −5℃에서는 자유수가 대부분 동결하여 빙결정이 성장하기 시작한다. 이 온도대를 '최대빙결정생성대'라고 부른다. 냉동 속도가 늦어(완만동결) 최대빙결정생성대를 통과하는 시간이 길면 얼음결정이 크게 형성되어 조직에 손상을 주어 품질이 저하되기에 급속냉동하는 것이 선호된다. 냉동 방법은 표 9-5와 같다.

(1) 냉동 저장 중의 품질 변화

① **중량 감소** 냉동 저장 중에 표면의 얼음이 승화하기 때문에 표면부터 건조가 진행되고 효소에 노출되어 지질이 산화되고 갈변이 일어나는 냉동소freezer burn가 발생하게 되는데, 글레이징 및 진공포장은 이러한 변화를 억제하는 효과가 있다.

표 9-5 **수산물의 냉동 방법**

구분	설명
공기냉동법 (air freezing)	• −30~−25℃의 정지한 공기 중에서 냉동하는 방법이다. • 동결 속도가 느리기 때문에 많이 이용되지 않는다.
송풍냉동법 (air blast)	• −35℃의 냉풍을 보내어 냉동하는 방법으로 제일 많이 이용된다.
접촉냉동법 (contact freezing)	• 냉매 혹은 냉각한 농후 식염수(brine)가 흐르는 금속판 위에 수산물을 놓아 냉동하는 방법으로 냉동 속도가 빠르다.
침지냉동법 (immersion freezing)	• −16℃ 정도의 식염수에 어패류를 침지하여 냉동하는 방법으로 참치, 가다랑어 등의 선상 냉동 처리에 이용된다.
액화가스냉동법 (liquefied gas freezing)	• 액체질소 등을 이용하는 냉동법으로 새우, 가리비 등의 개별 급속냉동식품(IQF) 및 조리냉동식품의 냉동 등에 이용된다.

② 단백질의 변성 근육 단백질은 냉동 저장 중에도 서서히 변성(냉동변성)하기 때문에 불용화 등에 따라 식감에 영향을 미치게 된다. 특히 대구, 명태의 근육은 냉동 저장 후 해동하면 스펀지sponge화하기 쉽다.

③ 지질의 변화 냉동 저장 중에 지질분해효소lipase의 작용에 따라 지질로부터 유리지방산이 생성된다. 또한 불포화지방산은 자동산화되어 불쾌취 및 산패를 일으킨다.

④ 색소의 변화 참치, 가다랑어의 근육색소인 미오글로빈myoglobin은 냉동 저장 중에 산화되어 갈색의 메트미오글로빈metmyoglobin으로 변화하는데, -35℃ 이하에서는 억제된다. 냉동새우는 아미노산의 하나인 타이로신tyrosine이 폴리페놀옥시데이스polyphenoloxidase의 작용을 받아 멜라닌melanin으로 전환되어 흑변을 일으킨다.

5. 어패류의 선도 판정

수산물은 생명 지속 시간이 짧고 생선의 크기, 치사 조건, 방치 상태에 따라 사후 변화가 달라지므로 선도는 중요한 문제이다. 그러므로 수산물 원료의 가치를 높이기 위한 첫 번째 조건은 선도이다. 선도 판정은 관능적, 미생물학적, 물리·화학적 방법에 의하여 결정된다.

1) 관능에 의한 판정

수산물을 선택하기 위해 인간이 가진 오감을 이용하여 현장에서 즉시 결정하는 판정법으로서 그 기준을 보면 표 9-6과 같다.

2) 미생물학적 검사

미생물학적 검사는 주로 총균수 측정법total plate count method을 이용한다. 고기에 부착된 세균을 적당한 농도로 희석하여 일정량을 배양접시 중의 표준한천배

표 9-6 **어류의 관능적 선도 판정 기준**

관찰 요소	기준 사항
원형 상태의 근육 경도	• 손가락으로 눌러 압력을 주었을 때 원상태로의 복원성이 빠를수록 양호하다.
아가미	• 신선 어류의 색은 선명한 적색이며, 선도가 낮아지면 회색 또는 회녹색을 띤다.
어피	• 신선 어류의 어피는 고유한 색과 광택을 지니며, 선도가 낮아지면 진득진득하고 점액질을 분비하며 불쾌취가 발생한다.
눈	• 신선 어류의 눈은 돌출되어 맑고 투명하며, 선도가 낮아짐에 따라 흐리고 각막이 눈 속으로 들어간다.
복부	• 신선 어류의 복부는 팽팽하고 탄력성을 유지하나, 선도가 낮아짐에 따라 연화되어 항문에서 내용물이 유출된다.
육질	• 신선 어류의 육질은 고유한 투명감이 있으며, 횟감의 경우 썰면 껍질 부분이 활 모양으로 말려들고 뼈와 살이 잘 분리되지 않으면 신선한 상태이다.

지에 혼합시켜 37℃에서 48±3시간 배양시킨 다음 세균 수를 측정하여 선도를 판정한다. 일반적으로 어육 1g당 세균 수가 10^5 이하일 때 신선한 어육, 10^7 이상일 때 초기 부패 어육으로 판정한다.

3) 화학적 검사

(1) 휘발성 염기질소

휘발성 염기질소VBN: volatile basic nitrogen는 단백질, 아미노산, 요소, 트리메틸아민 옥사이드TMAO 등이 세균과 효소에 의해 분해되어 생성되는 휘발성 질소화합물을 말한다. 주요 성분으로는 암모니아, 디메틸아민, 트리메틸아민TMA 등이 있다. 현재 가장 널리 쓰이는 방법은 선도가 떨어질수록 증가하는 VBN의 생성량 변화를 측정하여 어패류의 선도를 판정하는 방법이다. 신선한 어육에는 5~10mg/100g이 들어 있지만, 초기 부패가 진행된 어육에는 100g에 30~40mg의 VBN이 들어 있다.

(2) 트리메틸아민

트리메틸아민TMA은 신선육에는 거의 없으나 사후 세균이 갖는 환원작용에 의해 트리메틸아민옥사이드TMAO가 환원되어 생성되는 것으로, 증가율이 암모니아보다 크기 때문에 선도 판정의 좋은 지표가 된다. 판정 기준은 일반적으로 3~4mg%를 넘어서면 초기 부패라고 보는데, 초기 부패의 수치는 어종에 따라 차이가 크기 때문에 청어는 7mg%, 대구류는 5mg%, 가다랑어는 1.5~2.0mg% 정도면 초기 부패 단계로 판단한다.

(3) pH

pH 측정법은 사후에 pH가 감소하다가 증가하는 시점의 pH를 초기 부패 시기로 하여 선도를 판정한다. 살아 있는 어류의 근육의 pH는 7.2~7.4인데, 사후 해당작용에 따라 pH 5.6~6.0으로 떨어지다가 선도의 저하와 더불어 상승하는 경향을 보인다. 일반적으로 적색육 어류의 경우 6.2~6.4, 백색육 어류의 경우 6.7~6.8이 되었을 때를 초기 부패점으로 판단한다.

(4) K 값(ATP 분해생성물에 의한 방법)

아데노신 3인산ATP: adenosine triphosphate 성분은 사후 분해되므로 그 분해생성물을 선도 판정의 지표로 삼을 수 있다. 척추어류의 분해 경로는 아데노신 3인산ATP → 아데노신 2인산ADP → 아데노신 1인산AMP → 이노신 1인산IMP → 이노신HxR → 하이포잔틴Hx 순이다. 일반적으로 K 값은 신선한 어류(횟감)의 경우 20% 내외, 선어(소매점)의 경우 35% 내외이며, K 값이 작을수록 선도가 좋음을 의미한다.

$$K(\%) = \frac{\text{이노신(HxR)+하이포잔틴(Hx)}}{\text{ATP + ADP + AMP + IMP + 이노신(HxR) + 하이포잔틴(Hx)}} \times 100$$

(5) 휘발성 환원물질

선도가 낮아지면 어육 속에 환원성을 가진 휘발성 물질VRS: volatile reducing substance인 알데하이드가 생성되는데, 어육의 수증기 증류액이 과망간산칼륨($KMnO_4$) 소비량으로 정량된다. 이때 함량이 20mg 당량을 초과하면 초기 부패 단계로 본다.

6. 수산 연제품

백색어육에 소량의 식염을 가하고 고기갈이하여 얻은 연육meat paste을 가열하면 불가역적으로 겔화되는 제품을 연제품이라 한다. 연제품은 어종이나 어체의 크기에 관계없이 원료의 사용 범위가 넓고 맛의 조절이 자유롭다. 또한 어떤 소재라도 배합 가능하고, 외관과 향미, 물성이 어육과는 다르며, 바로 섭취할 수 있어 다른 일반 수산 가공식품과는 다른 특징이 있다.

1) 제조 원리

수산 연제품 제조에서 어육을 그대로 또는 단순히 고기갈이하여 가열하면 다량의 드립이 발생하고 어육이 응고될 뿐 탄력 있는 겔gel로는 되지 않는다.

어육 단백질은 어육에 식염을 넣어 갈면 졸sol 형태의 고기풀이 되는데, 이것은 섬유상의 거대분자로서 풀처럼 극히 높은 점성을 지닌 염용성 단백질인 액토미오신actomyosin이 소금 용액에 녹으면서 서로 엉기고 교차결합을 하면서 분산하므로 점성이 높은 망상구조를 형성한다. 그대로 저온 또는 상온에서 일정 시간 동안 방치하면 어육 단백질의 독특한 성질로서 세팅setting 현상이 발생하는데, 이는 트랜스글루타미네이스transglutaminase에 의한 공유결합의 증가 때문에 일어나며 가열 시 겔의 탄력을 증가시키는 역할을 한다. 연제품의 겔 형성 기구는 ① 고기갈이에 의한 염용성 근원섬유의 붕괴와 액토미오신의 용출, ② 가열에 의한 액토미오신 분자 간의 가교결합 형성에 의한 망상구조, ③ 망상구조 내의 수분 보유로 탄력이 있는 겔 형성 등이다.

2) 원료 특성

원료로서는 겔화했을 때 탄력과 부드러운 찰기가 있는 어류가 제품화에 적용성이 우수하다. 조기, 녹새치 등은 탄력이 강한 어묵을 만드는 대표적인 어종이고, 반대로 정어리, 고등어, 방어 등은 탄력이 약한 어묵을 만드는 어종이며, 기름 함유량이 적은 어류가 제품 가공 특성이 우수하다.

명태는 비교적 어획량이 많은 어종이지만 냉동 저장 시에는 찰기가 약해져서 연제품의 원료로 부적당하다. 이와 같은 단점을 보완하기 위해 명태 어획

표 9-7 **수산 연제품에 사용되는 주요 원료 어종**

구분	어종
널리 사용되는 어종	명태, 보구치, 참조기, 매퉁이
비교적 널리 사용되는 어종	동갈민어, 갯장어, 양태, 달강어, 눈동미리, 쥐치, 가자미, 도미, 대구, 뱅어, 꼬치고기
사용 범위가 좁은 어종	날치, 도다리, 넙치, 벤자리, 청새치, 만새기, 고등어, 정어리, 꽁치, 전갱이, 임연수어, 게르치, 노랑촉수, 상어

후 단시간 내에 세척 후 소르비톨, 자당 등의 당류를 3~5% 첨가하여 갈아서 냉동해 두면 찰기가 유지되는데, 이를 고기풀surimi이라고 하며 연제품 원료로서 저장 및 가공에 많이 이용된다.

3) 제조공정

어육 연제품 제조공정

○ 주재료: 원료어(조기, 녹새치, 정어리, 고등어, 방어, 날치, 전갱이 등)

○ 부재료: 전분(탄력 보강 및 증량), 축산인산염(단백질 보수성 강화), 난백(제품에 광택 부여), 조미료(감미료, 청주, 미림, 글루타민산나트륨), 얼음(고기갈이 시 단백질 변성 방지, 온도 상승 방지 등)

○ 제조공정: 원료 처리 → 세정 → 채육 → 수세 및 탈수 → 첨가물 혼합 및 고기갈이 → 탄력 보강 → 성형 → 가열 → 냉각 → 포장

- 채육: 살을 발라내고 껍질 및 찌꺼기를 분리한다.
- 수세 및 탈수: 백색육을 쓰는 이유는 적색육보다 근육의 사후 변화가 완만하게 진행되고 pH도 천천히 낮아지기 때문이다. 적색육을 쓰는 경우에는 pH 조정을 위해 수세할 때 중탄산나트륨을 첨가한 물로 수세하면 탄력 형성에 도움이 된다.
- 식염, 조미료 및 부원료를 가하여 고기갈이: 2~3%의 소금을 넣고 고기갈이하여 육의 단백질을 용출시키는 단계로, 고기갈이를 하는 동안에 공기가 많이 섞여 들어가면 가열공정에서 팽창하여 제품의 조직이나 탄력을 떨어뜨리게 된다. 이것을 방지하기 위해 일반적으로 감압(250mmHg 정도)하에서 고기갈이를 한다. 일반적으로 고기갈이한 연육의 온도는 10℃ 이하를 유지해야 탄력이 있는 겔을 형성할 수 있다.
- 탄력 보강: 연육을 성형하여 자연응고(setting) 후 가열하면 탄력이 강한 제품을 얻을 수 있기에 명태 고기풀의 경우 30℃에서 2~3시간, 10℃ 이하에서는 하룻밤 정도 방치하면 탄력이 증가한다.
- 성형: 일정한 모양으로 성형한다.

- 가열하여 겔화: 가열은 어육 단백질을 변성 및 응고시켜 탄력 있는 겔을 형성시키기 위한 공정이다. 일반적으로 고기갈이를 마친 연육은 가열온도가 높을수록 탄력이 강한 제품이 되지만, 판붙이 어묵은 너무 급속히 가열하면 오히려 육조직이 연화되어 탄력이 떨어지게 된다.
- 냉각 및 포장: 냉각하여 포장하는 공정이다.

표 9-8 **연제품의 가열 방법에 따른 제품 종류**

가열 방법	가열온도	제품 종류	설명
찌기 (증자법)	80~100℃	판붙이 어묵	• 수증기로 온도를 유지시킨 찜통에서 가열한다.
삶기 (탕자법)	80~95℃	마어묵, 어육소시지	• 가열한 물에서 삶는다.
굽기 (배소법)	100~180℃	부들어묵	• 숯불, 가스, 전열 등에 의해 화로나 철판에서 가열한다.
튀기기 (튀김법)	170~200℃	튀김어묵	• 식용유에 튀긴다.
전극법	–	–	• 신기술로서 전기를 이용하여 가열한다.

실습하기 05 | 첨가 재료에 따른 어육 연제품의 물성 비교

1. 내용: 첨가 재료를 달리하여 제조한 어육 연제품의 물성에 대해 알아본다.

2. 실험 원리

○ 어육 연제품 제조 시 2~6%의 소금을 첨가하면 어육의 투명도 및 점도가 증가하여 탄력성이 커진다. 이는 어육 단백질인 미오신과 액틴이 염에 녹아 나와 서로 결합하여 망상구조인 액토미오신을 만들기 때문이다.

○ 액토미오신은 수화 상태에서 점성이 강한 졸이 되고, 이를 가열하면 단백질은 응고하고 탄력 있는 육질이 된다. 이 원리를 이용하여 어육 연제품을 제조한다.

3. 재료 및 기구

○ 재료: 생선살(흰살) 150g, 전분 15g, 소금 5g, 식용유 10mL

○ 기구: 분쇄기, 저울, 타이머, 기타 조리기구

시료	생선살(g)	전분(g)	소금(g)	식용유(mL)
가	40	0	1.2	2
나	38	2	1.2	2
다	36	4	1.2	2
라	34	6	1.2	2

4. 실험 방법

❶ 생선살 시료를 각 군에 따라 네 개의 군으로 분류한다.

❷ 각 시료의 생선살을 분쇄기에 넣고 분쇄한다(시간 측정 a). 각 시료에 전분, 소금, 식용유를 넣고 끈적해질 때까지 소요시간을 측정한다(시간 측정 b).

❸ 전분, 소금, 식용유를 각 시료의 배합비에 따라 첨가하고 잘 혼합한다.

❹ 끈기와 점착성을 비교한 후 같은 크기의 네모 모양으로 만들고, 두께가 균일하도록 위, 아래를 평평하게 만든다.

❺ 위의 ❹를 찜솥에 넣고 약 15분간 찐 후 꺼내서 식힌다.

❻ 다 식혔으면 각 실험 재료의 찌기 전 상태와 찌고 난 후 상태를 비교하여 결과지에 기재한다.

시료	으깬 시간 (a+b)	찌기 전 상태		찌고 난 후 상태				
		끈기	점착성	단단함	질감	탄력성	맛	씹힘성
가								
나								
다								
라								

5. 고찰사항

○ 어육 연제품 실험에서 물성 변화와 관계있는 것이 무엇인지 고찰해 본다.

단원정리

1. 수산물 가공은 어종, 생체 부위, 성분 조성 등을 고려하여 적절하게 처리하는데, 보통 수분, 단백질, 지방이 많은 어류일수록, 그리고 어린 고기일수록 조직이 연하다.

2. 수산물은 수분 함량이 많아 변패가 용이하고, 근육섬유조직이 단순하여 효소나 미생물의 분해 작용이 쉽다. 또한 내장에서 단백질 분해효소를 많이 분비하여 자가분해(autolysis)가 용이하므로 저장성이 낮다.

3. 등푸른생선에는 ω-3 계열의 불포화지방산(DHA: Docosahexaenoic Acid, EPA: Eicosapantaenoic Acid)이 풍부하여 동맥경화, 심근경색, 뇌혈전 등의 순환기계 성인병을 예방하는 데 효과가 있다.

4. 어패류의 사후 변화는 생화학적 변화 → 근육의 사후경직 → 경직의 해소 → 자기소화 → 세균 증식 및 선도 저하 → 부패의 단계를 거치게 된다.

5. 어류 특유의 비린내는 생선의 육질에 널리 존재하는 트리메틸아민옥사이드(TMAO: trimethylamine oxide) 성분이 환원되어 트리메틸아민(TMA: trimethyl amine, 비린내의 주요 성분)으로 변화하기 때문이다.

6. 수산 건제품의 건조 방법으로는 천일건조법, 열풍건조법, 진공건조, 로우스트 건조, 냉풍건조, 자연동결건조, 진공동결건조법 등이 사용된다.

7. 수산물의 글레이징이란 냉동한 수산물 표면의 건조와 산화 방지를 목적으로 실시하는 후처리 방법으로, 냉동한 어패류를 냉수 중에 단시간 담가 표면에 얼음막을 입히는 처리 방법이다.

8. 휘발성 염기질소(VBN)는 선도가 떨어질수록 증가하는 VBN의 생성량 변화를 측정하여 어패류의 선도를 판정하는 방법이다. 신선한 어육에는 VBN이 5~10mg/100g 들어 있지만, 초기 부패가 진행된 어육에는 100g에 30~40mg이 들어 있다.

9. 연제품의 제조는 원료 처리 → 세정 → 채육 → 수세 및 탈수 → 첨가물 혼합 및 고기갈이 → 탄력 보강 → 성형 → 가열 → 냉각 → 포장의 과정을 거친다.

연습문제

1. 어패류 선도 판정 방법 중 화학적 검사법이 아닌 것은?
   ① 휘발성 염기질소 ② 총균수 측정
   ③ 트리메틸아민 ④ pH

2. 수산물을 글레이징(glazing)하는 목적으로 맞지 않는 것은?
   ① 건조 방지 ② 향미 보존
   ③ 미생물 오염 방지 ④ 지질의 산화 방지

3. 어육에 소금을 첨가하고 갈아서, 염용성 단백질인 액토미오신을 용해시켜 겔화한 수산가공품은?
   ① 어묵 ② 염장연어
   ③ 훈연조기 ④ 멸치액젓

4. 등푸른생선의 생리활성물질 중 뇌의 망막, 중추신경계 조직, 심장 근육 등의 세포막에 존재하며, 뇌세포를 활성화하여 기억력을 개선하는 데 도움을 준다고 알려져 있는 물질은?
   ① 타우린 ② 스쿠알렌
   ③ EPA ④ DHA

5. 수산물의 염지 방법 중 물간법의 장점이 아닌 것은?
   ① 소금의 침투가 균일하여 제품의 품질이 일정함
   ② 마른간법에 비해 소금 소비량이 적어 경제적임
   ③ 과도한 탈수가 일어나지 않아 제품의 외관이 우수함
   ④ 염장 중 공기와 접촉하지 않으므로 지방의 산화가 적음

정답

1.② 2.③ 3.① 4.④ 5.②

CHAPTER 2

- https://water.lsbu.ac.uk/water/water_activity.html

CHAPTER 3

3-1

- 안선정, 김은미, 이은정. **새로운 감각으로 새로 쓴 조리원리**. 서울: 백산출판사. 2013.
- 이주희, 김미리, 민혜선, 이영은, 송은승, 권순자, 김미정, 송효남. **과학으로 풀어 쓴 식품과 조리 원리**. 파주: 교문사. 2014.
- 신성균, 이석원, 이수정, 주난영, 최남순. **식품가공저장학**. 고양: 파워북. 2017.
- 안장우, 김선아. **식품 가공 및 저장학**. 서울: 한국방송통신대학교출판문화원. 2022.
- 이경애, 김미정, 윤혜현, 황자영. **쉽게 풀어 쓴 식품가공저장학**. 파주: 교문사. 2015.
- 박명수, 박헌국, 방병호, 조갑연, 조효현, 최부돌. **식품가공저장학**. 서울: 도서출판 진로. 2010.
- https://korean.spraydryingmachine.com/sale-14748621-food-industry-oilheating-rotary-drumdryer-flaker.html

3-2

- 노봉수, 장판식, 이현규, 박원종, 송경빈, 이희섭, 이수복, 황금택, 민세철, 심재훈. **실무를 위한 식품가공저장학**. 서울: 수학사. 2015.
- 송태희, 주난영, 박혜진, 김일낭, 차윤환. **식품학**. 파주: 교문사. 2019.
- 신성균, 이석원, 이수정, 주난영, 최남순. **식품가공저장학**. 고양: 파워북. 2017.
- 안장우, 김선아. **식품가공 및 저장학**. 서울: 한국방송통신대학교출판문화원. 2016.
- 이주희, 김미리, 민혜선, 이영은, 송은승, 권순자, 김미정, 송효남. **과학으로 풀어 쓴 식품과 조리 원리**. 파주: 교문사. 2014.
- 조신호, 조경련, 강명수, 송미란, 주난영. **식품학**. 파주: 교문사. 2012.
- https://www.yonseidairy.com/shop/item.php?it_id=10217
- https://www.seoulmilk.co.kr/enterprise/product/product_view.sm?subname=&gubun=&nmNo=31&page=1
- https://www.ottogimall.co.kr/shop/shopdetail.html?branduid=3541447&search=%25C8%2

5B2%25B5%25B5&sort=sellcnt&xcode=025&mcode=001&scode=&GfDT=bm50W10%3D/
https://mall.lottechilsung.co.kr/display/showDisplay.lecs?goodsNo=CF31128558

- https://www.dongwonmall.com/product/detail.do?productId=001538522&cate_id=&keyord=%EC%B0%B8%EC%B9%98/
- https://www.dongwonmall.com/product/detail.do?productId=001479663
- https://ottogi.co.kr/product/product_view.asp?page=1&hcode=&mcode=&stxt=%EC%B9%B4%EB%A0%88&orderby=BEST&idx=532
- https://brand.naver.com/cheiljedang/products/6156192012
- https://brand.naver.com/cheiljedang/products/6441205333

3–3

- 김동만. 과일 및 채소의 CA 저장. **식품기술**. 1995, 8(1): 56–68.
- 이승구. 과실, 채소의 수확후 생리. **식품기술**. 1995, 8(1): 16–26.
- Aung MM, Maneetham D. The Effect of Temperature on Quality of Climacteric Fruit in Cold Chain. **IJLERA**. 2020, 5(11): 26–31.
- Sharma R, Thakur A. Innovations in Packaging for Enhancing Shelf Life of Horticultural Produce. **DISHA**. 2019, pp. 35–43.

3–4

- 식품첨가물의 기준 및 규격 고시 제2016–32호. 식품의약품안전처. 2016.
- 백형희. 식품첨가물의 국제적 관리 동향. **식품과학과 산업**. 2016, 2–10.
- 조미희, 배은경, 하상도, 박지용. 천연항균제의 식품산업에의 응용. **식품과학과 산업**. 2005, 38(2): 36–45.

3–5

- https://www.phonesoap.com/blogs/uv-c-light/how-does-uv-light-kill-bacteria

CHAPTER 4

- https://www.britannica.com/plant/barley-cereal/images-videos
- https://www.britannica.com/plant/wheat/images-videos
- http://www.ncs.go.kr, 곡류, 서류, 견과류 모듈 중 밀가루 제조가공

CHAPTER 5

- 노봉수, 장판식, 이현규, 박원종, 송경빈, 이희섭, 이수복, 황금택, 민세철, 심재훈. **실무를 위한 식품가공저장학**. 서울: 수학사. 2015.

- 미국대두협회. **2020 Soy Oil Master Guidebook.** 미국대두협회. 2020.
- 박명수, 박헌국, 방병호, 조갑연, 조효현, 최부돌, 강창수. **식품가공저장학**. 서울: 도서출판 진로. 2015.
- 식품공전(https://various.foodsafetykorea.go.kr/fsd/#/)
- 신성균, 이석원, 이수정, 주난영, 최남순. **식품가공저장학**. 고양: 파워북. 2017.
- 안용근. 청국장 발효시의 성분 변화 및 펩티드 생성. **한국식품영양학회지**. 2011, 24(1): 124–131.
- 안장우, 김선아. **식품 가공 및 저장학**. 서울: 한국방송통신대학교출판문화원. 2016.
- 이주희, 김미리, 민혜선, 이영은, 송은승, 권순자, 김미정, 송효남. **과학으로 풀어 쓴 식품과 조리원리**. 파주: 교문사. 2014.
- 한국소비자원. 식물성 유지 중 지방산 유래 유해물질 안전실태조사. **안전보고서**. 한국소비자원. 2020.
- Watson Cheryl. **Human Physiology.** Jones & Bartlett Learning Inc. 2015.

CHAPTER 6

- 안선정, 김은미, 이은정. **새로운 감각으로 새로 쓴 조리원리**. 서울: 백산출판사. 2013.
- 이주희, 김미리, 민혜선, 이영은, 송은승, 권순자, 김미정, 송효남. **과학으로 풀어 쓴 식품과 조리원리**. 파주: 교문사. 2014.
- 신성균, 이석원, 이수정, 주난영, 최남순. **식품가공저장학**. 고양: 파워북. 2017.
- 안장우, 김선아. **식품 가공 및 저장학**. 서울: 한국방송통신대학교출판문화원. 2022.
- 이경애, 김미정, 윤혜현, 황자영. **쉽게 풀어 쓴 식품가공저장학**. 파주: 교문사. 2015.
- 박명수, 박헌국, 방병호, 조갑연, 조효현, 최부돌. **식품가공저장학**. 서울: 도서출판 진로. 2010.
- http://jlee2181.cafe24.com/default/mall/mall1.php?idx=100&mode=goods_view&topmenu=p&cate_code=CA100018
- https://kooljet.com/products/ca-cold-storage/
- https://www.streampeakgroup.com/products/food-packaging/food-packaging-film/modified-atmosphere-packaging/

CHAPTER 7

- 노봉수, 장판식, 이현규, 박원종, 송경빈, 이희섭, 이수복, 황금택, 민세철, 심재훈. **실무를 위한 식품가공저장학**. 서울: 수학사. 2015.
- 신성균, 이석원, 이수정, 주난영, 최남순. **식품가공저장학**. 고양: 파워북. 2017.
- 안장우, 김선아. **식품가공 및 저장학**. 서울: 한국방송통신대학교출판문화원. 2016.
- 이주희, 김미리, 민혜선, 이영은, 송은승, 권순자, 김미정, 송효남. **과학으로 풀어 쓴 식품과 조리**

원리. 파주: 교문사. 2014.

- 조신호, 조경련, 강명수, 송미란, 주난영. **식품학**. 파주: 교문사. 2012.

CHAPTER 8

- 강윤한, 김기은, 민윤식, 이수정. **식품 가공학 실험**. 서울: 북스힐. 2003.
- 김동원, 김동우, 김형열, 오문헌, 장재권, 정두례, 지의상, 황혜정. **식품가공실험**. 서울: 문운당. 2019.
- 김정목, 정동옥, 장현수, 장기. **식품가공저장학**. 서울: 신광문화사. 2008.
- 박명수, 박헌국, 방병호, 조갑연, 조효현, 최부돌. **식품가공저장학**. 서울: 도서출판 진로. 2010.
- 식품의약품안전처 고시: 식품의 기준 및 규격(식품공전).
- 안장우, 김선아. **식품가공 및 저장학**. 서울: 한국방송통신대학교출판문화원. 2016.
- 통계로 본 축산업 구조 변화, 통계청 보도자료, 2020.
- https://www.synelco.com/centrifugal-separators/
- https://linceautologistics.co.ke/product/homogenizer
- https://www.kuselequipment.com/project-gallery/custom-idea-generator/mx-curd-knife
- https://www.tetrapak.com/solutions/processing/main-technology-area/spray-drying

CHAPTER 9

- 김영진(한국식품연구원). 최근 초음파 기술과 응용. **Bulletin of Food Technology**, 2010, 23(3): 392-399.
- 김진수, 강상인. **실무를 위한 수산가공학**. 파주: 수학사. 2021.
- 송경모(한국식품연구원). 초음파를 활용한 식품 살균 기술의 연구 현황. **식품과학과 산업**, 2020, 53(3).
- 송재철, 박현정. **최신 식품가공·저장학**. 서울: 효일. 2004.
- 안장우, 김선아. **식품 가공 및 저장학**. 서울: 한국방송통신대학교출판문화원. 2022.
- 이경애, 김미정, 윤혜현, 황자영. **쉽게 풀어 쓴 식품가공저장**학. 파주: 교문사. 2015.
- 이승환(CJ제일제당 식품연구소). 초고압을 이용한 식품 보존 기술의 발전. **식품과학과 산업**, 2013, 46(1).
- 장학길. **식품가공저장학**. 서울: 라이프사이언스. 2015.
- 차윤환, 조석철, 강병선, 한명륜, 조은아. **식품가공저장학**. 고양: 파워북. 2016.
- 한기동, 정보영. 식품에 대한 초고압처리가공. **식품산업과 영양**, 2005, 10(3).